国家精品课程和国家精品资源共享课程配套教材
浙江省精品在线开放课程配套教材
“十三五”高等职业教育计算机类专业规划教材

# Linux 网络操作系统与实训

主　编　杨　云　戴万长　吴　敏
副主编　刁　琦　郑　泽　王春身

中国铁道出版社有限公司
CHINA RAILWAY PUBLISHING HOUSE CO., LTD.

## 内 容 简 介

本书是国家精品课程、国家精品资源共享课程和浙江省精品在线开放课程配套教材。以目前被广泛应用的Red Hat Enterprise Linux 7.4服务器发行版为例，采用教、学、做相结合的模式，以理论为基础，着眼企业应用，全面系统地介绍了Linux操作系统管理及服务器的配置，内容包括：Linux基础、Linux的安装与配置、Linux常用命令、Shell与Vim编辑器、用户和组管理、文件系统和磁盘管理、Linux网络基础配置、配置与管理NFS网络文件系统、配置与管理Samba服务器、配置与管理DHCP服务器、配置与管理DNS服务器、配置与管理Apache服务器、配置与管理FTP服务器、配置与管理电子邮件服务器、配置与管理防火墙、配置与管理代理服务器、配置与管理VPN服务器。除第1章外，每章有“项目实录”“实训”等结合实践应用的内容，使用大量翔实的企业应用实例，配以知识点微课、项目实训慕课和国家精品资源共享课程，使“教、学、做、导、考”融为一体，实现理论与实践的完美统一。

本书适合作为高职院校计算机应用技术专业、计算机网络技术专业、软件技术专业及其他计算机类专业的理论与实践一体化教材，也可作为Linux系统管理员和其他网络管理人员的自学指导书。

**图书在版编目（CIP）数据**

Linux网络操作系统与实训/杨云，戴万长，吴敏主编.—4版.—北京：中国铁道出版社有限公司，2020.9（2022.12重印）
“十三五”高等职业教育计算机类专业规划教材
ISBN 978-7-113-27064-3

Ⅰ.①L… Ⅱ.①杨… ②戴… ③吴… Ⅲ.①Linux操作系统-高等职业教育-教材 Ⅳ.①TP316.85

中国版本图书馆CIP数据核字(2020)第116293号

**书　　名：**Linux 网络操作系统与实训
**作　　者：**杨　云　戴万长　吴　敏

---

**策　　划：**王春霞　　　　**编辑部电话：**（010）63551006
**责任编辑：**王春霞　徐盼欣
**封面设计：**刘　颖
**责任校对：**张玉华
**责任印制：**樊启鹏

---

**出版发行：**中国铁道出版社有限公司（100054，北京市西城区右安门西街 8 号）
**网　　址：**http://www.tdpress.com/51eds/
**印　　刷：**中煤（北京）印务有限公司
**版　　次：**2008 年 8 月第 1 版　2020 年 9 月第 4 版　2022年 12月第 4次印刷
**开　　本：**880 mm×1 230 mm 1/16　**印张：**18.75　**字数：**487 千
**书　　号：**ISBN 978-7-113-27064-3
**定　　价：**58.00 元

---

# 前 言

1. 编写背景

《Linux 网络操作系统与实训》（第三版）出版 4 年来，得到了众多院校师生的厚爱，已经重印多次。

根据教育部发布的教育信息化 2.0 行动计划、精品在线开放课程建设、“三教”改革及金课建设要求，结合计算机领域发展及企业工程师和广大读者的反馈意见，在保留原书特色的基础上，将版本升级到 Red Hat Enterprise Linux 7.4，采用“纸质教材＋电子活页”的形式对教材进行全面修订。

2. 教材特点

本教材共包含 17 章内容，最大的特色是“易教易学”，音视频等配套教学资源丰富而实用。

（1）打造“教、学、做、导、考”一体化教材，提供一站式“课程整体解决方案”。

① 电子活页、教材、微课和实训项目视频、国家精品资源共享课程网站为教和学提供最大便利。

② 授课计划、项目指导书、电子教案、电子课件、课程标准、大赛、试卷、拓展提升、项目任务单、实训指导书、5 GB 以上的视频、多个扩展项目的完整资料，为教师备课、学生预习、教师授课、学生实训、课程考核提供了一站式“课程整体解决方案”。

③ 利用 QQ 群实现 24 小时在线答疑、分享教学资源和教学心得。

（2）本教材是校企深度融合、“双元”合作开发的“项目导向、任务驱动”的理实一体教材。

① 行业专家、教学名师、专业负责人等跨地区、跨学校联合编写教材。编者既有教学名师，又有行业企业的工程师、红帽认证高级讲师。其中，主编杨云教授是省级教学名师、微软系统工程师。

② 采用基于工作过程导向的“教、学、做”一体化的编写方式。

③ 内容对接职业标准和企业岗位需求，产教融合、书证融通、课证融通。

④ 项目来自企业，并由业界专家参与拍摄配套的项目视频，充分体现了产教的深度融合和校企“双元”的合作开发。

（3）遵循“三教”改革精神，创新教材形态，采用“纸质教材＋电子活页”的形式对教材进行全面修订。

① 利用互联网技术扩充内容，在纸质教材外，增加超量的教学资源包，包含视频、音频、作业、试卷、拓展资源、主题讨论、扩展的项目实训视频等数字资源，电子活页放到本书最后，随时随地扫描即可学习。

② 本教材融合了互联网新技术，以嵌入二维码的纸质教材为载体，嵌入各种数字资源，将教材、课堂、

教学资源、教法四者融合，实现了线上线下有机结合，是翻转课堂、混合课堂改革的理想教材。

3. 编写分工

本教材由杨云、戴万长、吴敏担任主编，刁琦、郑泽、王春身担任副主编，张瑶瑶、王瑞、张晖等参加了部分章节编写工作。

订购本书后，可以向中国铁道出版社有限公司或编者（QQ：68433059，计算机资源共享群：414901724）索要全套教学资源。

编 者

2020 年 3 月

# 目　录

# 第1章

# Linux基础

Linux是当前有很大发展潜力的计算机操作系统，Internet的旺盛需求正推动着Linux的发展热潮一浪高过一浪。自由与开放的特性，加上强大的网络功能，使Linux在21世纪有着无限的发展前景。本章主要介绍Linux系统的历史、版权、特点，并简要介绍Red Hat Enterprise Linux。

学习要点

- 了解Linux系统的历史。
- 了解Linux的版权以及Linux系统的特点。
- 了解Red Hat Enterprise Linux。

## 1.1 Linux简介

Linux系统是一个类似UNIX的操作系统。Linux系统是UNIX在微机上的完整实现，但又不等同于UNIX、Linux有其发展历史和特点。

### 1.1.1 Linux系统的历史

Linux系统的标志是一个名为Tux的可爱的小企鹅，如图1-1所示。UNIX系统是1969年由K.Thompson和D.M.Richie在美国贝尔实验室开发的一种操作系统。由于其具有良好而稳定的性能，迅速得到广泛的应用，在随后几十年中也有不断的改进。

图1-1　Linux的标志Tux

视频1-1
开源自由的Linux操作系统简介

1990年，芬兰人Linus Torvalds接触了为教学而设计的Minix系统后，开始着手研究编写一个开放的、与Minix系统兼容的操作系统。1991年10月5日，Linus Torvalds在赫尔辛基技术大学的一台FTP服务器上发布了一个消息，这也标志着Linux系统的诞生：Linus Torvalds公布了第一个Linux的内核版本——0.0.2版。在最开始时，Linus Torvalds的兴趣在于了解操作系统运行原理，因此，Linux早期的版本并没有考虑最终用户的使用，只是提供了最核心的框架，使得Linux编程人员可以享受编制内核的乐趣，也保证了Linux系统内核的强大与稳定。由于Internet的兴起，Linux系统开始迅速发展。许多程序员加入到 Linux 系统的编写行列之中。

随着编程小组的扩大和完整的操作系统基础软件的出现，Linux 开发人员认识到，Linux 已经逐渐变成一个成熟的操作系统。1992 年 3 月，内核 1.0 版本的推出，标志着 Linux 第一个正式版本的诞生。这时能在 Linux 上运行的软件已经十分广泛，包括编译器、网络软件及 X-Window。现在，Linux 凭借优秀的设计、不凡的性能，加上 IBM、Intel、AMD、DELL、Oracle、Sybase 等国际知名企业的大力支持，市场份额逐步扩大，逐渐成为主流操作系统之一。

### 1.1.2 Linux 的版权问题

Linux 是基于 Copyleft（无版权）的软件模式进行发布的。其实 Copyleft 是与 Copyright（版权所有）相对立的新名称，它是 GNU 项目制定的通用公共许可证（General Public License，GPL）。GNU 项目是由 Richard Stallman 于 1984 年提出的，他建立了自由软件基金会（FSF）并提出 GNU 计划的目的是开发一个完全自由的、与 UNIX 类似但功能更强大的操作系统，以便为所有的计算机使用者提供一个功能齐全、性能良好的基本系统。GNU 的标志是角马，如图 1-2 所示。

图 1-2　GNU 的标志角马

GPL 是由自由软件基金会发行的用于计算机软件的协议证书，使用证书的软件称为自由软件 [ 后来改名为开放源代码软件（Open Source Software）]。大多数的 GNU 程序和超过半数的自由软件使用它，GPL 保证任何人有权使用、复制和修改该软件，任何人有权取得、修改和重新发布自由软件的源代码，并且规定在不增加附加费用的条件下可以得到自由软件的源代码。同时，还规定自由软件的衍生作品必须以 GPL 作为它重新发布的许可协议。Copyleft 软件的组成更加透明化。这样当出现问题时，就可以准确地查明故障原因，及时采取相应对策，同时用户不用再担心有“后门”的威胁。

**小资料**：GNU 这个名字使用了有趣的递归缩写，它是 GNU’s Not UNIX 的缩写形式。由于递归缩写是一种在全称中递归引用它自身的缩写，因此无法精确地解释出它的真正全称。

### 1.1.3 Linux 系统的特点

Linux 系统作为一个免费、自由、开放的操作系统，它的发展势不可挡，它拥有如下所述的一些特点。

1. 完全免费

由于 Linux 遵循通用公共许可证 GPL，因此任何人都有使用、复制和修改 Linux 的自由，可以放心地使用 Linux 而不必担心成为“盗版”用户。

2. 高效、安全、稳定

UNIX 系统的稳定性是众所周知的，Linux 继承了 UNIX 核心的设计思想，具有执行效率高、安全性高和稳定性好的特点。Linux 系统的连续运行时间通常以年做单位，能连续运行 3 年以上的 Linux 服务器并不少见。

3. 支持多种硬件平台

Linux 能在笔记本式计算机、PC、工作站，甚至大型机上运行，并能在 x86、MIPS、PowerPC、SPARC 和 Alpha 等主流的体系结构上运行，可以说 Linux 是目前支持的硬件平台最多的操作系统。

4. 友好的用户界面

Linux 提供了类似 Windows 图形界面的 X-Window 系统，用户可以使用鼠标方便、直观和快捷地进行操作。

5. 强大的网络功能

网络就是 Linux 的生命，完善的网络支持是 Linux 与生俱来的能力，所以 Linux 在通信和网络功能方面优于其他操作系统。

6. 支持多任务、多用户

Linux 是多任务、多用户的操作系统，可以支持多个用户同时使用并共享系统的磁盘、外设、处理器等系统资源。Linux 的保护机制使每个应用程序和用户互不干扰，一个任务崩溃，其他任务仍然可以照常运行。

## 1.2 Linux 体系结构

Linux 一般有 3 个主要部分：内核（Kernel）、命令解释层（Shell 或其他操作环境）、实用工具。

### 1.2.1 Linux 内核

内核是系统的心脏，是运行程序和管理磁盘和打印机等硬件设备的核心程序。操作环境向用户提供一个操作界面，它从用户那里接收命令，并且把命令送给内核去执行。内核提供的都是操作系统最基本的功能，如果内核发生问题，整个计算机系统就可能会崩溃。

Linux 内核的源代码主要用 C 语言编写，只有部分与驱动相关的用汇编语言 Assembly 编写。Linux 内核采用模块化的结构，其主要模块包括存储管理、CPU 和进程管理、文件系统管理、设备管理和驱动、网络通信及系统的引导、系统调用等。Linux 内核的源代码通常安装在 /usr/src 目录下，可供用户查看和修改。

当 Linux 安装完毕之后，一个通用的内核就被安装到计算机中。这个通用内核能满足绝大部分用户的需求，但也正因为内核的这种普遍适用性，使得很多对具体的某一台计算机来说可能并不需要的内核程序（比如一些硬件驱动程序）将被安装并运行。Linux 允许用户根据自己机器的实际配置定制 Linux 的内核，从而有效地简化 Linux 内核，提高系统启动速度，并释放更多的内存资源。

在 Linus Torvalds 领导的内核开发小组的不懈努力下，Linux 内核的更新速度非常快。用户在安装 Linux 后可以下载最新版本的 Linux 内核，进行内核编译后升级计算机的内核，就可以使用到内核最新的功能。由于内核定制和升级的成败关系到整个计算机系统能否正常运行，因此用户对此必须非常谨慎。

### 1.2.2 Linux Shell

Shell 是系统的用户界面，提供了用户与内核进行交互操作的一种接口。

操作环境在操作系统内核与用户之间提供操作界面，它可以描述为一个解释器。操作系统对用户输入的命令进行解释，再将其发送到内核。Linux 存在几种操作环境，分别是桌面（Desktop）、窗口管理器（Window Manager）和命令行 Shell（Command Line Shell）。Linux 系统中的每个用户都可以拥有自己的用户操作界面，根据自己的要求进行定制。

Shell 是一个命令解释器，它解释由用户输入的命令，并且把它们送到内核。不仅如此，Shell 有自己的编程语言用于对命令的编辑，它允许用户编写由 Shell 命令组成的程序。Shell 编程语言具有普通编程语言的很多特点，例如，它也有循环结构和分支控制结构等，用这种编程语言编写的 Shell 程序与其他应用程序具有同样的效果。

同 Linux 本身一样，Shell 也有多种不同的版本。目前主要有下列版本的 Shell：

① Bourne Shell：是贝尔实验室开发的版本。

② BASH：是 GNU 的 Bourne Again Shell，是 GNU 操作系统上默认的 Shell。

③ Korn Shell：是对 Bourne Shell 的发展，在大部分情况下与 Bourne Shell 兼容。

④ C Shell：是 Sun 公司（现已被 Oracle 公司收购）Shell 的 BSD 版本。

Shell 不仅是一种交互式命令解释程序，还是一种程序设计语言，它与 MS-DOS 中的批处理命令类似，但比批处理命令功能强大。在 Shell 脚本程序中可以定义和使用变量，进行参数传递、流程控制、函数调用等。

Shell 脚本程序是解释型的，也就是说 Shell 脚本程序不需要进行编译，就能直接逐条解释，逐条执行脚本程序的源语句。Shell 脚本程序的处理对象只能是文件、字符串或者命令语句，而不像其他高级语言有丰富的数据类型和数据结构。

作为命令行操作界面的替代选择，Linux 还提供了像 Microsoft Windows 那样的可视化界面——X-Window 的图形用户界面（GUI）。它提供了很多窗口管理器，其操作就像 Windows 一样，有窗口、图标和菜单，所有的管理都通过鼠标控制。现在比较流行的窗口管理器是 KDE 和 Gnome（其中 Gnome 是 Red Hat Linux 默认使用的界面），两种桌面都能够免费获得。

### 1.2.3 实用工具

标准的 Linux 系统都有一套叫做实用工具的程序，它们是专门的程序，例如编辑器、执行标准的计算操作等。用户也可以编写自己的工具。

实用工具可分 3 类：

① 编辑器：用于编辑文件。

② 过滤器：用于接收数据并过滤数据。

③ 交互程序：允许用户发送信息或接收来自其他用户的信息。

Linux 的编辑器主要有 Ed、Ex、Vi 和 Emacs。其中，Ed 和 Ex 是行编辑器，Vi 和 Emacs 是全屏幕编辑器。

Linux 的过滤器（Filter）读取从用户文件或其他地方的输入，检查和处理数据，然后输出结果。从这个意义上说，它们过滤了经过它们的数据。Linux 有不同类型的过滤器，一些过滤器用行编辑命令输出一个被编辑的文件；另外一些过滤器是按模式寻找文件并以这种模式输出部分数据；还有一些执行字处理操作，检测一个文件中的格式，输出一个格式化的文件。过滤器的输入可以是一个文件，也可以是用户从键盘输入的数据，还可以是另一个过滤器的输出。过滤器可以相互连接，因此一个过滤器的输出可能是另一个过滤器的输入。在有些情况下，用户可以编写自己的过滤器程序。

交互程序是用户与机器的信息接口。Linux 是一个多用户系统，它必须和所有用户保持联系。信息可以由系统上的不同用户发送或接收。信息的发送有两种方式：一种方式是与其他用户一对一地连接进行对话；另一种方式是一个用户对多个用户同时连接进行通信，即所谓广播式通信。

## 1.3 Linux 的版本

Linux 的版本分为内核版本和发行版本。

### 1.3.1 内核版本

内核提供了一个在裸设备与应用程序间的抽象层。例如，程序本身不需要了解用户的主板芯片集或磁盘控制器的细节就能在高层次上读写磁盘。

内核的开发和规范一直由 Linus 领导的开发小组控制着，版本也是唯一的。开发小组每隔一段时间公布新的版本或其修订版，从 1991 年 10 月 Linus 向世界公开发布的内核 0.0.2 版本（0.0.1 版本功能简单所以没有公开发布）到内核 5.6.15 版本（截至 2020 年 5 月），Linux 的功能越来越强大。

Linux 内核的版本号是有一定规则的，版本号的格式通常为“主版本号 . 次版本号 . 修正号”。主版本号和次版本号标志着重要的功能变动，修正号表示较小的功能变更。以 2.6.12 版本为例，2 代表主版本号，6 代表次版本号，12 代表修正号。其中，次版本号还有特定的意义：如果是偶数数字，就表示该内核是一个可放心使用的稳定版；如果是奇数数字，则表示该内核加入了某些测试的新功能，是一个内部可能存在着 Bug 的测试版。如 2.5.74 表示是一个测试版的内核，2.6.12 表示是一个稳定版的内核。读者可以到 Linux 内核官方网站 http://www.kernel.org/ 下载最新的内核代码，如图 1-3 所示。

图 1-3　Linux 内核的官方网站

### 1.3.2　发行版本

仅有内核而没有应用软件的操作系统是无法使用的，所以，许多公司或社团将内核、源代码及相关的应用程序组织构成一个完整的操作系统，让一般的用户可以简便地安装和使用 Linux，这就是所谓的发行版本（Distribution），一般谈论的 Linux 系统便是针对这些发行版本的。目前各种发行版本超过 300 种，它们的发行版本号各不相同，使用的内核版本号也可能不一样，最流行的套件有 Red Hat（红帽子）、CentOS、Fedora 、openSUSE、Debian 、Ubuntu、红旗 Linux 等。

## 1.4　Red Hat Enterprise Linux 简介

Red Hat Enterprise Linux（RHEL）是由 Red Hat 公司提供收费技术支持和更新的服务器版本的操作系统。

### 1.4.1　Red Hat 产品系列

自 2002 年起，将产品分成两个系列，即由 Red Hat 公司提供收费技术支持和更新的 Red Hat Enterprise Linux（RHEL）服务器版，以及由 Fedora 社区开发的桌面版本 Fedora Core（FC）。但

CentOS 在 2014 年年初被红帽公司“收编”后，CentOS 系统也成了 Red Hat 公司的产品系列。

① 红帽企业版 Linux（Red Hat Enterprise Linux，RHEL）：红帽公司是全球最大的开源技术厂商，RHEL 是全世界内使用最广泛的 Linux 系统。RHEL 系统具有极强的性能与稳定性，并且在全球范围内拥有完善的技术支持。RHEL 系统也是本书、红帽认证以及众多生产环境中使用的系统。网址：http://www.redhat.com。

② 社区企业操作系统（Community Enterprise Operating System，CentOS）：通过把 RHEL 系统重新编译并发布给用户免费使用的 Linux 系统，具有广泛的使用人群。CentOS 当前已被红帽公司“收编”。

③ Fedora：由红帽公司发布的桌面版系统套件（目前已经不限于桌面版）。用户可免费体验到最新的技术或工具，这些技术或工具在成熟后会被加入到 RHEL 系统中，因此 Fedora 也称为 RHEL 系统的“试验田”。运维人员如果想时刻保持自己的技术领先，就应该多关注此类 Linux 系统的发展变化及新特性，不断调整自己的学习方向。

### 1.4.2 Red Hat Enterprise Linux 7

本书基于 Red Hat 公司于 2014 年推出的 Red Hat Enterprise Linux 7 系统编写，书中内容及实验完全通用于 CentOS、Fedora 等系统。更重要的是，本书配套资料中的 ISO 镜像与红帽 RHCSA 及 RHCE 考试基本保持一致，因此更适合备考红帽认证的考生使用。（加入 QQ 群 189934741 可随时索要 ISO 及其他资料，后面不再说明。）

Red Hat Enterprise Linux 7 系统创新式地集成了 Docker 虚拟化技术，支持 XFS 文件系统，兼容微软的身份管理，并采用 systemd 作为系统初始化进程，其性能和兼容性相较于之前版本都有了很大的改善，是一款非常优秀的操作系统。

Red Hat Enterprise Linux 7 系统的改变非常大，最重要的是它采用了 systemd 作为初始化进程。这样一来，几乎之前所有的运维自动化脚本都需要修改。但是老版本可能会有更大的概率存在安全漏洞或者功能缺陷，而新版本不仅出现漏洞的概率小，而且即便出现漏洞，也会快速得到众多开源社区和企业的响应并更快地修复。

### 1.4.3 863 核高基与国产操作系统

Linux 系统非常优秀，开源精神仅仅是锦上添花而已。那么中国的“863 核高基”又是怎么回事呢？

核高基就是“核心电子器件、高端通用芯片及基础软件产品”的简称，是 2006 年国务院发布的《国家中长期科学和技术发展规划纲要 (2006—2020 年 )》中与载人航天、探月工程并列的 16 个重大科技专项之一。基础软件是对操作系统、数据库和中间件的统称。近年来，国产基础软件的发展形势已有所好转，尤其一批国产基础软件的领军企业的发展势头无异于给中国软件市场打了一支强心针，增添了几许信心，而“核高基”的适时出现，犹如助推器，给了基础软件更强劲的发展支持力量。

目前，我国大量的计算机用户将目光转移到 Linux 操作系统和国产 Office 办公软件上来，国产操作系统和办公软件的下载量一时间以几倍的速度增长，国产 Linux 和 Office 的发展也引起了大家的关注。

据各个国产软件厂商提供的数据，国产 Linux 操作系统和 Office(For Linux) 办公软件个人版的总下载量已突破百万次。这个现象的产生足以说明我国 Linux 操作系统和 Office 办公软件的开发商已经在技术上具备了替代微软操作系统和办公软件的能力；同时，中国用户也已经由过去对国产操作系统和办公软件质疑的态度开始转向逐渐接受，国产操作系统和办公软件已经成为用户更换操作系统的一个重要选择。

总之，中国国产软件尤其是基础软件的最好时代已经来临，希望我国所有的信息化建设都能建立在“安全、可靠、可信”的国产基础软件平台上。

## ◎练　习　题

一、选择题

1. Linux 最早是由计算机爱好者（　　）开发的。

A. Richard Petersen　　B. Linus Torvalds

C. Rob Pick　　D. Linux Sarwar

2. 下列（　　）是自由软件。

A. Windows 10　　B. UNIX

C. Linux　　D. Windows Server 2012

3. 下列（　　）不是 Linux 的特点。

A. 多任务　　B. 单用户

C. 设备独立性　　D. 开放性

4. Linux 的内核版本 2.3.20 是（　　）的版本。

A. 不稳定　　B. 稳定

C. 第三次修订　　D. 第二次修订

二、填空题

1. GNU 的含义是______。

2. Linux 一般有 3 个主要部分：______、______、______。

3. Linux 的版本分为______版本和______版本。

4. 自 2002 年起，Red Hat 将产品分成两个系列，即由 Red Hat 公司提供收费技术支持和更新的______服务器版，以及由 Fedora 社区开发的桌面版本______。

三、简答题

1. 简述 Red Hat Linux 系统的特点及一些较为知名的 Linux 发行版本。

2. 简述 Red Hat 公司的产品系列。

3. 简述 Red Hat Enterprise Linux 7 的主要特性。

# 第2章

# Linux的安装与配置

本章以目前流行的企业级Linux——Red Hat Enterprise Linux 7为例，说明Linux操作系统的安装与配置。

学习要点

- 掌握如何安装配置VM虚拟机。
- 掌握如何搭建Red Hat Enterprise Linux 7服务器。
- 掌握如何重置root管理员密码。
- 理解systemd初始化进程。
- 掌握如何登录、退出Linux服务器。

## 2.1 安装前的准备知识

中小型企业在选择网络操作系统时，首先推荐企业版Linux网络操作系统。一是由于其开源的优势，二是考虑到其安全性较高。

要想成功安装Linux，首先必须要对硬件的基本要求、硬件的兼容性、多重引导、磁盘分区和安装方式等进行充分准备，获取发行版本，查看硬件是否兼容，选择适合的安装方式。做好这些准备工作，Linux安装之旅才会一帆风顺。

Red Hat Enterprise Linux 7（简称RHEL7）支持目前绝大多数主流的硬件设备，不过由于硬件配置、规格更新极快，若想知道自己的硬件设备是否被RHEL7支持，最好去访问硬件认证网页（https://hardware.RedHat.com/），查看哪些硬件通过了RHEL7的认证。

1. 多重引导

Linux和Windows的多系统共存有多种实现方式，最常用的有以下3种：

① 先安装Windows，再安装Linux，最后用Linux内置的GRUB或者LILO来实现多系统引导。这种方式实现起来最简单。

② 无所谓先安装Windows还是Linux，最后经过特殊的操作，使用Windows内置的OS

Loader 来实现多系统引导。这种方式实现起来稍显复杂。

③ 无所谓先安装 Windows 还是 Linux，最后使用第三方软件来实现 Windows 和 Linux 的多系统引导。这种实现方式最为灵活，操作也不算复杂。

在这 3 种实现方式中，目前用户使用最多的是通过 Linux 的 GRUB 或者 LILO 实现 Windows、Linux 多系统引导。

LILO 是最早出现的 Linux 引导装载程序之一，其全称为 Linux Loader。早期的 Linux 发行版本中都以 LILO 作为引导装载程序。GRUB 比 LILO 晚出现，其全称是 GRand Unified Bootloader。GRUB 不仅具有 LILO 的绝大部分功能，并且还拥有漂亮的图形化交互界面和方便的操作模式。因此，包括 Red Hat 在内的越来越多的 Linux 发行版本转而将 GRUB 作为默认安装的引导装载程序。

GRUB 提供给用户交互式的图形界面，还允许用户定制个性化的图形界面。而 LILO 的旧版本只提供文字界面，在其最新版本中虽然已经有图形界面，但对图形界面的支持还比较有限。

LILO 通过读取硬盘上的绝对扇区来装入操作系统，因此每次改变分区后都必须重新配置 LILO。如果调整了分区的大小或者分区的分配，那么 LILO 在重新配置之前就不能引导这个分区的操作系统。而 GRUB 是通过文件系统直接把内核读取到内存，因此只要操作系统内核的路径没有改变，GRUB 就可以引导操作系统。

GRUB 不但可以通过配置文件进行系统引导，还可以在引导前动态改变引导参数，动态加载各种设备。例如，刚编译出 Linux 的新内核，却不能确定其能否正常工作时，就可以在引导时动态改变 GRUB 的参数，尝试装载新内核。LILO 只能根据配置文件进行系统引导。

GRUB 提供强大的命令行交互功能，方便用户灵活地使用各种参数来引导操作系统和收集系统信息。GRUB 的命令行模式甚至还支持历史记录功能，用户使用上下键就能寻找到以前的命令，非常高效易用，而 LILO 就不提供这种功能。

2. 安装方式

任何硬盘在使用前都要进行分区。硬盘的分区首先有两种类型：主分区和扩展分区。一个 RHEL7 提供了 3 种安装方式支持，可以从 CD-ROM/DVD 启动安装、从硬盘安装、从网络安装。

(1) 从 (D-ROM) DVD 安装

对于绝大多数场合来说，最简单、快捷的安装方式当然是从 CD-ROM/DVD 进行安装。只要设置启动顺序为光驱优先，然后将 RHEL7 安装光盘放入光驱启动即可进入安装向导。

(2) 从硬盘安装

如果是从网上下载的光盘镜像，并且没有刻录机去刻盘，从硬盘安装也是一个不错的选择。需要进行的准备活动也很简单，将下载的 ISO 镜像文件复制到 FAT32 或者 ext2 分区中，在安装的时候选择从硬盘安装，然后选择镜像位置即可。

(3) 从网络安装

对于网络速度不是问题的用户来说，通过网络安装也是不错的选择。RHEL7 的网络安装支持 NFS、FTP 和 HTTP 3 这种方式。

**注意**：在通过网络安装 RHEL7 时，一定要保证光驱中不能有安装光盘，否则有可能会出现不可预料的错误。

3. 物理设备的命名规则

在 Linux 系统中一切都是文件，硬件设备也不例外。既然是文件，就必须有文件名称。系统内核中的 udev 设备管理器会自动把硬件名称规范起来，目的是让用户通过设备文件的名称可以猜出设备大致的属性以及分区信息等，这对于陌生的设备来说特别方便。另外，udev 设备管理器的服务会一直以守护进程的形式运行并侦听内核发出的信号来管理 /dev 目录下的设备文件。Linux 系统中常见的硬件设备及其文件名称如表 2-1 所示。

表 2-1　常见的硬件设备及其文件名称

| 硬件设备 | 文件名称 | 硬件设备 | 文件名称 |
|---|---|---|---|
| IDE 设备 | /dev/hd[a-d] | 光驱 | /dev/cdrom |
| SCSI/SATA/U 盘 | /dev/sd[a-p] | 鼠标 | /dev/mouse |
| 软驱 | /dev/fd[0-1] | 磁带机 | /dev/st0 或 /dev/ht0 |
| 打印机 | /dev/lp[0-15] | | |

由于现在的 IDE 设备已经很少见了，所以一般的硬盘设备都会是以 /dev/sd 开头的。而一台主机上可以有多块硬盘，因此系统采用 a~p 来代表 16 块不同的硬盘（默认从 a 开始分配），而且硬盘的分区编号也有规定：

① 主分区或扩展分区的编号从 1 开始，到 4 结束。

② 逻辑分区从编号 5 开始。

**注意：**

① /dev 目录中 sda 设备之所以是 a，并不是由插槽决定的，而是由系统内核的识别顺序来决定的。读者以后在使用 iSCSI 网络存储设备时就会发现，明明主板上第二个插槽是空着的，但系统却能识别到 /dev/sdb 这个设备。

② sda3 表示编号为 3 的分区，而不能判断 sda 设备上已经存在了 3 个分区。

那么，/dev/sda5 这个设备文件名称包含哪些信息呢？如图 2-1 所示，首先，/dev/ 目录中保存的应当是硬件设备文件；其次，sd 表示是存储设备，a 表示系统中同类接口中第一个被识别到的设备，最后，5 表示这个设备是一个逻辑分区。一言以蔽之，/dev/sda5 表示的就是“这是系统中第一块被识别到的硬件设备中分区编号为 5 的逻辑分区的设备文件”。

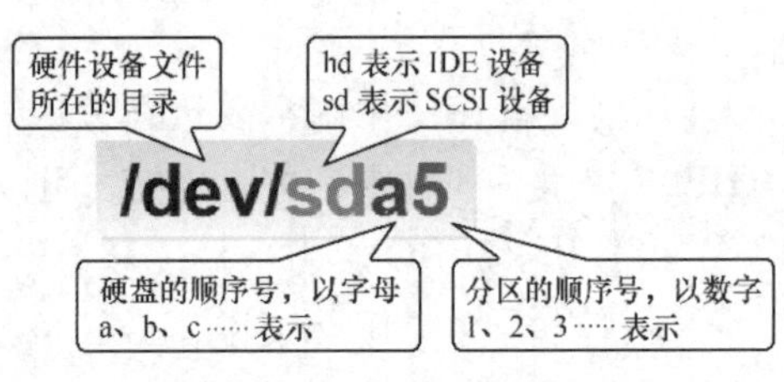


图 2-1　设备文件名称

4. 硬盘相关知识

硬盘设备是由大量的扇区组成的，每个扇区的容量为 512 字节。其中第一个扇区最重要，它里面保存着主引导记录与分区表信息。就第一个扇区来讲，主引导记录需要占用 446 字节，分区表为 64 字节，结束符占用 2 字节；其中分区表中每记录一个分区信息就需要 16 字节，这样一来最多只有 4 个分区信息可以写到第一个扇区中，这 4 个分区就是 4 个主分区。第一个扇区中的数据信息如图 2-2 所示。

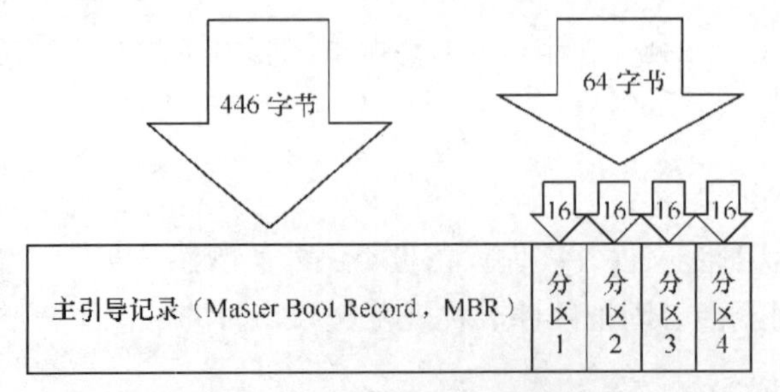


图 2-2　第一个扇区中的数据信息

第一个扇区最多只能创建出 4 个分区，于是为了解决分区个数不够的问题，可以将第一个扇区的分区表中 16 字节（原本要写入主分区信息）的空间（称为扩展分区）拿出来指向另外一个分区。也就是说，扩展分区其实并不是一个真正的分区，而更像是一个占用 16 字节分区表空间的指针——一个指向另外一个分区的指针。这样一来，用户一般会选择使用 3 个主分区加 1 个扩展分区的方法，然后在扩展分区中创建出多个逻辑分区，从而来满足多分区（大于 4 个）的需求。主分区、扩展分区、逻辑分区可以如图 2-3 那样来规划。

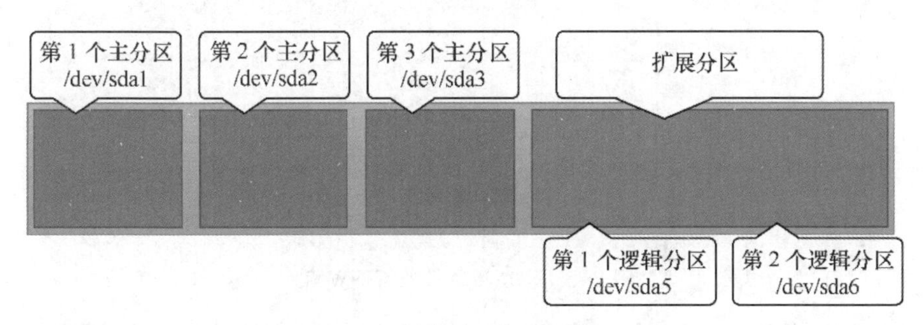


图 2-3　硬盘分区的规划

**注意**：扩展分区，严格地讲它不是一个实际意义的分区，它仅仅是一个指向下一个分区的指针，这种指针结构将形成一个单向链表。

**思考**：/dev/sdb8 是什么意思？

5. 规划分区

RHEL7 安装程序的启动，根据实际情况的不同，准备 RHEL7 镜像，同时要进行分区规划。

对于初次接触 Linux 的用户来说，分区方案越简单越好，所以最好的选择就是为 Linux 装备两个分区，一个是用户保存系统和数据的根分区(/)，另一个是交换分区。其中交换分区不用太大，与物理内存同样大小即可；根分区则需要根据 Linux 系统安装后占用资源的大小和所需要保存数据的多少来调整大小（一般情况下，划分 15~20 GB 就足够了）。

当然，对于 Linux 熟手，或者要安装服务器的管理员来说，这种分区方案就不太适合了。此时，一般还会单独创建一个 /boot 分区，用于保存系统启动时所需要的文件，再创建一个 /usr 分区，操作系统基本都在这个分区中；还需要创建一个 /home 分区，所有的用户信息都在这个分区下；还有 /var 分区，服务器的登录文件、邮件、Web 服务器的数据文件都会放在这个分区中，如图 2-4 所示。

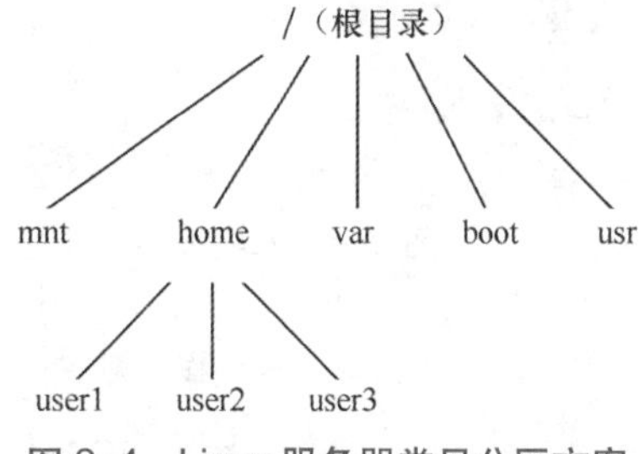


图 2-4　Linux 服务器常见分区方案

至于分区操作，由于 Windows 并不支持 Linux 下的 ext2、ext3、ext4 和 swap 分区，所以我们只有借助于 Linux 的安装程序进行分区了。当然，绝大多数第三方分区软件也支持 Linux 的分区，也可以用它们来完成这项工作。

## 2.2 安装配置 VM 虚拟机

① 成功安装 VMware Workstation 后的界面如图 2-5 所示。

图 2-5　虚拟机软件的管理界面

② 在图 2-5 中，单击“创建新的虚拟机”选项，并在弹出的“新建虚拟机向导”界面中选择“典型”单选按钮，然后单击“下一步”按钮，如图 2-6 所示。

③ 选中“稍后安装操作系统”单选按钮，然后单击“下一步”按钮，如图 2-7 所示。

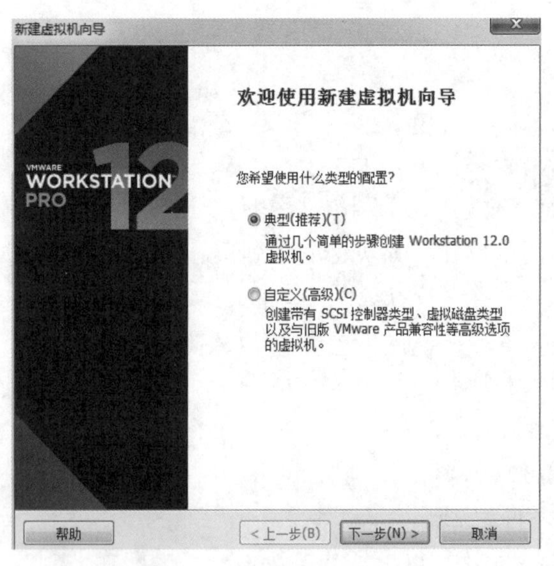


图 2-6　新建虚拟机向导

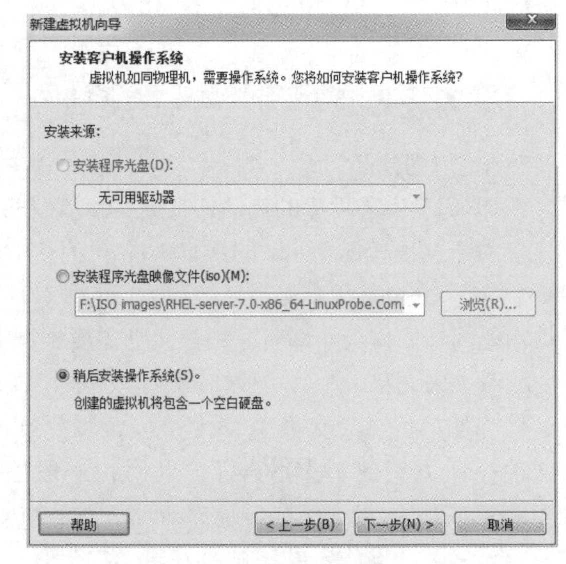


图 2-7　选择虚拟机的安装来源

**注意**：请一定选择“稍后安装操作系统”单选按钮，如果选择“安装程序光盘镜像文件”单选按钮，并把下载好的 RHEL7 系统的镜像选中，虚拟机会通过默认的安装策略部署最精简的 Linux 系统，而不会再询问安装设置的选项。

④ 在图 2-8 中，将客户机操作系统的类型选择为 Linux，版本为“Red Hat Enterprise Linux 7 64 位”，然后单击“下一步”按钮。

⑤ 填写“虚拟机名称”字段，并在选择安装位置之后单击“下一步”按钮，如图 2-9 所示。

⑥ 将虚拟机系统的“最大磁盘大小”设置为 40.0GB（默认即可），然后单击“下一步”按钮，如图 2-10 所示。

⑦ 单击“自定义硬件”按钮，如图 2-11 所示。

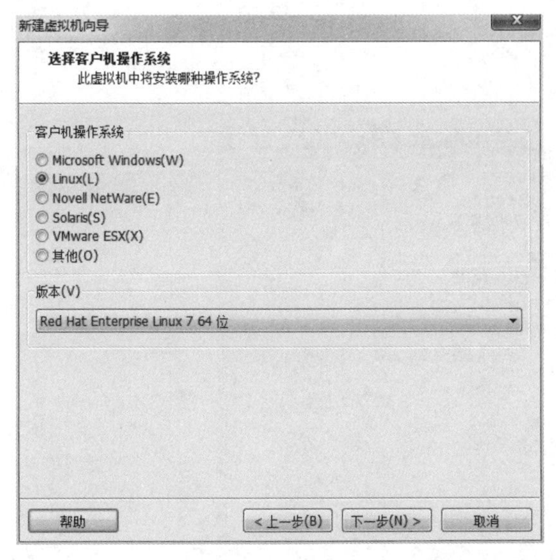


图 2-8　选择操作系统的版本

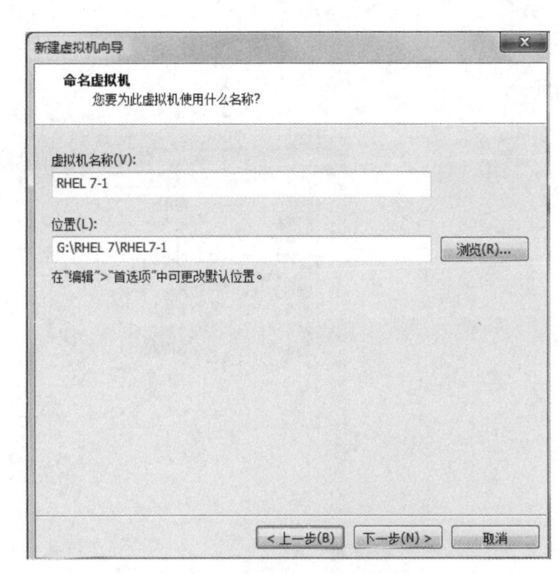


图 2-9　命名虚拟机及设置安装路径

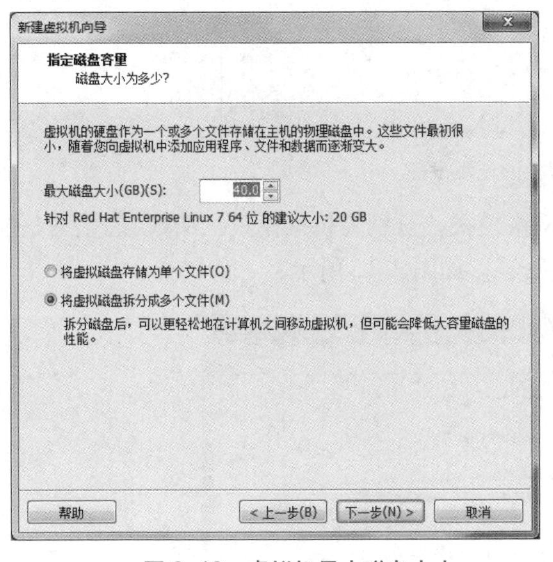


图 2-10　虚拟机最大磁盘大小

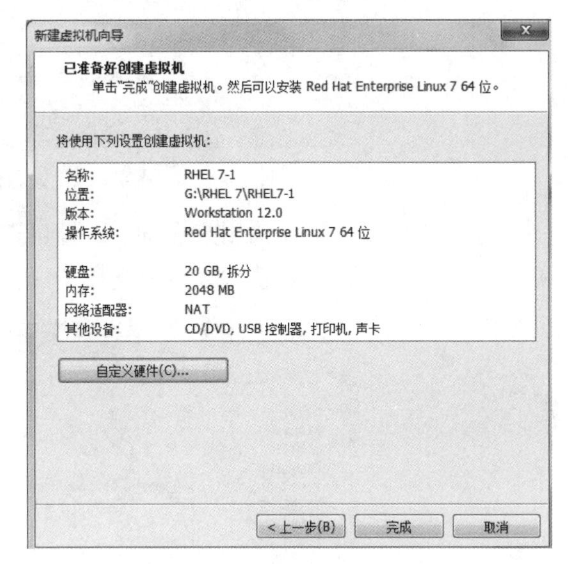


图 2-11　虚拟机的配置界面

⑧ 在出现的图 2-12 所示的界面中，建议将虚拟机系统内存的可用量设置为 2 GB，最低不应低于 1 GB。根据宿主机的性能设置 CPU 处理器的数量以及每个处理器的核心数量，并开启虚拟化功能，如图 2-13 所示。

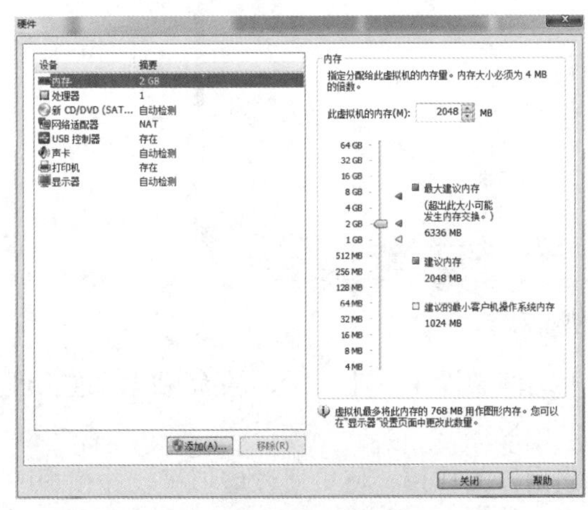


图 2-12　设置虚拟机的内存量

图 2-13　设置虚拟机的处理器参数

⑨ 光驱设备此时应在“使用 ISO 镜像文件”中选中了下载好的 RHEL 系统镜像文件，如图 2–14 所示。

图 2–14　设置虚拟机的光驱设备

⑩ VM 虚拟机软件为用户提供了 5 种可选的网络模式，分别为桥接模式、NAT 模式、仅主机模式、自定义和 LAN 区段。这里选择“仅主机模式”，如图 2–15 所示。

图 2–15　设置虚拟机的网络适配器

- 桥接模式：相当于在物理主机与虚拟机网卡之间架设了一座桥梁，从而可以通过物理主机的网卡访问外网。
- NAT 模式：让 VM 虚拟机的网络服务发挥路由器的作用，使得通过虚拟机软件模拟的主机可以通过物理主机访问外网，在真机中 NAT 虚拟机网卡对应的物理网卡是 VMnet8。

- 仅主机模式：仅让虚拟机内的主机与物理主机通信，不能访问外网，在真机中仅主机模式模拟网卡对应的物理网卡是 VMnet1。

⑪ 把 USB 控制器、声卡、打印机设备等不需要的设备统统移除掉。移掉声卡后可以避免在输入错误后发出提示声音，确保自己在今后实验中思绪不被打扰。最终的虚拟机配置情况，如图 2-16 所示。

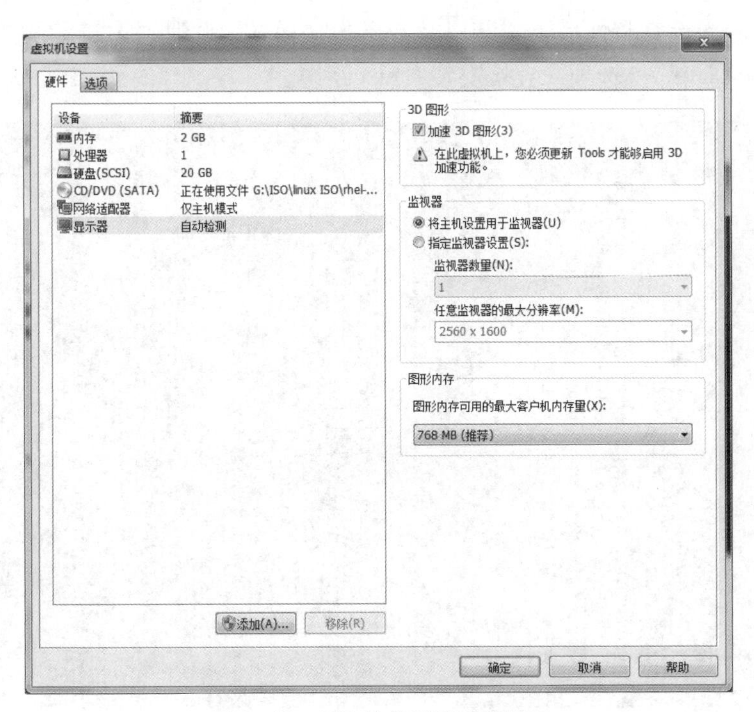


图 2-16　最终的虚拟机配置情况

⑫ 返回到虚拟机配置向导界面后单击“完成”按钮。虚拟机的安装和配置顺利完成。当看到如图 2-17 所示的界面时，就说明虚拟机已经配置成功了。

图 2-17　虚拟机配置成功的界面

## 2.3 安装 Red Hat Enterprise Linux 7

安装 RHEL7 或 CentOS 7 系统时，计算机的 CPU 需要支持 VT（Virtualization Technology，

虚拟化技术）。所谓 VT，指的是让单台计算机能够分割出多个独立资源区，并让每个资源区按照需要模拟出系统的一项技术，其本质就是通过中间层实现计算机资源的管理和再分配，让系统资源的利用率最大化。如果开启虚拟机后依然提示“CPU 不支持 VT 技术”等报错信息，请重启计算机并进入到 BIOS 中把 VT 虚拟化功能开启。

① 在虚拟机管理界面中单击“开启此虚拟机”按钮后数秒就看到 RHEL7 系统安装界面，如图 2-18 所示。在界面中，Test this media & install Red Hat Enterprise Linux 7.4 和 Troubleshooting 的作用分别是校验光盘完整性后再安装以及启动救援模式。此时通过键盘的方向键选择 Install Red Hat Enterprise Linux 7.4 选项来直接安装 Linux 系统。

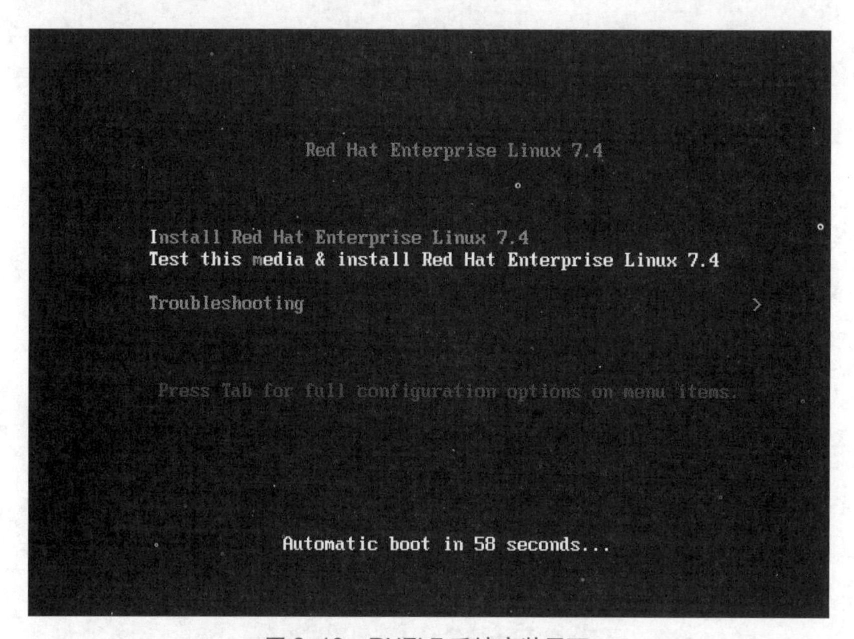


图 2-18　RHEL7 系统安装界面

② 按 Enter 键后开始加载安装镜像，所需时间为 30~60 s，请耐心等待，选择系统的安装语言（简体中文）后单击“继续”按钮，如图 2-19 所示。

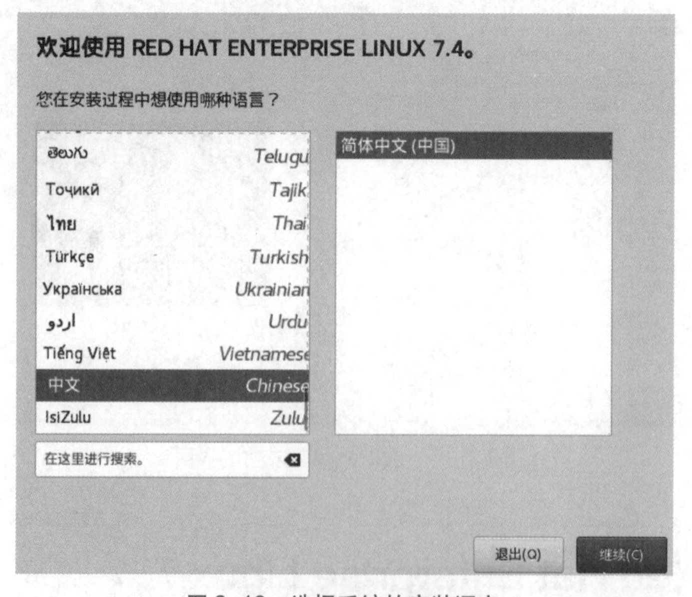


图 2-19　选择系统的安装语言

③ 在安装界面中单击“软件选择”选项，如图 2-20 所示。

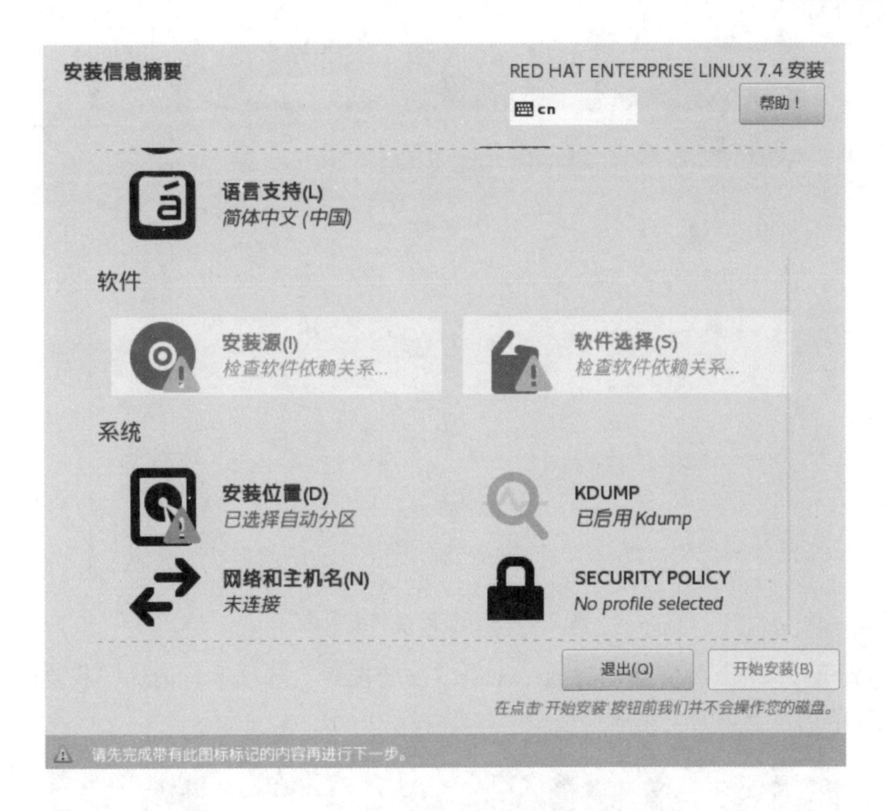


图 2–20　安装系统界面

④ RHEL7 系统的软件定制界面可以根据用户的需求来调整系统的基本环境，例如把 Linux 系统用作基础服务器、文件服务器、Web 服务器或工作站等。此时只需在界面中单击选中“带 GUI 的服务器”单选按钮（注意：如果不选此项，则无法进入图形界面），如图 2–21 所示，然后单击左上角的“完成”按钮即可。

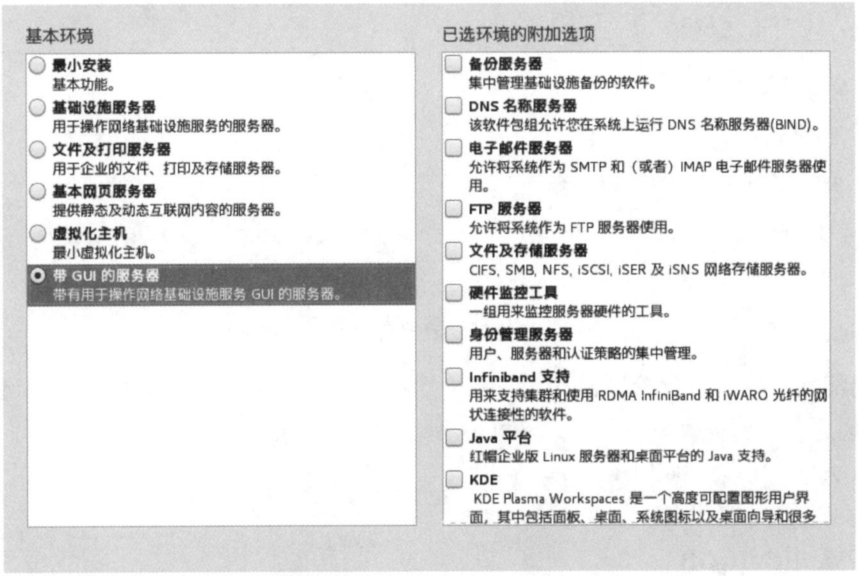

图 2–21　选择系统软件类型

⑤ 返回到 RHEL7 系统安装主界面，单击“网络和主机名”选项后，将“主机名”字段设置为 RHEL7-1，然后单击左上角的“完成”按钮，如图 2–22 所示。

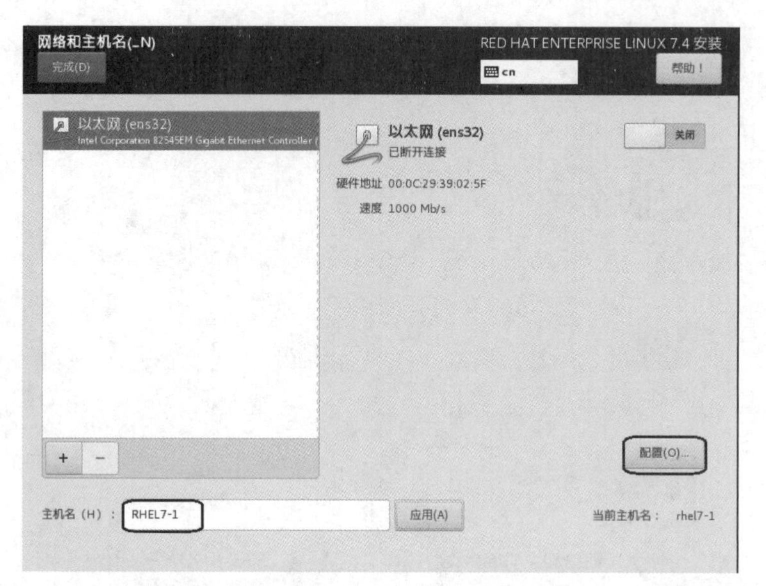


图 2-22　配置网络和主机名

⑥ 返回到 RHEL7 系统安装主界面，单击“安装位置”选项后，选择“我要配置分区”单选按钮，然后单击左上角的“完成”按钮，如图 2-23 所示。

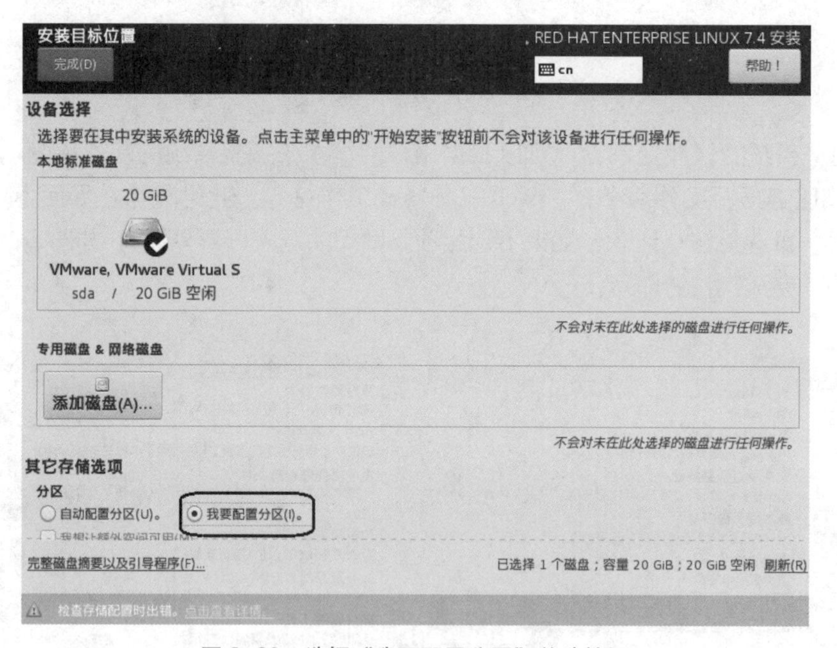


图 2-23　选择“我要配置分区”单选按钮

⑦ 开始配置分区。磁盘分区允许用户将一个磁盘划分成几个单独的部分，每部分有自己的盘符。在分区之前，首先规划分区，以 40 GB 硬盘为例，做如下规划：

- /boot 分区大小为 300 MB；
- swap 分区大小为 4 GB；
- / 分区大小为 10 GB；
- /usr 分区大小为 8 GB；
- /home 分区大小为 8 GB；
- /var 分区大小为 8 GB；
- /tmp 分区大小为 1 GB。

下面进行具体分区操作。

先创建 boot 分区（启动分区）。在“新挂载点将使用以下分区方案”选中“标准分区”。单击“+”按钮，如图 2-24 所示。选择挂载点为“/boot”（也可以直接输入挂载点），容量大小设置为 300 MB,然后单击“添加挂载点”按钮。在图 2-25 所示的界面中设置文件系统类型为“ext4”，默认文件系统 xfs 也可以。

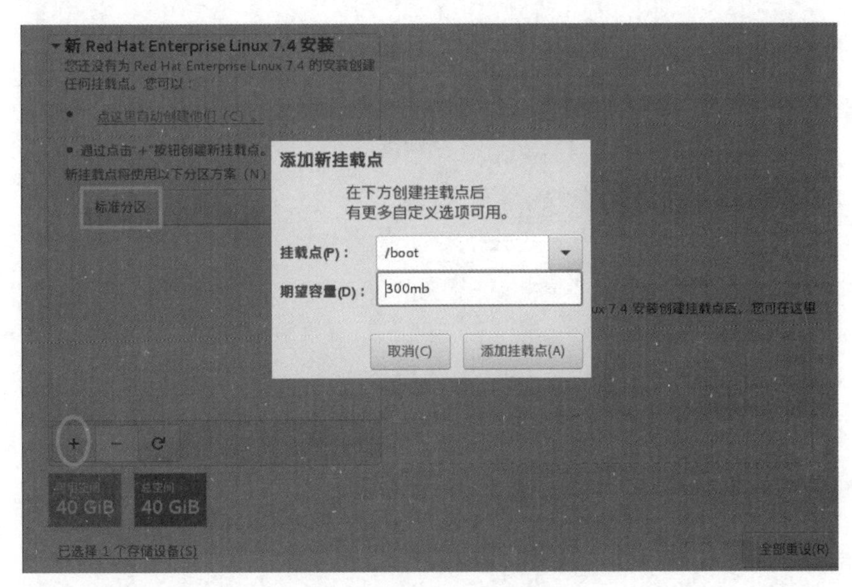


图 2-24　添加 /boot 挂载点

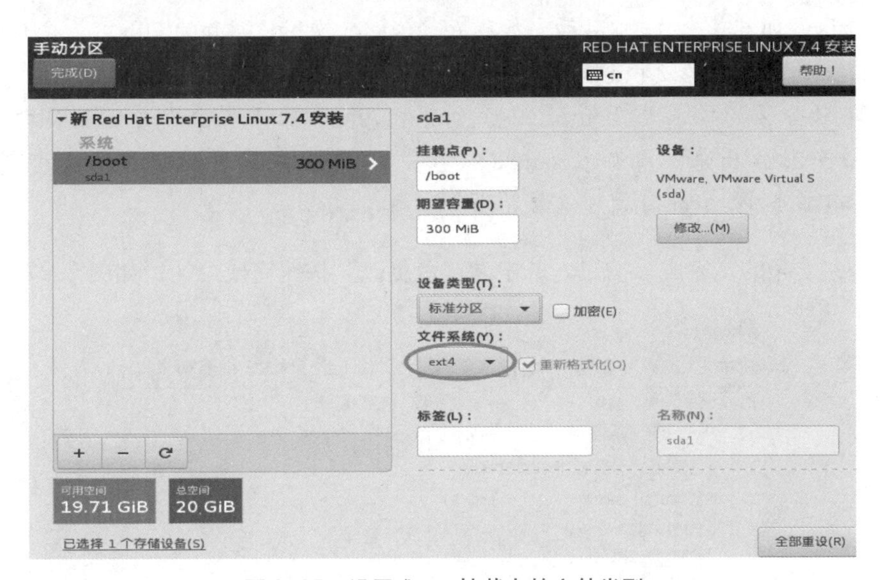


图 2-25　设置 /boot 挂载点的文件类型

**注意**：一定选中标准分区。保证 /home 为单独分区，为后面做配额实训做必要准备。

再创建交换分区。单击“+”按钮，创建交换分区。“文件系统”类型中选择 swap，大小一般设置为物理内存的两倍即可。比如，计算机物理内存大小为 2 GB，设置的 swap 分区大小就是 4096 MB（4 GB）。

**说明**：简单地说，swap 就是虚拟内存分区，它类似于 Windows 的 PageFile.sys 页面交换文件。就是当计算机的物理内存不够时，作为后备军，利用硬盘上的指定空间来动态扩充内存的大小。

用同样的方法，创建 / 分区大小为 10 GB，/usr 分区大小为 8 GB，/home 分区大小为 8 GB，/var 分区大小为 8 GB，/tmp 分区大小为 1 GB。文件系统类型全部设置为默认，即 xfs。设置完成如图 2-26 所示。在第 14 章中会用到独立分区 /var，以及文件系统 xfs。

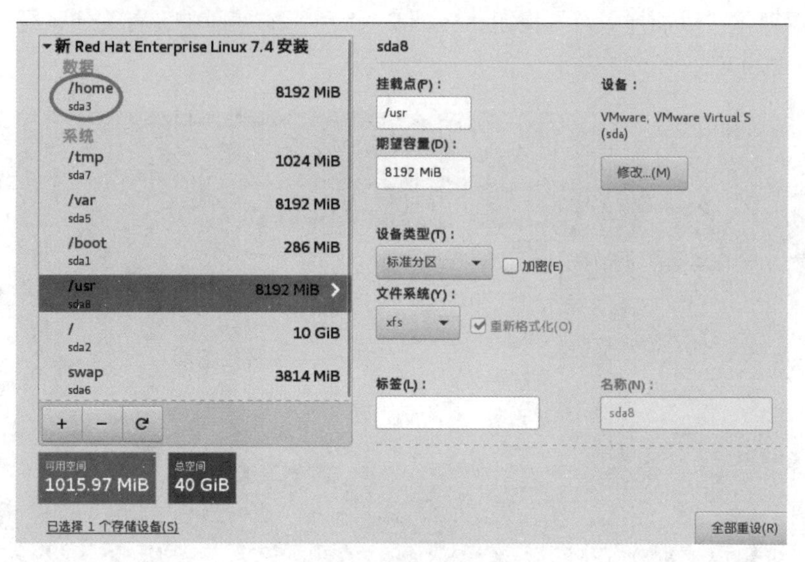


图 2-26　手动分区

**特别注意：**

- 不可与 root 分区分开的目录是 /dev、/etc、/sbin、/bin 和 /lib。系统启动时，核心只载入一个分区，那就是 /，核心启动要加载 /dev、/etc、/sbin、/bin 和 /lib 这 5 个目录的程序，所以以上几个目录必须和 / 根目录在一起。
- 最好单独分区的目录是 /home、/usr、/var 和 /tmp，出于安全和管理的目的，以上 4 个目录最好独立出来，比如在 samba 服务中，/home 目录可以配置磁盘配额 quota，在 sendmail 服务中，/var 目录可以配置磁盘配额 quota。

然后单击左上角的“完成”按钮，单击“接受更改”按钮完成分区，如图 2-27 所示。

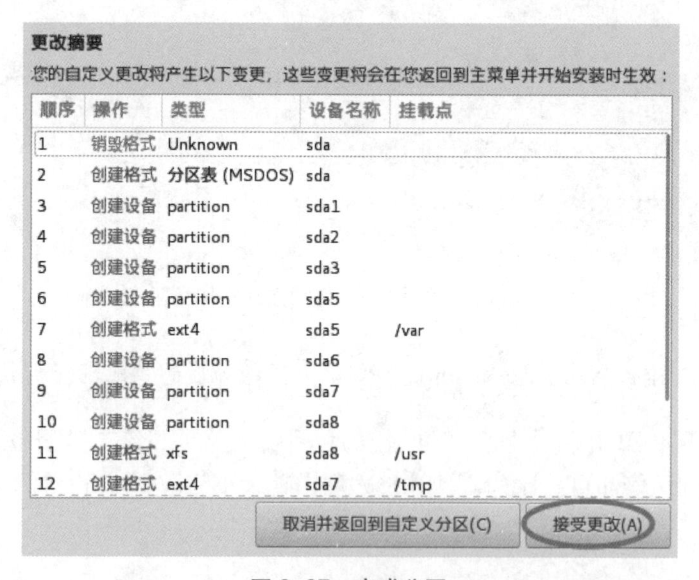


| 顺序 | 操作 | 类型 | 设备名称 | 挂载点 |
|---|---|---|---|---|
| 1 | 销毁格式 | Unknown | sda | |
| 2 | 创建格式 | 分区表 (MSDOS) | sda | |
| 3 | 创建设备 | partition | sda1 | |
| 4 | 创建设备 | partition | sda2 | |
| 5 | 创建设备 | partition | sda3 | |
| 6 | 创建设备 | partition | sda5 | |
| 7 | 创建格式 | ext4 | sda5 | /var |
| 8 | 创建设备 | partition | sda6 | |
| 9 | 创建设备 | partition | sda7 | |
| 10 | 创建设备 | partition | sda8 | |
| 11 | 创建格式 | xfs | sda8 | /usr |
| 12 | 创建格式 | ext4 | sda7 | /tmp |



图 2-27　完成分区

⑧ 返回到安装主界面，如图 2-28 所示，单击“开始安装”按钮后即可看到安装进度，在此

处选择“ROOT 密码”，如图 2-29 所示。

图 2-28　RHEL7 安装主界面

图 2-29　RHEL7 系统的安装界面

⑨ 设置 root 管理员的密码。若坚持用弱口令的密码，则需要单击两次左上角的“完成”按钮才可以确认。这里需要多说一句，当在虚拟机中做实验的时候，密码无所谓强弱，但在生产环境中一定要让 root 管理员的密码足够复杂，否则系统将面临严重的安全问题。

⑩ Linux 系统安装过程一般为 30 ～ 60 min，在安装过程期间耐心等待即可。安装完成后单击“重启”按钮。

⑪ 重启系统后将看到系统的初始化界面，单击 LICENSE INFORMATION 选项，如图 2-30 所示。

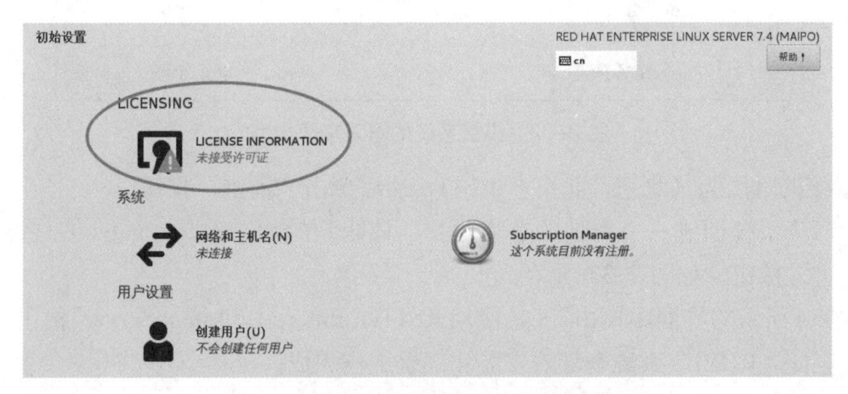


图 2-30　系统初始化界面

⑫ 选中“我同意许可协议”复选框，然后单击左上角的“完成”按钮。

⑬ 返回到初始化界面后单击“完成配置”选项。

⑭ 虚拟机软件中的 RHEL7 系统经过又一次的重启后，终于可以看到系统的欢迎界面，如图 2-31 所示。在界面中选择默认的语言汉语（中文），然后单击“前进”按钮。

图 2-31　系统的语言设置

⑮ 将系统的键盘布局或输入方式选择为 English（Australian），然后单击“前进”按钮，如图 2-32 所示。

图 2-32　设置系统的输入来源类型

⑯ 设置系统的时区为（北京，北京，中国），然后单击“前进”按钮。

⑰ 为 RHEL7 系统创建一个本地的普通用户，该账户的用户名为 yangyun，密码为 redhat，然后单击“前进”按钮，如图 2-33 所示。

⑱ 在图 2-34 所示的界面中单击“开始使用 Red Hat Enterprise Linux Server”按钮，出现图 2-35 所示的界面。至此，RHEL7 系统全部的安装和部署工作完成。

图 2-33　设置本地普通用户

图 2-34　系统初始化结束界面

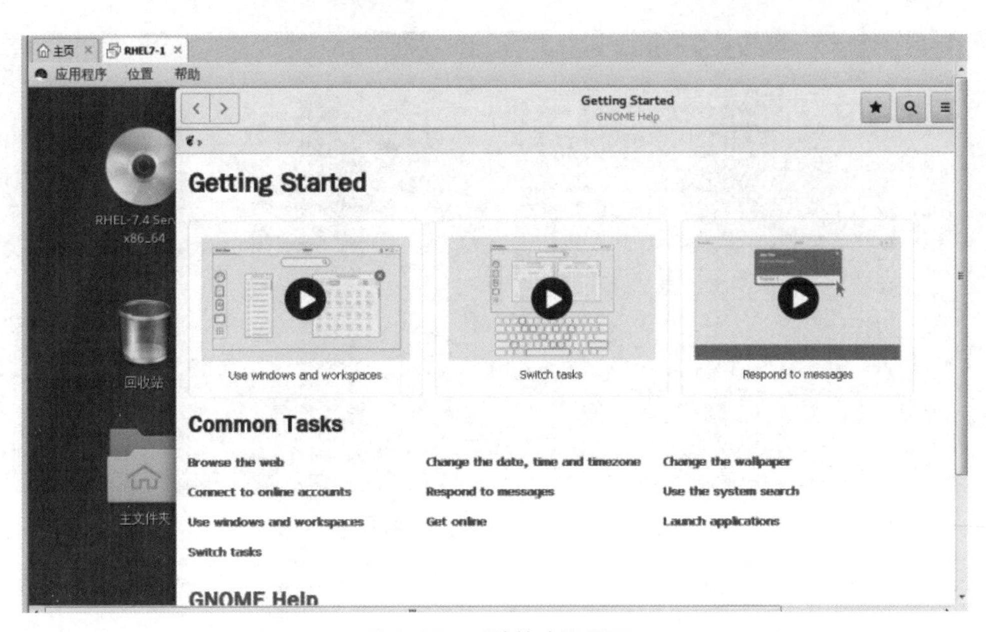


图 2-35　系统的欢迎界面

## 2.4 重置 root 管理员密码

平日里让运维人员“头疼”的事情已经很多了，因此，偶尔把 Linux 系统的密码忘记了并不用慌，只需简单几步就可以完成密码的重置工作。如果您刚刚接手了一台 Linux 系统，要先确定是否为 RHEL7 系统。如果是，然后再进行下面的操作。

① 如图 2-36 所示，先在空白处右击，在弹出的快捷菜单中选择“打开终端”命令，然后在打开的终端中输入如下命令：

```
[root@RHEL7-1 ~]#  cat /etc/redhat-release
Red Hat Enterprise Linux Server release 7.4 (Maipo)
[root@RHEL7-1 ~]#
```

新建文件夹(F)
Shift+Ctrl+N
粘贴(P)
Ctrl+V
全选(A)
Ctrl+A
保持对齐(K)
按名称整理桌面(D)
更换背景(B)
打开终端(E)
RHEL-7.4 Server.
x86_64
回收站
主文件夹

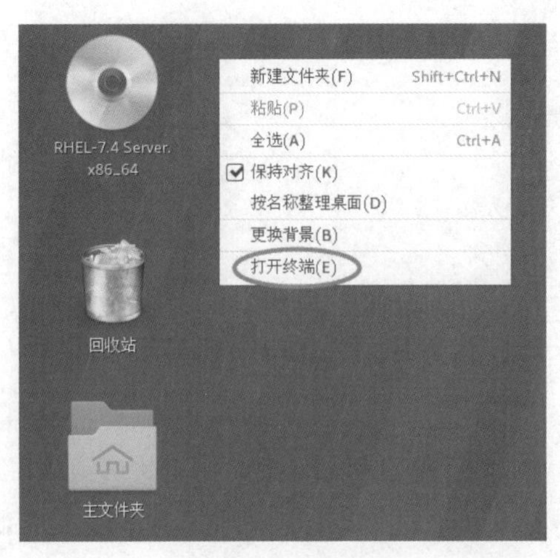

图 2-36　打开终端

② 在终端中输入 reboot，或者单击右上角的"关机"按钮 ，选择"重启"命令，重启 Linux 系统主机并出现引导界面时，按 e 键进入内核编辑界面，如图 2-37 所示。

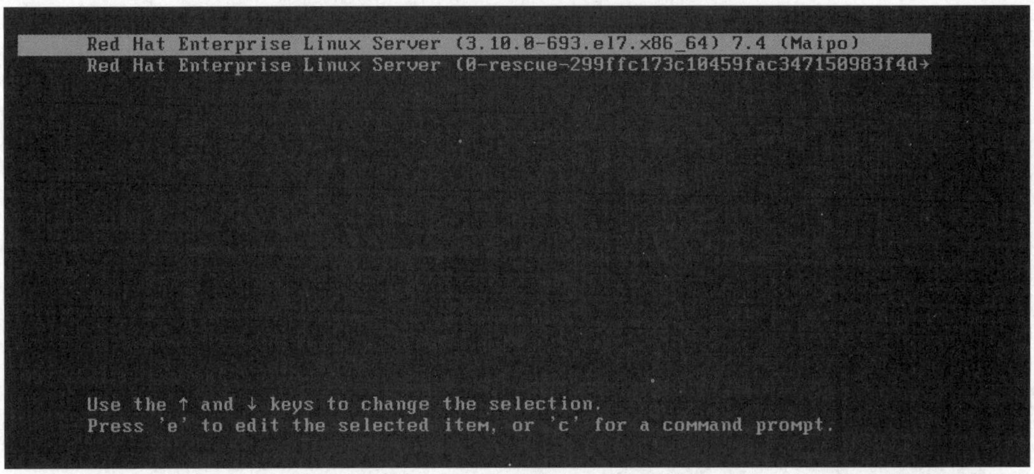
Red Hat Enterprise Linux Server (3.10.0-693.el7.x86_64) 7.4 (Maipo)
Red Hat Enterprise Linux Server (0-rescue-299ffc173c10459fac347150983f4d→
Use the ↑ and ↓ keys to change the selection.
Press 'e' to edit the selected item, or 'c' for a command prompt.

图 2-37　Linux 系统的引导界面

③ 在 linux16 参数行的最后面追加 rd.break 参数，然后按 Ctrl + x 组合键来运行修改过的内核程序，如图 2-38 所示。

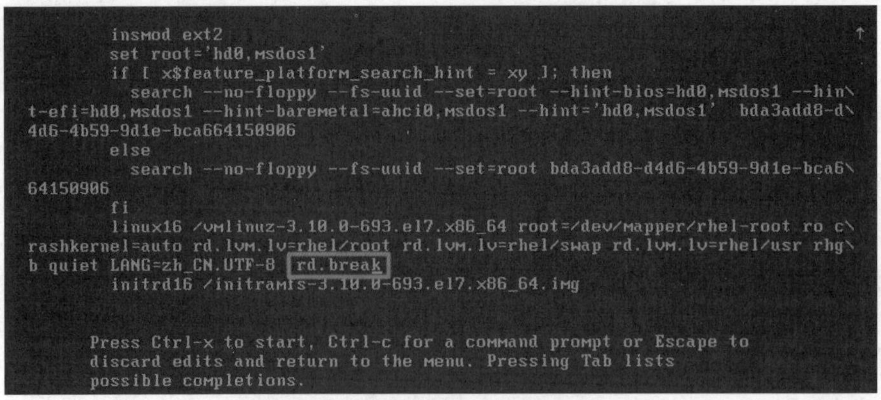
insmod ext2
set root='hd0,msdos1'
if [ x$feature_platform_search_hint = xy ]; then
search --no-floppy --fs-uuid --set=root --hint-bios=hd0,msdos1 --hin\
t-efi=hd0,msdos1 --hint-baremetal=ahci0,msdos1 --hint='hd0,msdos1' bda3add8-d\
4d6-4b59-9d1e-bca664150906
else
search --no-floppy --fs-uuid --set=root bda3add8-d4d6-4b59-9d1e-bca6\
64150906
fi
linux16 /vmlinuz-3.10.0-693.el7.x86_64 root=/dev/mapper/rhel-root ro c\
rashkernel=auto rd.lvm.lv=rhel/root rd.lvm.lv=rhel/swap rd.lvm.lv=rhel/usr rhg\
b quiet LANG=zh_CN.UTF-8 rd.break
initrd16 /initramfs-3.10.0-693.el7.x86_64.img
Press Ctrl-x to start, Ctrl-c for a command prompt or Escape to
discard edits and return to the menu. Pressing Tab lists
possible completions.

图 2-38　内核信息的编辑界面

④ 约 30 s 后，进入系统的紧急求援模式。依次输入以下命令，等待系统重启操作完毕，然后就可以使用新密码 newredhat 来登录 Linux 系统了。命令行执行效果如图 2-39 所示。（注意：

输入 passwd 后，输入密码和确认密码是不显示的。）

```
mount -o remount,rw /sysroot
chroot /sysroot
passwd
touch /.autorelabel
exit
reboot
```

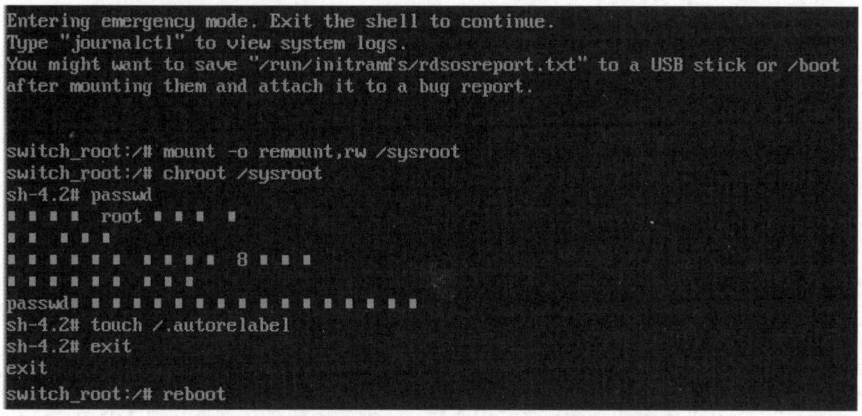

```
Entering emergency mode. Exit the shell to continue.
Type "journalctl" to view system logs.
You might want to save "/run/initramfs/rdsosreport.txt" to a USB stick or /boot
after mounting them and attach it to a bug report.


switch_root:/# mount -o remount,rw /sysroot
switch_root:/# chroot /sysroot
sh-4.2# passwd
■■■■ root ■■■ ■
■■ ■■■
■■■■■■ ■■■■ 8 ■■■
■■■■■■ ■■■
passwd■ ■■■■■■■■■■■■■■■■
sh-4.2# touch /.autorelabel
sh-4.2# exit
exit
switch_root:/# reboot
```

图 2-39　重置 Linux 系统的 root 管理员密码

## 2.5 systemd 初始化进程

Linux 操作系统的开机过程如下：从 BIOS 开始，进入 Boot Loader，再加载系统内核，然后内核进行初始化，最后启动初始化进程。初始化进程作为 Linux 系统的第一个进程，它需要完成 Linux 系统中相关的初始化工作，为用户提供合适的工作环境。RHEL7 系统已经替换掉了熟悉的初始化进程服务 System V init，正式采用全新的 systemd 初始化进程服务。systemd 初始化进程服务采用了并发启动机制，开机速度得到了不小的提升。

RHEL7 系统选择 systemd 初始化进程服务已经是一个既定事实，因此，也没有了“运行级别”这个概念，Linux 系统在启动时要进行大量的初始化工作，比如挂载文件系统和交换分区、启动各类进程服务等，这些都可以看作一个一个的单元（Unit），systemd 用目标（target）代替了 System V init 中运行级别的概念，这两者的区别如表 2-2 所示。

表 2-2　systemd 与 System V init 的区别以及作用

| System V init 运行级别 | systemd 目标名称 | 作　用 |
|---|---|---|
| 0 | runlevel0.target, poweroff.target | 关机 |
| 1 | runlevel1.target, rescue.target | 单用户模式 |
| 2 | runlevel2.target, multi-user.target | 等同于级别 3 |
| 3 | runlevel3.target, multi-user.target | 多用户的文本界面 |
| 4 | runlevel4.target, multi-user.target | 等同于级别 3 |
| 5 | runlevel5.target, graphical.target | 多用户的图形界面 |
| 6 | runlevel6.target, reboot.target | 重启 |
| emergency | emergency.target | 紧急 Shell |

如果想要将系统默认的运行目标修改为“多用户，无图形”模式，可直接用 ln 命令把多用户模式目标文件连接到 /etc/systemd/system/ 目录：

```
[root@RHEL7-1 ~]# ln -sf /lib/systemd/system/multi-user.target /etc/systemd/
system/default.target
```

在 RHEL 6 系统中使用 service、chkconfig 等命令来管理系统服务，而在 RHEL7 系统中使用 systemctl 命令来管理服务。表 2–3 和表 2–4 是 RHEL 6 系统中 System V init 命令与 RHEL7 系统中 systemctl 命令的对比，后续章节中会经常用到它们。

表 2–3　systemctl 管理服务的启动、重启、停止、重载、查看状态等常用命令

| System V init 命令（RHEL 6 系统） | systemctl 命令（RHEL7 系统） | 作　用 |
|---|---|---|
| service foo start | systemctl start foo.service | 启动服务 |
| service  foo restart | systemctl restart foo.service | 重启服务 |
| service foo stop | systemctl stop foo.service | 停止服务 |
| service foo reload | systemctl reload foo.service | 重新加载配置文件（不终止服务） |
| service foo status | systemctl status foo.service | 查看服务状态 |

表 2–4　systemctl 设置服务开机启动、不启动、查看各级别下服务启动状态等常用命令

| System V init 命令（RHEL 6 系统） | systemctl 命令（RHEL7 系统） | 作　用 |
|---|---|---|
| chkconfig foo on | systemctl enable foo.service | 开机自动启动 |
| chkconfig foo off | systemctl disable foo.service | 开机不自动启动 |
| chkconfig foo | systemctl is-enabled foo.service | 查看特定服务是否为开机自动启动 |
| chkconfig --list | systemctl list-unit-files --type=service | 查看各个级别下服务的启动与禁用情况 |

## 2.6 启动 Shell

操作系统的核心功能是管理和控制计算机硬件、软件资源，以尽量合理、有效的方法组织多个用户共享多种资源，而 Shell 则是介于使用者和操作系统核心程序（Kernel）间的一个接口。在各种 Linux 发行套件中，目前虽然已经提供了丰富的图形化接口，但是 Shell 仍旧是一种非常方便、灵活的途径。

Linux 中的 Shell 又称命令行，在这个命令行窗口中，用户输入指令，操作系统执行并将结果回显在屏幕上。

1. 使用 Linux 系统的终端窗口

现在的 RHEL7 操作系统默认采用的都是图形界面的 GNOME 或者 KDE 操作方式，要想使用 Shell 功能，就必须像在 Windows 中那样打开一个命令行窗口。一般用户可以执行“应用程序”→“系统工具”→“终端”命令来打开终端窗口，如图 2-40 所示。（或者直接右击桌面，在弹出的快捷菜单中选择“在终端中打开”命令），如果是英文系统，对应的是 Applications → System Tools → Terminal 命令。由于都是比较常用的单词，因此在本书的后面不再单独说明。

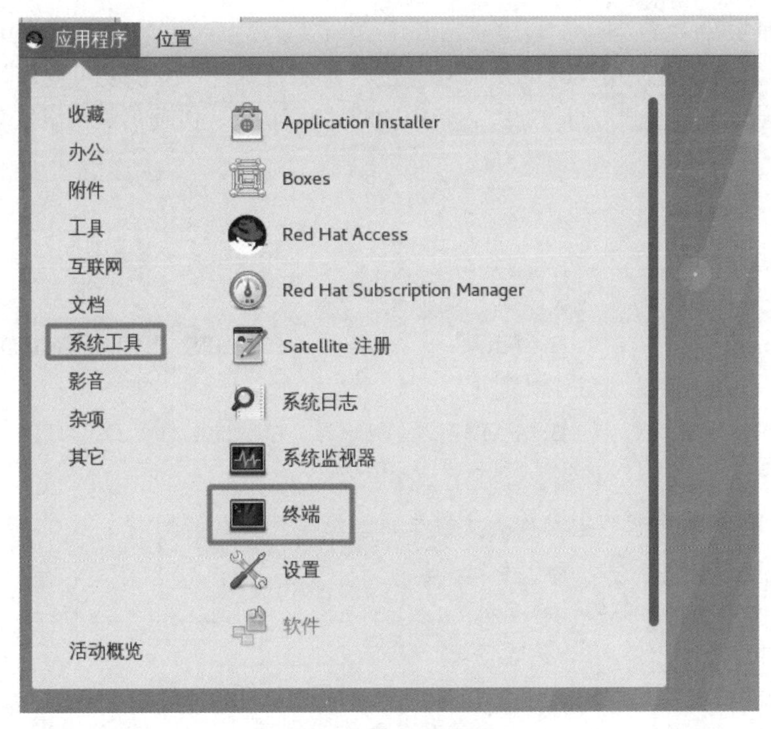


图 2-40　打开终端

执行以上命令后，就打开了一个白底黑字的命令行窗口，在我们可以使用 RHEL7 支持的所有命令行指令。

2. 使用 Shell 提示符

登录之后，普通用户的命令行提示符以“$”结尾，超级用户的命令以“#”结尾。

```
[yangyun@ RHEL7-1 ~]$                          //一般用户以“$”号结尾
[yangyun@ RHEL7-1 ~]$ su  root                 //切换到 root 账号
Password：
[root@RHEL7-1~]#                               //命令行提示符变成以“#”号结尾了
```

3. 退出系统

在终端中输入 shutdown –P now，或者单击右上角的“关机”按钮，选择“关机”命令，可以退出系统。

4. 再次登录

如果再次登录，为了后面的实训顺利进行，请选择 root 用户。在图 2-41 中，单击 Not listed? 按钮，后面输入 root 用户及密码，以 root 身份登录计算机。

图 2-41　选择用户登录

5. 制作系统快照

安装成功后，请一定使用 VM 的快照功能进行快照备份，一旦需要可立即恢复到系统的初始状态。提醒读者，对于重要实训节点，也可以进行快照备份，以便后续可以恢复到适当断点。

## ◎ 练　习　题

### 一、选择题

1. Linux 安装过程中的硬盘分区工具是（　　）。
   A. PQmagic　　B. Fdisk　　C. FIPS　　D. Disk Druid
2. Linux 的根分区系统类型可以是（　　）。
   A. FAT16　　B. FAT32　　C. ext4　　D. NTFS

### 二、填空题

1. 安装 Linux 最少需要两个分区，分别是______。
2. Linux 默认的系统管理员账号是______。
3. RHEL7 提供 5 种基本的安装方式：______、______、______、______和______。

### 三、简答题

1. Linux 有哪些安装方式？
2. 安装 Red Hat Linux 系统要做哪些准备工作？
3. 安装 Red Hat Linux 系统的基本磁盘分区有哪些？
4. Red Hat Linux 系统支持的文件类型有哪些？
5. 丢失根口令应如何解决？

## ◎ 项目实录　Linux 系统安装与基本配置

### 一、视频位置

实训前请扫二维码观看：实训项目安装与基本配置 Linux 操作系统。

视频 2-1 实训项目 安装与基本配置 Linux 操作系统

### 二、项目目的

- 掌握 Red Hat Enterprise Linux 7 操作系统的安装。
- 掌握对 Linux 操作系统的基本系统设置。
- 掌握与 Linux 相关的多操作系统的安装方法。
- 掌握用虚拟机安装 Linux 的方法。

### 三、项目背景

某计算机已经安装了 Windows 8 操作系统，该计算机的磁盘分区情况如图 2-42 所示，要求增加安装 RHEL7/CentOS 7，并保证原来的 Windows 操作系统仍可使用。

### 四、项目分析

要求增加安装 RHEL7/CentOS 7，并保证原来的 Windows 操作系统仍可使用。从图 2-42 所示可知，此硬盘约有 300 GB，分为 C、D、E 三个分区。对于此类硬盘比较简便的操作方法是将 E 盘上的数据转移到 C 盘或者 D 盘，而利用 E 盘的硬盘空间来安装 Linux。

对于要安装的 Linux 操作系统，需要进行磁盘分区规划，分区规划如图 2-43 所示。

主分区硬盘大小为 100 GB，分区规划如下：

- /boot 分区大小为 600 MB；
- swap 分区大小为 4 GB；
- / 分区大小为 10 GB；

- /usr 分区大小为 8 GB；
- /home 分区大小为 8 GB；
- /var 分区大小为 8 GB；
- /tmp 分区大小为 6 GB。
- 预留 55 GB 不进行分区。

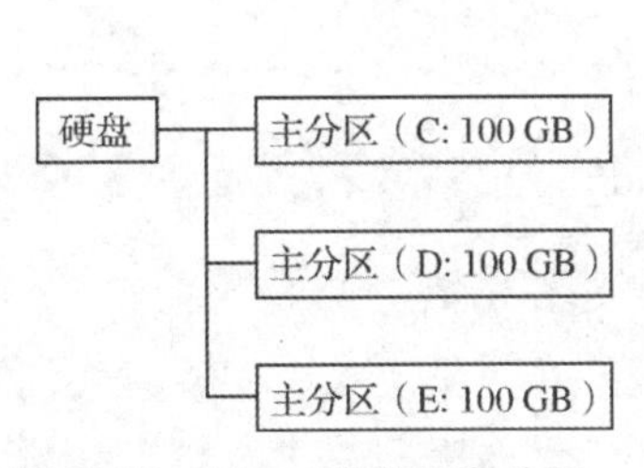


图 2-42　Linux 安装硬盘分区

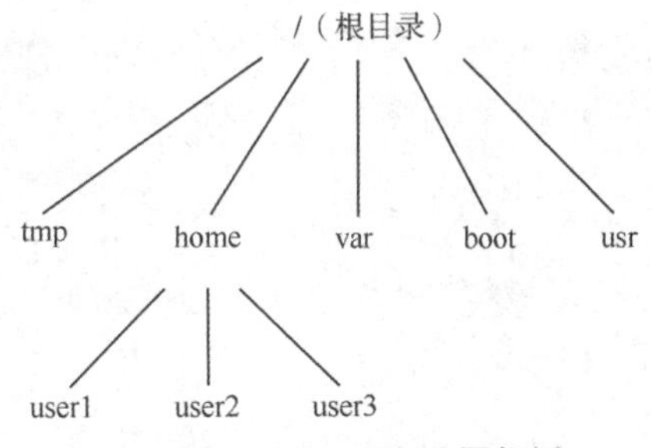


图 2-43　Linux 硬盘分区规划

五、深度思考

在观看视频时思考以下几个问题。

① 如何进行双启动安装?

② 分区规划为什么必须要慎之又慎?

③ 安装系统前，对 E 盘是如何处理的?

④ 第一个系统的虚拟内存设置至少多大？为什么?

六、做一做

根据视频内容，将项目完整地做一遍。

## ◎ 实训　安装和配置 RHEL7

一、实训目的

① 掌握光盘方式下安装 RHEL7 的基本步骤。

② 了解系统中各硬件设备的设置方法。

③ 理解磁盘分区的相关知识，并手工建立磁盘分区。

④ 启动 RHEL7 并进行初始化设置。

二、实训环境

① 一台已经安装好 Windows 操作系统的计算机。

② 一套 RHEL7 安装光盘（或 ISO 安装镜像）。

③ VMware Workstation Pro 15.5。

三、实训内容

① 安装配置 VM 虚拟机。

② 搭建 RHEL7 服务器。

③ 重置 root 管理员密码。

④ 登录、退出 Linux 服务器。

# 第3章

# Linux常用命令

在文本模式和终端模式下，经常使用Linux命令来查看系统的状态和监视系统的操作，如对文件和目录进行浏览、操作等。在Linux较早的版本中，由于不支持图形化操作，用户基本上都是使用命令行方式对系统进行操作，所以掌握常用的Linux命令是必要的。本章将对Linux的常用命令进行分类介绍。

**学习要点**

- Linux系统的终端窗口和命令基础。
- 文件目录类命令。
- 系统信息类命令。
- 进程管理类命令及其他常用命令。

## 3.1 Linux命令基础

掌握Linux命令对于管理Linux网络操作系统是非常必要的。

### 3.1.1 Linux命令特点

在Linux系统中命令区分大小写。在命令行中，可以使用Tab键来自动补齐命令，即可以只输入命令的前几个字母，然后按Tab键，系统将自动补齐该命令，若命令不止一个，则显示出所有和输入字符相匹配的命令。

视频3-1
Linux操作基础

按Tab键时，如果系统只找到一个和输入字符相匹配的目录或文件，则自动补齐；如果没有匹配的内容或有多个相匹配的名字，系统将发出警鸣声，再按一下Tab键将列出所有相匹配的内容（如果有），以供用户选择。例如，在命令提示符后输入mou，然后按Tab键，系统将自动补全该命令为mount；如果在命令提示符后只输入mo，然后按Tab键，此时将警鸣一声，再次按Tab键，系统将显示所有以mo开头的命令。

另外，利用向上或向下的光标键，可以翻查曾经执行过的历史命令，并可以再次执行。

如果要在一个命令行上输入和执行多条命令，可以使用分号来分隔命令。例如，cd /;ls。

断开一个长命令行，可以使用反斜杠“\”，以将一个较长的命令分成多行表达，增强命令的可读性。执行后，Shell 自动显示提示符“>”，表示正在输入一个长命令，此时可继续在新行上输入命令的后续部分。

### 3.1.2 后台运行程序

一个文本控制台或一个仿真终端在同一时刻只能运行一个程序或命令，在未执行结束前，一般不能进行其他操作，此时可使程序在后台执行，以释放控制台或终端，使其仍能进行其他操作。要使程序以后台方式执行，只需在要执行的命令后跟上一个“&”符号即可，例如 find / -name httpd.conf &。

## 3.2 文件目录类命令

文件目录类命令是对文件和目录进行各种操作的命令。

### 3.2.1 浏览目录类命令

#### 1. pwd 命令

pwd 命令用于显示用户当前所在的目录。如果用户不知道自己当前所处的目录，就必须使用它。例如：

```
[root@RHEL7-1 etc]# pwd
/etc
```

#### 2. cd 命令

cd 命令用来在不同的目录中进行切换。用户在登录系统后，会处于用户的家目录($HOME)中，该目录一般以 /home 开始，后跟用户名，这个目录就是用户的初始登录目录（root 用户的家目录为 /root）。如果用户想切换到其他目录中，就可以使用 cd 命令，后跟想要切换的目录名。例如：

```
[root@RHEL7-1 etc]# cd          //改变目录位置至用户登录时的工作目录
[root@RHEL7-1 ~]# cd dir1       //改变目录位置至当前目录下的dir1子目录下
[root@RHEL7-1 dir1]# cd ~       //改变目录位置至用户登录时的工作目录(用户的家目录)
[root@RHEL7-1 ~]# cd ..         //改变目录位置至当前目录的父目录
[root@RHEL7-1 /]# cd            //改变目录位置至用户登录时的工作目录
[root@RHEL7-1 ~]# cd ../etc     //改变目录位置至当前目录的父目录下的etc子目录下
[root@RHEL7-1 etc]# cd /dir1/subdir1 //利用绝对路径表示改变目录到 /dir1/ subdir1 目录下
```

**说明**：在 Linux 系统中，用“.”代表当前目录；用“..”代表当前目录的父目录；用“~”代表用户的个人家目录（主目录）。例如，root 用户的个人家目录是 /root，则不带任何参数的 cd 命令相当于 cd ~，即将目录切换到用户的家目录。

#### 3. ls 命令

ls 命令用来列出文件或目录信息。该命令的语法为：

```
ls  [参数]  [目录或文件]
```

ls 命令的常用参数选项有：

- -a：显示所有文件，包括以“.”开头的隐藏文件。

- -A：显示指定目录下所有的子目录及文件，包括隐藏文件。但不显示“.”和“..”。
- -c：按文件的修改时间排序。
- -C：分成多列显示各行。
- -d：如果参数是目录，只显示其名称而不显示其下的各个文件。往往与“-l”选项一起使用，以得到目录的详细信息。
- -l：以长格式显示文件的详细信息。
- -i：在输出的第一列显示文件的 i 结点号。

例如：

```
[root@RHEL7-1 ~]# ls            //列出当前目录下的文件及目录
[root@RHEL7-1 ~]# ls -a         //列出包括以“.”开始的隐藏文件在内的所有文件
[root@RHEL7-1 ~]# ls -t         //依照文件最后修改时间的顺序列出文件
[root@RHEL7-1 ~]# ls -F         //列出当前目录下的文件名及其类型。以 / 结尾表示为目录名，
                                //以 * 结尾表示为可执行文件，以 @ 结尾表示为符号连接
[root@RHEL7-1 ~]# ls -l         //列出当前目录下所有文件的权限、所有者、文件大小、修改
                                //时间及名称
[root@RHEL7-1 ~]# ls -lg        //同上，并显示出文件的所有者工作组名
[root@RHEL7-1 ~]# ls -R         //显示出目录下以及其所有子目录的文件名
```

### 3.2.2 浏览文件类命令

1. cat 命令

cat 命令主要用于滚屏显示文件内容或是将多个文件合并成一个文件。该命令的语法为：

```
cat  [参数]  文件名
```

cat 命令的常用参数选项有：

- -b：对输出内容中的非空行标注行号。
- -n：对输出内容中的所有行标注行号。

通常使用 cat 命令查看文件内容。但是，cat 命令的输出内容不能够分页显示，要查看超过一屏的文件内容，需要使用 more 或 less 等其他命令。如果在 cat 命令中没有指定参数，则 cat 会从标准输入（键盘）获取内容。

例如，查看 /soft/file1 文件的内容的命令为：

```
[root@RHEL7-1 ~]# cat  /soft/file1
```

利用 cat 命令还可以合并多个文件。例如，要把 file1 和 file2 文件的内容合并为 file3，且 file2 文件的内容在 file1 文件的内容前面，则命令为：

```
[root@RHEL7-1 ~]# cat file2 file1>file3
 //如果file3文件存在，此命令的执行结果会覆盖file3文件中原有内容
[root@RHEL7-1 ~]# cat file2 file1>>file3
 //如果file3文件存在，此命令的执行结果将把file2和file1文件的内容附加到file3文
 //件中原有内容的后面
```

**说明**：关于“>”和“>>”输出重定向的区别，详见第 4 章。

2. more 命令

在使用 cat 命令时，如果文件太长，用户只能看到文件的最后一部分。这时可以使用 more 命令，一页一页地分屏显示文件的内容。more 命令通常用于分屏显示文件内容。大部分情况下，可以不加任何参数选项执行 more 命令查看文件内容。执行 more 命令后，进入 more 状态，按 Enter 键可以向下移动一行，按 Space 键可以向下移动一页，按 q 键可以退出 more 命令。该命令的语法为：

```
more  [参数]  文件名
```

more 命令的常用参数选项有：

- -num：这里的 num 是一个数字，用来指定分页显示时每页的行数。
- +num：指定从文件的第 num 行开始显示。

例如：

```
[root@RHEL7-1 ~]# more file1           //分屏显示 file1 文件的内容
[root@RHEL7-1 ~]# cat file1 | more    //利用管道功能分屏显示 file1 文件的内容
```

more 命令经常在管道中被调用以实现各种命令输出内容的分屏显示。上面的第二个命令就是利用 Shell 的管道功能分屏显示 file1 文件的内容。关于管道的内容在第 4 章中详细介绍。

3. less 命令

less 命令是 more 命令的改进版，比 more 命令的功能强大。more 命令只能向下翻页，而 less 命令可以向下、向上翻页，甚至可以前后左右移动。执行 less 命令后，进入 less 状态，按 Enter 键可以向下移动一行，按 Space 键可以向下移动一页，按 b 键可以向上移动一页，也可以用光标键向前、后、左、右移动，按 q 键可以退出 less 命令。

less 命令还支持在一个文本文件中进行快速查找。先按下斜杠键 /，再输入要查找的单词或字符。less 命令会在文本文件中进行快速查找，并把找到的第一个搜索目标高亮显示。如果希望继续查找，则再次按下斜杠键 /，再按 Enter 键即可。

less 命令的用法与 more 基本相同，例如：

```
[root@RHEL7-1 ~]# less /etc/yum.conf
// 以分页方式查看 yum.conf 文件的内容
```

4. head 命令

head 命令用于显示文件的开头部分，默认情况下只显示文件的前 10 行内容。该命令的语法为：

```
head  [参数]  文件名
```

head 命令的常用参数选项有：

- -n num：显示指定文件的前 num 行。
- -c num：显示指定文件的前 num 个字符。

例如：

```
[root@RHEL7-1 ~]# head  -n  20  /etc/yum.conf
//显示 yum.conf 文件的前 20 行
```

5. tail 命令

tail 命令用于显示文件的末尾部分，默认情况下只显示文件的末尾 10 行内容。该命令的语法为：

```
tail  [参数]  文件名
```

tail 命令的常用参数选项有：

- -n num：显示指定文件的末尾 num 行。
- -c num：显示指定文件的末尾 num 个字符。
- +num：从第 num 行开始显示指定文件的内容。

例如：

```
[root@RHEL7-1 ~]# tail -n  20  /etc/yum.conf
//显示 yum.conf 文件的前 20 行
```

### 3.2.3 目录操作类命令

#### 1. mkdir 命令

mkdir 命令用于创建一个目录。该命令的语法为：

```
mkdir  [参数]  目录名
```

上述目录名可以为相对路径，也可以为绝对路径。

mkdir 命令的常用参数选项有：

-p：在创建目录时，如果父目录不存在，则同时创建该目录及该目录的父目录。

例如：

```
[root@RHEL7-1 ~]# mkdir dir1    //在当前目录下创建 dir1 子目录
[root@RHEL7-1 ~]# mkdir -p dir2/subdir2
//在当前目录的 dir2 目录中创建 subdir2 子目录，如果 dir2 目录不存在则同时创建
```

#### 2. rmdir 命令

rmdir 命令用于删除空目录。该命令的语法为：

```
rmdir  [参数]  目录名
```

上述目录名可以为相对路径，也可以为绝对路径。但所删除的目录必须为空目录。

rmdir 命令的常用参数选项有：

-p：在删除目录时，一起删除父目录，但父目录中必须没有其他目录及文件。

例如：

```
[root@RHEL7-1 ~]# rmdir dir1    //在当前目录下删除 dir1 空子目录
[root@RHEL7-1 ~]# rmdir -p dir2/subdir2
//删除当前目录中 dir2/subdir2 子目录，删除 subdir2 目录时，如果 dir2 目录无其他目录，
//则一起删除
```

### 3.2.4 文件操作类命令

#### 1. cp 命令

cp 命令主要用于文件或目录的复制。该命令的语法为：

```
cp  [参数]  源文件   目标文件
```

cp 命令的常用参数选项有：

- -f：如果目标文件或目录存在，先删除它们再进行复制（即覆盖），并且不提示用户。

- -i：如果目标文件或目录存在，则提示是否覆盖已有的文件。
- -R：递归复制目录，即包含目录下的各级子目录。

例如：

```
//将/etc/inittab文件复制到用户的家目录下，复制后的文件名为inittab.bak
[root@RHEL7-1 ~]# cp /etc/inittab ~/inittab.bak
//将/etc/init.d目录(包含rc.d目录的文件及子目录)复制到/initbak目录下
[root@RHEL7-1 ~]# cp  -R  /etc/init.d/   /initbak
```

2. mv 命令

mv 命令主要用于文件或目录的移动或改名。该命令的语法为：

```
mv  [参数]  源文件或目录   目标文件或目录
```

mv 命令的常用参数选项有：

- -i：如果目标文件或目录存在，提示是否覆盖目标文件或目录。
- -f：无论目标文件或目录是否存在，均直接覆盖目标文件或目录，不提示。

例如：

```
//将当前目录下的testa文件移动到/usr/目录下，文件名不变
[root@RHEL7-1 /]# mv testa /usr/
//将/usr/testa文件移动到根目录下，移动后的文件名为tt
[root@RHEL7-1 /]# mv /usr/testa /tt
```

3. rm 命令

rm 命令主要用于文件或目录的删除。该命令的语法为：

```
rm  [参数]  文件名或目录名
```

rm 命令的常用参数选项有：

- -i：删除文件或目录时提示用户。
- -f：删除文件或目录时不提示用户。
- -R：递归删除目录，即包含目录下的文件和各级子目录。

例如：

```
//删除当前目录下的所有文件，但不删除子目录和隐藏文件
[root@RHEL7-1 ~]# mkdir /dir1;cd /dir1
[root@RHEL7-1 dir1]# touch aa.txt  bb.txt; mkdir subdir11;ll
[root@RHEL7-1 dir1]# rm *
// 删除当前目录下的子目录subdir11，包含其下的所有文件和子目录，并且提示用户确认
[root@RHEL7-1 dir1]# rm -iR subdir11
```

4. touch 命令

touch 命令用于建立文件或更新文件的修改日期。该命令的语法为：

```
touch  [参数]  文件名或目录名
```

touch 命令的常用参数选项有：

- -d yyyymmdd：把文件的存取或修改时间改为 yyyy 年 mm 月 dd 日。
- -a：只把文件的存取时间改为当前时间。

- -m：只把文件的修改时间改为当前时间。

例如：

```
[root@RHEL7-1 test]# touch aa    //如果当前目录下存在aa文件，则把aa文件的存取和修改
                                 //时间改为当前时间，如果不存在aa文件，则新建aa文件
[root@RHEL7-1 /]# touch -d 20200808 aa     //将aa文件的存取和修改时间改为2020年
                                           //8月8日
```

5. diff 命令

diff 命令用于比较两个文件内容的不同。该命令的语法为：

```
diff  [参数]  源文件   目标文件
```

diff 命令的常用参数选项有：

- -a：将所有的文件当作文本文件处理。
- -b：忽略空格造成的不同。
- -B：忽略空行造成的不同。
- -q：只报告什么地方不同，不报告具体的不同信息。
- -i：忽略大小写的变化。

例如（在 root 目录下使用 vim 提前建立好 aa、bb、aa.txt、bb.txt 文件）：

```
[root@RHEL7-1 test]# diff  aa.txt  bb.txt  //比较aa.txt文件和bb.txt文件的不同
```

6. ln 命令

ln 命令用于建立两个文件之间的链接关系。该命令的语法为：

```
ln  [参数]  源文件或目录   链接名
```

ln 命令的常用参数选项有：

-s：建立符号链接（软链接），不加该参数时建立的链接为硬链接。

两个文件之间的链接关系有两种。一种链接关系称为硬链接，这时两个文件名指向的是硬盘上的同一块存储空间，对两个文件中的任何一个文件的内容进行修改都会影响到另一文件。硬链接可以由 ln 命令不加任何参数建立。

利用 ll 命令查看 /aa 文件情况：

```
[root@RHEL7-1 /]# ll aa
-rw-r--r--  1 root root 0  1月 31 15:06 aa
[root@RHEL7-1 /]# cat aa
this is aa
```

由上面命令的执行结果可以看出，aa 文件的链接数为 1，文件内容为 this is aa。

使用 ln 命令建立 aa 文件的硬链接 bb：

```
[root@RHEL7-1 /]# ln aa bb
```

上述命令产生了 bb 新文件，它和 aa 文件建立起了硬链接关系。

```
[root@RHEL7-1 /]# ll aa bb
-rw-r--r--  2 root root 11  1月 31 15:44 aa
-rw-r--r--  2 root root 11  1月 31 15:44 bb
```

```
[root@RHEL7-1 /]# cat bb
this is aa
```

可以看出,aa和bb的大小相同,内容相同。再看详细信息的第2列,原来aa文件的链接数为1,说明这块硬盘空间只有aa文件指向，而建立起aa和bb的硬链接关系后，这块硬盘空间就有aa和bb两个文件同时指向它，所以aa和bb的链接数都变为2。

此时，如果修改aa或bb任意一个文件的内容，则另外一个文件的内容也将随之变化。如果删除其中一个文件（不管是哪一个），就是删除了该文件和硬盘空间的指向关系，该硬盘空间不会释放，另外一个文件的内容也不会发生改变，但是该文件的链接数会减少一个。

**说明**：只能对文件建立硬链接，不能对目录建立硬链接。

另外一种链接方式称为符号链接（软链接），是指一个文件指向另外一个文件的文件名。软链接类似于Windows系统中的快捷方式。软链接由ln –s命令建立。

首先查看一下aa文件的信息：

```
[root@RHEL7-1 /]# ll aa
-rw-r--r--  1 root root 11  1月 31 15:44 aa
```

创建aa文件的符号链接cc，创建完成后查看aa和cc文件的链接数的变化：

```
[root@RHEL7-1 /]# ln -s aa cc
[root@RHEL7-1 /]# ll aa cc
-rw-r--r--  1 root root 11  1月 31 15:44 aa
lrwxrwxrwx  1 root root  2  1月 31 16:02 cc -> aa
```

可以看出，cc文件是指向aa文件的一个符号链接，而指向存储aa文件内容的那块硬盘空间的文件仍然只有aa一个文件,cc文件只不过是指向了aa文件名而已,所以aa文件的链接数仍为1。

在利用cat命令查看cc文件的内容时，cat命令在寻找cc的内容，发现cc是一个符号链接文件，就根据cc记录的文件名找到aa文件，然后将aa文件的内容显示出来。

此时如果删除了cc文件，对aa文件无任何影响，但如果删除了aa文件，那么cc文件就因无法找到aa文件而毫无用处了。

**说明**：可以对文件或目录建立符号链接。

7. gzip 和 gunzip 命令

gzip命令用于对文件进行压缩，生成的压缩文件以.gz结尾，而gunzip命令是对以.gz结尾的文件进行解压缩。该命令的语法为：

```
gzip   -v     文件名
gunzip   -v   文件名
```

–v参数选项表示显示被压缩文件的压缩比或解压时的信息。

例如（在root家目录下）：

```
[root@RHEL7-1 /]# cd
[root@RHEL7-1 ~]# gzip -v initial-setup-ks.cfg
initial-setup-ks.cfg:  53.4% -- replaced with initial-setup-ks.cfg.gz
[root@RHEL7-1 ~]# gunzip -v initial-setup-ks.cfg.gz
initial-setup-ks.cfg.gz:      53.4% -- replaced with initial-setup-ks.cfg
```

8. tar 命令

tar 是用于文件打包的命令行工具。tar 命令可以把一系列的文件归档到一个大文件中，也可以把档案文件解开以恢复数据。总体来说，tar 命令主要用于打包和解包。tar 命令是 Linux 系统中常用的备份工具之一。该命令的语法为：

```
tar [参数] 档案文件 文件列表
```

tar 命令的常用参数选项有：

- -c：生成档案文件。
- -v：列出归档解档的详细过程。
- -f：指定档案文件名称。
- -r：将文件追加到档案文件末尾。
- -z：以 gzip 格式压缩或解压缩文件。
- -j：以 bzip2 格式压缩或解压缩文件。
- -d：比较档案与当前目录中的文件。
- -x：解开档案文件。

例如（提前用 touch 命令在 / 目录下建立测试文件）：

```
[root@RHEL7-1 /]# tar -cvf yy.tar aa tt //将当前目录下的aa和tt文件归档为yy.tar
[root@RHEL7-1 /]# tar -xvf yy.tar        //从yy.tar档案文件中恢复数据
[root@RHEL7-1 /]# tar -czvf yy.tar.gz  aa tt
                                    //将当前目录下的aa和tt文件归档并压缩为yy.tar.gz
[root@RHEL7-1 /]# tar -xzvf yy.tar.gz   //将yy.tar.gz文件解压缩并恢复数据
```

9. rpm 命令

rpm 命令主要用于对 RPM 软件包进行管理。RPM 包是 Linux 的各种发行版本中应用最为广泛的软件包格式之一。学会使用 rpm 命令对 RPM 软件包进行管理至关重要。该命令的语法为：

```
rpm  [参数] 软件包名
```

rpm 命令的常用参数选项有：

- -qa：查询系统中安装的所有软件包。
- -q：查询指定的软件包在系统中是否安装。
- -qi：查询系统中已安装软件包的描述信息。
- -ql：查询系统中已安装软件包里所包含的文件列表。
- -qf：查询系统中指定文件所属的软件包。
- -qp：查询 RPM 包文件中的信息，通常用于在未安装软件包之前了解软件包中的信息。
- -i：用于安装指定的 RPM 软件包。
- -v：显示较详细的信息。
- -h：以“#”显示进度。
- -e：删除已安装的 RPM 软件包。
- -U：升级指定的 RPM 软件包。软件包的版本必须比当前系统中安装的软件包的版本高才能正确升级。如果当前系统中并未安装指定的软件包，则直接安装。
- -F：更新软件包。

例如(以 RHEL7.4 为例)：

```
[root@RHEL7-1 ~]#rpm -qa|more              //显示系统安装的所有软件包列表
[root@RHEL7-1 ~]#rpm -q selinux-policy     //查询系统是否安装了 selinux-policy
[root@RHEL7-1 ~]#rpm -qi selinux-policy    //查询系统已安装的软件包的描述信息
[root@RHEL7-1 ~]#rpm -ql selinux-policy    //查询系统已安装软件包里包含文件列表
[root@RHEL7-1 ~]#rpm -qf /etc/passwd       //查询 passwd 文件所属的软件包
[root@RHEL7-1 ～]# mkdir /iso; mount /dev/cdrom  /iso  //挂载光盘
[root@RHEL7-1 ～]# cd /iso/Packages        //改变目录到 sudo 软件包所在的目录
[root@RHEL7-1 Packages]# rpm -ivh sudo-1.8.19p2-10.el7.x86_64.rpm //安装软件
//包，系统将以“#”显示安装进度和安装的详细信息
[root@RHEL7-1 Packages]#rpm -Uvh sudo-1.8.19p2-10.el7.x86_64.rpm   //升级
[root@RHEL7-1 Packages]#rpm -e sudo-1.8.19p2-10.el7.x86_64         //卸载
```

10. whereis 命令

whereis 命令用来寻找命令的可执行文件所在的位置。该命令的语法为：

```
whereis  [参数]  命令名称
```

whereis 命令的常用参数选项有：

- -b：只查找二进制文件。
- -m：只查找命令的联机帮助手册部分。
- -s：只查找源代码文件。

例如：

```
//查找命令 rpm 的位置
[root@RHEL7-1 ~]# whereis rpm
rpm: /bin/rpm /etc/rpm /usr/lib/rpm /usr/include/rpm /usr/share/man/man8/
rpm.8.gz
```

11. whatis 命令

whatis 命令用于获取命令简介。它从某个程序的使用手册中抽出一行简单的介绍性文件，帮助用户迅速了解这个程序的具体功能。该命令的语法为：

```
whatis  命令名称
```

例如：

```
[root@RHEL7-1 ~]# whatis ls
ls              (1)  - list directory contents
```

12. find 命令

find 命令用于文件查找。它的功能非常强大。该命令的语法为：

```
find  [路径]   [匹配表达式]
```

find 命令的匹配表达式主要有如下几种类型：

- -name filename：查找指定名称的文件。
- -user username：查找属于指定用户的文件。
- -group grpname：查找属于指定组的文件。
- -print：显示查找结果。
- -size n：查找大小为 n 块的文件，一块为 512 B。符号 +n 表示查找大小大于 n 块的文件。

符号 -n 表示查找大小小于 n 块的文件；符号 nc 表示查找大小为 n 个字符的文件。

- -inum n：查找索引结点号为 n 的文件。
- -type：查找指定类型的文件。文件类型有：b（块设备文件）、c（字符设备文件）、d（目录）、p（管道文件）、l（符号链接文件）、f（普通文件）。
- -atime n：查找 n 天前被访问过的文件。+n 表示超过 n 天前被访问的文件；-n 表示未超过 n 天前被访问的文件。
- -mtime n：类似于 atime，但检查的是文件内容被修改的时间。
- -ctime n：类似于 atime，但检查的是文件索引结点被改变的时间。
- -perm mode：查找与给定权限匹配的文件，必须以八进制的形式给出访问权限。
- -newer file：查找比指定文件新的文件，即最后修改时间离现在较近。
- -exec command {} \;：对匹配指定条件的文件执行 command 命令。
- -ok command {} \;：与 exec 相同，但执行 command 命令时请求用户确认。

例如：

```
[root@RHEL7-1 ~]# find  .  -type  f  -exec  ls  -l  {}  \;
//在当前目录下查找普通文件，并以长格式显示
[root@RHEL7-1 ~]# find  /logs  -type  f  -mtime 5  -exec  rm  {}  \;
//在/logs 目录中查找修改时间为 5 天以前的普通文件，并删除
[root@RHEL7-1 ~]# find  /etc  -name  "*.conf"
//在/etc 目录下查找文件名以".conf"结尾的文件
[root@RHEL7-1 ~]# find  .  -type  f  -perm 755  -exec  ls {}  \;
//在当前目录下查找权限为 755 的普通文件，并显示
```

**注意**：由于 find 命令在执行过程中将消耗大量资源，因此建议以后台方式运行。

### 13. grep 命令

grep 命令用于查找文件中包含有指定字符串的行。该命令的语法为：

```
grep  [参数]  要查找的字符串  文件名
```

grep 命令的常用参数选项有：

- -v：列出不匹配的行。
- -c：对匹配的行计数。
- -l：只显示包含匹配模式的文件名。
- -h：抑制包含匹配模式的文件名的显示。
- -n：每个匹配行只按照相对的行号显示。
- -i：对匹配模式不区分大小写。

在 grep 命令中，字符"^"表示行的开始，字符"$"表示行的结尾。如果要查找的字符串中带有空格，可以用单引号或双引号括起来。

例如：

```
[root@RHEL7-1 ~]# grep -2 user1 /etc/passwd
//在文件 passwd 中查找包含字符串 user1 的行，如果找到，显示该行及该行前后各 2 行的内容
[root@RHEL7-1 ~]# grep "^user1$" /etc/passwd
//在 passwd 文件中搜索只包含 user1 五个字符的行
```

**提示**：grep 和 find 命令的差别在于 grep 是在文件中搜索满足条件的行，而 find 是在指定目录下根据文件的相关信息查找满足指定条件的文件。

## 3.3 系统信息类命令

系统信息类命令是对系统的各种信息进行显示和设置的命令。

### 1. dmesg 命令

dmesg 命令用实例名和物理名称来标识连到系统上的设备。dmesg 命令也显示系统诊断信息、操作系统版本号、物理内存大小及其他信息。例如：

```
[root@RHEL7-1 ~]# dmesg|more
```

**提示**：系统启动时，屏幕上会显示系统 CPU、内存、网卡等硬件信息。但通常显示得比较快，如果用户没有来得及看清，可以在系统启动后用 dmesg 命令查看。

### 2. df 命令

df 命令主要用来查看文件系统的各个分区的占用情况。例如：

```
[root@RHEL7-1 ~]# df
Filesystem      1K-块      已用       可用       已用%    挂载点
/dev/sda3       5842664    2778608    2767256    51%      /
/dev/sda1       93307      8564       79926      10%      /boot
none            63104      0          63104      0%       /dev/shm
/dev/hdc        641798     641798     0          100%     /media/cdrom
```

该命令列出了系统上所有已挂载的分区的大小、已占用的空间、可用空间及占用率。空间大小的单位为 K。使用选项 -h，将使输出的结果具有更好的可读性，例如：

```
[root@RHEL7-1 ~]# df -h
Filesystem      容量       已用       可用       已用%    挂载点
/dev/sda3       5.6G       3.7G       3.7G       51%      /
/dev/sda1       92M        8.4M       79M        10%      /boot
none            62M        0          62M        0%       /dev/shm
/dev/hdc        627M       627M       0          100%     /media/cdrom
```

### 3. du 命令

du 命令主要用来查看某个目录中的各级子目录所使用的硬盘空间数。基本用法是在命令后跟目录名，如果不跟目录名，则默认为当前目录。例如：

```
[root@RHEL7-1 ~]# du /dir1
/dir1/test/subdir2
4       /dir1/test/subdir1
20      /dir1/test
24      /dir1
```

该命令显示出当前目录下各级子目录所占用的硬盘空间数。

有些情况下，用户可能只想查看某个目录总的已使用空间，则可以使用 -s 选项。

4. free 命令

free 命令主要用来查看系统内存，包括虚拟内存的大小及占用情况。例如：

```
[root@RHEL7-1 ~]# free
            total       used        free         shared      buffers   cached
Mem:        126212      124960      1252         0           16408     34028
-/+ buffers/cache:      74524       51688
Swap:                   257032      25796       231236
```

5. date 命令

date 命令可以用来查看系统当前的日期和时间。例如：

```
[root@RHEL7-1 ~]# date
2020 年 03 月 30 日 星期一 05:30:32 CST
```

date 命令还可以用来设置当前日期和时间。例如：

```
[root@RHEL7-1 dir1]# date -d 08/08/2020
2020 年 08 月 08 日 星期六 00:00:00 CST
```

**注意**：只有 root 用户才可以改变系统的日期和时间。

6. cal 命令

cal 命令用于显示指定月份或年份的日历，可以带两个参数，其中年份、月份用数字表示；只有一个参数时表示年份，年份的范围为1~9999；不带任何参数的cal命令显示当前月份的日历。例如：

```
[root@RHEL7-1 ~]# cal 8 2020
   八月 2020
 日 一 二 三 四 五 六
                   1
 2  3  4  5  6  7  8
 9 10 11 12 13 14 15
16 17 18 19 20 21 22
23 24 25 26 27 28 29
30 31
```

7. clock 命令

clock 命令用于从计算机的硬件获得日期和时间。例如：

```
[root@RHEL7-1 ~]# clock
2020 年 03 月 30 日 星期一 05 时 32 分 57 秒  -0.912384 秒
```

## 3.4 进程管理类命令

进程管理类命令是对进程进行各种显示和设置的命令。

1. ps 命令

ps 命令主要用于查看系统的进程。该命令的语法为：

```
ps  [参数]
```

ps 命令的常用参数选项有：

- -a：显示当前控制终端的进程（包含其他用户的）。
- -u：显示进程的用户名和启动时间等信息。
- -w：宽行输出，不截取输出中的命令行。
- -l：按长格式显示输出。
- -x：显示没有控制终端的进程。
- -e：显示所有的进程。
- -t n：显示第 n 个终端的进程。

例如：

```
[root@RHEL7-1 ~]# ps -au
USER PID  %CPU %MEM VSZ  RSS  TTY  STAT START TIME COMMAND
root 2459 0.0  0.2  1956 348  tty2 Ss+  09:00 0:00 /sbin/mingetty tty2
root 2460 0.0  0.2  2260 348  tty3 Ss+  09:00 0:00 /sbin/mingetty tty3
root 2461 0.0  0.2  3420 348  tty4 Ss+  09:00 0:00 /sbin/mingetty tty4
root 2462 0.0  0.2  3428 348  tty5 Ss+  09:00 0:00 /sbin/mingetty tty5
root 2463 0.0  0.2  2028 348  tty6 Ss+  09:00 0:00 /sbin/mingetty tty6
root 2895 0.0  0.9  6472 1180 tty1 Ss   09:09 0:00 bash
```

**提示**：ps 通常和重定向、管道等命令一起使用，用于查找出所需的进程。

### 2. kill 命令

前台进程在运行时，可以用 Ctrl+C 组合键来终止它，但后台进程无法使用这种方法终止，此时可以使用 kill 命令向进程发送强制终止信号，以达到目的。例如：

```
[root@RHEL7-1 ~]# kill -l
 1) SIGHUP      2) SIGINT       3) SIGQUIT      4) SIGILL
 5) SIGTRAP     6) SIGABRT      7) SIGBUS       8) SIGFPE
 9) SIGKILL    10) SIGUSR1     11) SIGSEGV     12) SIGUSR2
13) SIGPIPE    14) SIGALRM     15) SIGTERM     17) SIGCHLD
18) SIGCONT    19) SIGSTOP     20) SIGTSTP     21) SIGTTIN
22) SIGTTOU    23) SIGURG      24) SIGXCPU     25) SIGXFSZ
26) SIGVTALRM  27) SIGPROF     28) SIGWINCH    29) SIGIO
30) SIGPWR     31) SIGSYS      34) SIGRTMIN    35) SIGRTMIN+1
(略)
```

上述命令用于显示 kill 命令所能够发送的信号种类。每个信号都有一个数值对应，例如 SIGKILL 信号的值为 9。

kill 命令的格式为：

```
kill  [参数]  进程1  进程2  …
```

参数选项 -s 一般跟信号的类型。

例如：

```
[root@RHEL7-1 ~]# ps
PID      TTY      TIME      CMD
1448     pts/1    00:00:00  bash
```

```
2394            pts/1       00:00:00      ps
[root@RHEL7-1 dir1]# kill -s SIGKILL 2394  //或者 kill  -9 2394
//上述命令用于结束 ps 进程
```

3. killall 命令

和 kill 命令相似，killall 命令可以根据进程名发送信号。例如：

```
[root@RHEL7-1 ~]# killall -9 httpd
```

4. nice 命令

Linux 系统有两个和进程有关的优先级。用 ps -l 命令可以看到两个域：PRI 和 NI。PRI 是进程实际的优先级，它是由操作系统动态计算的，这个优先级的计算和 NI 值有关。NI 值可以被用户更改，NI 值越高，优先级越低。一般用户只能加大 NI 值，只有超级用户才可以减小 NI 值。NI 值被改变后，会影响 PRI。优先级高的进程被优先运行，默认时进程的 NI 值为 0。nice 命令的用法如下：

```
nice  -n  程序名  以指定的优先级运行程序
```

其中，n 表示 NI 值，正值代表 NI 值增加，负值代表 NI 值减小。

例如：

```
[root@RHEL7-1 ~]# nice --1 ps -l
```

5. renice 命令

renice 命令是根据进程的进程号来改变进程的优先级的。renice 的用法如下：

```
renice  n   进程号
```

其中，n 为修改后的 NI 值。

例如：

```
[root@RHEL7-1 ~]# ps -l
F  S  UID  PID   PPID  C  PRI  NI  ADDR  SZ    WCHAN  TTY    TIME      CMD
4  S  0    1448  1446  0  75   0   -     1501  wait   pts/1  00:00:01  bash
4  R  0    2451  1448  0  76   0   -     715   -      pts/1  00:00:00  ps
[root@RHEL7-1 dir1]# renice -6 2451
```

6. top 命令

和 ps 命令不同，top 命令可以实时监控进程的状况。top 屏幕自动每 5 s 刷新一次，也可以用 top –d 20 使得 top 屏幕每 20 s 刷新一次。top 屏幕的部分内容如下：

```
top - 19:47:03 up 10:50,  3 users,  load average: 0.10, 0.07, 0.02
Tasks:  90 total,   1 running,  89 sleeping,   0 stopped,   0 zombie
Cpu(s):  1.0% us,  3.1% sy,  0.0% ni, 95.8% id,  0.0% wa,  0.0% hi, 1.0% si
Mem:    126212k total,   124520k used,     1692k free,    10116k buffers
Swap:   257032k total,    25796k used,   231236k free,    34312k cached
 PID  USER  PR   NI   VIRT  RES  SHR   S  %CPU %MEM  TIME+     COMMAND
2946  root  14   -1   39812 12m  3504  S  1.3  9.8   14:25.46 X
3067  root  25   10   39744 14m  9172  S  1.0  11.8  10:58.34 rhn-applet-gui
2449  root  16   0    6156  3328 1460  S  0.3  3.6   0:20.26  hald
3086  root  15   0    23412 7576 6252  S  0.3  6.0   0:18.88  mixer_applet2
```

```
1446  root  16  0  8728  2508 2064  S  0.3  2.0  0:10.04  sshd
2455  root  16  0  2908  948  756   R  0.3  0.8  0:00.06  top
1     root  16  0  2004  560  480   S  0.0  0.4  0:02.01  init
```

top 命令前 5 行的含义如下：

第 1 行：正常运行时间行。显示系统当前时间、系统已经正常运行的时间、系统当前用户数等。

第 2 行：进程统计数。显示当前的进程总数、正在运行的进程数、睡眠的进程数、暂停的进程数、僵死的进程数。

第 3 行：CPU 统计行。包括用户进程、系统进程、修改过 NI 值的进程、空闲进程各自使用 CPU 的百分比。

第 4 行：内存统计行。包括内存总量、已用内存、空闲内存、缓冲区的内存总量。

第 5 行：交换分区和缓冲分区统计行。包括交换分区总量、已使用的交换分区、空闲交换分区、高速缓冲区总量。

在 top 屏幕下，按 q 键可以退出，按 h 键可以显示 top 下的帮助信息。

7. jobs、fg 、bg 命令

jobs 命令用于查看在后台运行的进程。例如：

```
[root@RHEL7-1 ~]#  ls  |more         //立即通过命令 Ctrl + Z 将当前的命令暂停
[1]+  已停止              ls --color=auto | more
[root@RHEL7-1 ~]# jobs
[1]+  已停止              ls --color=auto | more
```

bg 命令用于把进程放到后台运行。例如：

```
[root@RHEL7-1 ~]# bg %1
[1]+  已停止              ls --color=auto | more
```

fg 命令用于把从后台运行的进程调到前台。例如：

```
[root@RHEL7-1 ~]# fg %1
```

## 3.5 其他常用命令

除了上面介绍的命令外，还有一些命令也经常用到。

1. clear 命令

clear 命令用于清除字符终端屏幕内容。

2. uname 命令

uname 命令用于显示系统信息。例如：

```
[root@RHEL7-1 ~]# uname -a
Linux rhel7-1 3.10.0-693.el7.x86_64 #1 SMP Thu Jul 6 19:56:57 EDT 2017
x86_64 x86_64 x86_64 GNU/Linux
```

3. man 命令

man 命令用于列出命令的帮助手册。例如：

```
root@RHEL7-1 ~]# man ls
```

典型的 man 命令帮助手册包含以下几部分：

- NAME：命令的名字。
- SYNOPSIS：名字的概要，简单说明命令的使用方法。
- DESCRIPTION：详细描述命令的使用，如各种参数选项的作用。
- SEE ALSO：列出可能要查看的其他相关的手册页条目。
- AUTHOR，COPYRIGHT：作者和版权等信息。

### 4. shutdown 命令

shutdown 命令用于在指定时间关闭系统。该命令的语法为：

```
shutdown  [参数]  时间  [警告信息]
```

shutdown 命令常用的参数选项有：

- -r：系统关闭后重新启动。
- -h：关闭系统。

时间可以是以下几种形式：

- now：表示立即。
- hh:mm：指定绝对时间，hh 表示小时，mm 表示分钟。
- +m：表示 m 分钟以后。

例如：

```
[root@RHEL7-1 ~]# shutdown -h now    //关闭系统
```

### 5. halt 命令

halt 命令表示立即停止系统，但该命令不自动关闭电源，需要人工关闭电源。

### 6. reboot 命令

reboot 命令用于重新启动系统，相当于 shutdown –r now。

### 7. poweroff 命令

poweroff 命令用于立即停止系统，并关闭电源，相当于 shutdown –h now。

### 8. alias 命令

alias 命令用于创建命令的别名。该命令的语法为：

```
alias  命令别名 = "命令行"
```

例如：

```
[root@RHEL7-1 ~]# alias yumcnf= "vim /etc/yum.conf"
//定义 yumcnf 为命令 "vim /etc/yum.conf" 的别名
```

alias 命令不带任何参数时，将列出系统已定义的别名。

### 9. unalias 命令

unalias 命令用于取消别名的定义。例如：

```
[root@RHEL7-1 ~]# unalias yumcnf
```

### 10. history 命令

history 命令用于显示用户最近执行的命令。可以保留的历史命令数和环境变量 HISTSIZE 有关。只要在编号前加“!”，就可以重新运行 history 中显示出的命令行。例如：

```
[root@RHEL7-1 ~]# history
[root@RHEL7-1 ~]# !35
```

表示重新运行第 35 个历史命令。

## ◎ 练 习 题

一、选择题

1. (　　) 命令能用来查找在文件 TESTFILE 中包含 4 个字符的行。

A. grep'????'TESTFILE　　B. grep'....'TESTFILE

C. grep'^????$'TESTFILE　　D. grep'^....$'TESTFILE

2. (　　) 命令用来显示 /home 及其子目录下的文件名。

A. ls -a /home　　B. ls -R /home　　C. ls -l /home　　D. ls -d /home

3. 如果忘记了 ls 命令的用法，可以采用 (　　) 命令获得帮助。

A. ?ls　　B. help ls　　C. man ls　　D. get ls

4. 查看系统当中所有进程的命令是 (　　)。

A. ps all　　B. ps aix　　C. ps auf　　D. ps aux

5. Linux 中有多个查看文件的命令，如果希望在查看文件内容过程中可以用光标上下移动来查看文件内容，则符合要求的命令是 (　　)。

A. cat　　B. more　　C. less　　D. head

6. (　　) 命令可以了解在当前目录下还有多大空间。

A. df　　B. du /　　C. du .　　D. df .

7. 假如需要找出 /etc/my.conf 文件属于哪个包 (package)，可以执行 (　　) 命令。

A. rpm -q /etc/my.conf　　B. rpm -requires /etc/my.conf

C. rpm -qf /etc/my.conf　　D. rpm -q | grep /etc/my.conf

8. 在应用程序启动时，(　　) 命令用于设置进程的优先级。

A. priority　　B. nice　　C. top　　D. setpri

9. (　　) 命令可以把 f1.txt 复制为 f2.txt。

A. cp f1.txt | f2.txt　　B. cat f1.txt | f2.txt

C. cat f1.txt > f2.txt　　D. copy f1.txt | f2.txt

10. 使用 (　　) 命令可以查看 Linux 的启动信息。

A. mesg –d　　B. dmesg

C. cat /etc/mesg　　D. cat /var/mesg

二、填空题

1. 在 Linux 系统中命令______大小写。在命令行中，可以使用______键来自动补齐命令。

2. 如果要在一个命令行上输入和执行多条命令，可以使用______来分隔命令。

3. 断开一个长命令行，可以使用______，以将一个较长的命令分成多行表达，增强命令的可读性。执行后，Shell 自动显示提示符______，表示正在输入一个长命令。

4. 要使程序以后台方式执行，只需在要执行的命令后跟上一个______符号。

三、简答题

1. more 和 less 命令有何区别？

2. 请举例说明当前目录、相对目录和绝对目录的区别和表示方法。

3. 在网上下载一个 Linux 下的应用软件，介绍其用途和基本使用方法。

## ◎ 项目实录　熟练使用 Linux 基本命令

### 一、视频位置

实训前请扫二维码观看：实训项目熟练使用 Linux 基本命令

视频 3-2
实训项目　熟练使用 Linux 基本命令

### 二、项目目的

- 掌握 Linux 各类命令的使用方法。
- 熟悉 Linux 操作环境。

### 三、项目背景

现在有一台已经安装好 Linux 操作系统的主机，并且已经配置好基本的 TCP/IP 参数，能够通过网络连接局域网中或远程的主机。一台 Linux 服务器，能够提供 FTP、Telnet 和 SSH 连接。

### 四、项目内容

练习使用 Linux 常用命令，达到熟练应用的目的。

### 五、做一做

根据视频进行项目的实训，检查学习效果。

## ◎ 实训　Linux 常用命令

### 一、实训目的

- 掌握 Linux 各类命令的使用方法。
- 熟悉 Linux 操作环境。

### 二、实训环境

① 一台已经安装好 Linux 操作系统的主机，并且已经配置好基本的 TCP/IP 参数，能够通过网络连接局域网中或远程的主机。

② 一台 Linux 服务器，能够提供 FTP、Telnet 和 SSH 连接。

### 三、实训内容

练习使用 Linux 常用命令，达到熟练应用的目的。

### 四、实训练习

（1）文件和目录类命令

- 启动计算机，利用 root 用户登录到系统，进入字符提示界面。
- 用 pwd 命令查看当前所在的目录。
- 用 ls 命令列出此目录下的文件和目录。
- 用 -a 选项列出此目录下包括隐藏文件在内的所有文件和目录。
- 用 man 命令查看 ls 命令的使用手册。
- 在当前目录下，创建测试目录 test。
- 利用 ls 命令列出文件和目录，确认 test 目录创建成功。
- 进入 test 目录，利用 pwd 命令查看当前工作目录。
- 利用 touch 命令，在当前目录创建一个新的空文件 newfile。
- 利用 cp 命令复制系统文件 /etc/profile 到当前目录下。
- 复制文件 profile 到一个新文件 profile.bak，作为备份。

- 用 ll 命令以长格式列出当前目录下的所有文件，注意比较每个文件的长度和创建时间的不同。
- 用 less 命令分屏查看文件 profile 的内容，注意练习 less 命令的各个子命令，例如 b、p、q 等并对 then 关键字查找。
- 用 grep 命令在 profile 文件中对关键字 then 进行查询，并与上面的结果比较。
- 给文件 profile 创建一个符号链接 lnsprofile 和一个硬链接 lnhprofile。
- 长格式显示文件 profile、lnsprofile 和 lnhprofile 的详细信息。注意比较 3 个文件链接数的不同。
- 删除文件 profile，用长格式显示文件 lnsprofile 和 lnhprofile 的详细信息，比较文件 lnhprofile 的链接数的变化。
- 用 less 命令查看文件 lnsprofile 的内容，看看有什么结果。
- 用 less 命令查看文件 lnhprofile 的内容，看看有什么结果。
- 删除文件 lnsprofile，显示当前目录下的文件列表，回到上层目录。
- 用 tar 命令把目录 test 打包。
- 用 gzip 命令把打好的包进行压缩。
- 把文件 test.tar.gz 改名为 backup.tar.gz。
- 显示当前目录下的文件和目录列表，确认重命名成功。
- 把文件 backup.tar.gz 移动到 test 目录下。
- 显示当前目录下的文件和目录列表，确认移动成功。
- 进入 test 目录，显示目录中的文件列表。
- 把文件 test.tar.gz 解包。
- 显示当前目录下的文件和目录列表，复制 test 目录为 testbak 目录作为备份。
- 查找 root 用户自己的主目录下的所有名为 newfile 的文件。
- 删除 test 子目录下的所有文件。
- 利用 rmdir 命令删除空子目录 test。
- 回到上层目录，利用 rm 命令删除目录 test 和其下所有文件。

（2）系统信息类命令

- 利用 date 命令显示系统当前时间，并修改系统的当前时间。
- 显示当前登录到系统的用户状态。
- 利用 free 命令显示内存的使用情况。
- 利用 df 命令显示系统的硬盘分区及使用状况。
- 显示当前目录下的各级子目录的硬盘占用情况。

（3）进程管理类命令

- 使用 ps 命令查看和控制进程：
  - ➢ 显示本用户的进程。
  - ➢ 显示所有用户的进程。
  - ➢ 在后台运行 cat 命令。
  - ➢ 查看进程 cat。
  - ➢ 杀死进程 cat。
  - ➢ 再次查看进程 cat，看其是否已被杀死。
- 使用 top 命令查看和控制进程：
  - ➢ 用 top 命令动态显示当前的进程。

  - ➢ 只显示用户 user01 的进程（利用 u 键）。
  - ➢ 利用 k 键，杀死指定进程号的进程。
- 挂起和恢复进程：
  - ➢ 执行命令 ls |more。
  - ➢ 按 Ctrl+Z 组合键，挂起进程 ls。
  - ➢ 输入 jobs 命令，查看作业。
  - ➢ 输入 bg，把 ls 切换到后台执行。
  - ➢ 输入 fg，把 ls 切换到前台执行。
  - ➢ 按 Ctrl+C 组合键，结束进程 cat。
- find 命令的使用：
  - ➢ 在 /var/lib 目录下查找其所有者是 games 用户的所有文件。
  - ➢ 在 /var 目录下查找其所有者是 root 用户的所有文件。
  - ➢ 查找其所有者不是 root、bin 和 student 用户的所有文件并用长格式显示。
  - ➢ 查找 /usr/bin 目录下所有大小超过 1 000 000 B 的文件并用长格式显示。
  - ➢ 查找 /tmp 目录下属于 student 的所有普通文件，这些文件的修改时间为 120 min 以前，查询结果用长格式显示。
  - ➢ 对于查到的上述文件，用 -ok 选项删除。

（4）rpm 软件包的管理

- 查询系统是否安装了软件包 squid。
- 如果没有安装，则挂载 Linux 安装光盘，安装 squid 软件包。
- 卸载刚刚安装的软件包。
- 软件包的升级。
- 软件包的更新。

（5）tar 命令的使用

系统上的主硬盘在使用的时候有可怕的噪声，但是它上面有有价值的数据。该系统在两年半以前备份过，现在决定手动备份少数几个最紧要的文件。/tmp 目录可以存储不同磁盘分区的数据，可以将文件临时备份到这个目录。

- 在 /home 目录里，用 find 命令定位文件所有者是 student 的文件。然后将其压缩。
- 保存 /etc 目录下的文件到 /tmp 目录下。
- 列出两个文件的大小。
- 使用 gzip 压缩文档。

## 五、实训报告

完成实训报告。

# 第4章

# Shell 与 Vim 编辑器

Shell 是允许用户输入命令的界面，Linux 中最常用的交互式 Shell 是 Bash。本章主要介绍 Shell 的功能和 Vim 编辑器的使用。

**学习要点**

- 了解 Shell 的强大功能和 Shell 的命令解释过程。
- 学会使用重定向和管道。
- 掌握正则表达式的使用方法。
- 学会使用 Vi 编辑器。

## 4.1 Shell

Shell 是用户与操作系统内核之间的接口，起着协调用户与系统的一致性和在用户与系统之间进行交互的作用。

### 4.1.1 Shell 概述

1. Shell 的地位

Shell 在 Linux 系统中具有极其重要的地位，Linux 系统结构组成如图 4-1 所示。

2. Shell 的功能

Shell 最重要的功能是命令解释，从这种意义上来说，Shell 是一个命令解释器。Linux 系统中的所有可执行文件都可以作为 Shell 命令来执行。将可执行文件作一个分类，如表 4-1 所示。

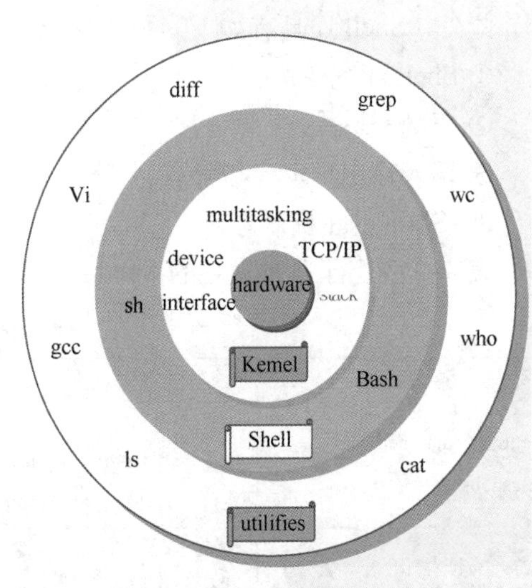


图 4-1　Linux 系统结构组成

表 4–1　可执行文件的分类

| 类　别 | 说　明 |
| --- | --- |
| Linux 命令 | 存放在 /bin、/sbin 目录下 |
| 内置命令 | 出于效率的考虑，将一些常用命令的解释程序构造在 Shell 内部 |
| 实用程序 | 存放在 /usr/bin、/usr/sbin、/usr/local/bin 等目录下 |
| 用户程序 | 用户程序经过编译生成可执行文件后，也可作为 Shell 命令运行 |
| shell 脚本 | 由 Shell 语言编写的批处理文件 |

当用户提交一个命令后，Shell 首先判断它是否为内置命令，如果是就通过 Shell 内部的解释器将其解释为系统功能调用并转交给内核执行；若是外部命令或实用程序，就试图在硬盘中查找该命令并将其调入内存，再将其解释为系统功能调用并转交给内核执行。在查找该命令时分为两种情况：

① 用户给出了命令路径，Shell 就沿着用户给出的路径查找，若找到则调入内存，若没有则输出提示信息。

② 用户没有给出命令的路径，Shell 就在环境变量 PATH 所指定的路径中依次进行查找，若找到则调入内存，若没找到则输出提示信息。

图 4–2 描述了 Shell 是如何完成命令解释的。

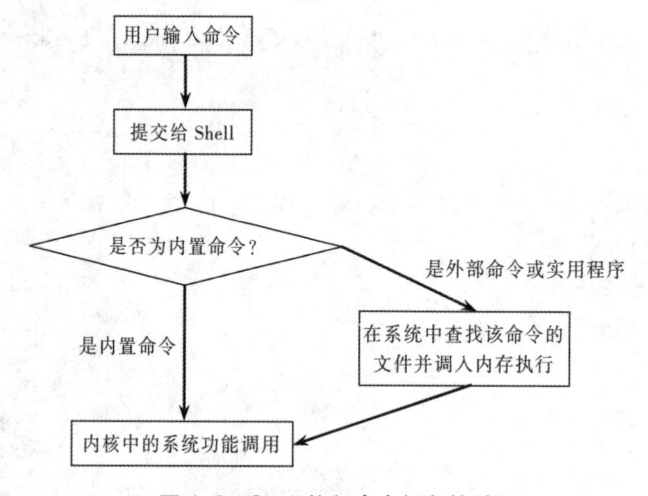


图 4–2　Shell 执行命令解释的过程

此外，Shell 还具有如下的一些功能：

① Shell 环境变量。

② 正则表达式。

③ 输入输出重定向与管道。

3. Shell 的主要版本

表 4–2 列出了几种常见的 Shell 版本。

表 4–2　常见的 Shell 版本

| 版　本 | 说　明 |
| --- | --- |
| Bourne Again Shell（Bash. bsh 的扩展） | Bash 是大多数 Linux 系统的默认 Shell。Bash 与 bsh 完全向后兼容，并且在 bsh 的基础上增加和增强了很多特性。Bash 也包含了很多 C shell 和 Korn Shell 中的优点。Bash 有很灵活和强大的编程接口，同时又有很友好的用户界面 |
| Korn Shell（ksh） | Korn Shell（ksh）由 Dave Korn 所写。它是 UNIX 系统上的标准 Shell。另外，在 Linux 环境下有一个专门为 Linux 系统编写的 Korn Shell 的扩展版本，即 Public Domain.Korn Shell（pdksh） |

续表

| 版　本 | 说　明 |
|---|---|
| tcsh（csh 的扩展） | tcsh 是 C. Shell 的扩展。tcsh 与 csh 完全向后兼容，但它包含了更多的使用户感觉方便的新特性，其最大的提高是在命令行编辑和历史浏览方面 |

## 4.1.2 Shell 环境变量

视频 4-1
Shell 程序的变量和特殊字符

Shell 支持具有字符串值的变量。Shell 变量不需要专门的说明语句，通过赋值语句完成变量说明并予以赋值。在命令行或 Shell 脚本文件中使用 $name 的形式引用变量 name 的值。

### 1. 变量的定义和引用

在 Shell 中，变量的赋值格式如下：

```
name=string
```

其中，name 是变量名，它的值就是 string，“=”是赋值符号。变量名是以字母或下画线开头的字母、数字和下画线字符序列。

通过在变量名（name）前加 $ 字符（如 $name）引用变量的值，引用的结果就是用字符串 string 代替 $name。此过程也称变量替换。

在定义变量时，若 string 中包含空格、制表符和换行符，则 string 必须用 'string'（或者 "string"）的形式，即用单（双）引号将其括起来。双引导内允许变量替换，而单引导内则不可以。

下面给出一个定义和使用 shell 变量的例子。

```
//显示字符常量
$ echo who are you
who are you
$ echo 'who are you'
who are you
$ echo "who are you"
who are you
$
//由于要输出的字符串中没有特殊字符，所以 ' ' 和 " " 的效果是一样的，不用 "" 相当于使用 ""
$ echo Je t'aime
>
//由于要使用特殊字符（'），而 ' 不匹配，Shell 认为命令行没有结束，
//按 Enter 键后会出现系统第二提示符，让用户继续输入命令行，按 Ctrl+C 组合键结束
$
//为了解决这个问题，可以使用下面的两种方法
$ echo "Je t'aime"
Je t'aime
$ echo Je t\'aime
Je t'aime
```

### 2. Shell 变量的作用域

与程序设计语言中的变量一样，Shell 变量有其规定的作用范围。Shell 变量分为局部变量和全局变量。

① 局部变量的作用范围仅仅限制在其命令行所在的 Shell 或 Shell 脚本文件中。

② 全局变量的作用范围则包括本 Shell 进程及其所有子进程。

③ 可以使用 export 内置命令将局部变量设置为全局变量。

下面给出一个 Shell 变量作用域的例子。

```
$ var1=Linux                  //在当前Shell中定义变量var1
$ var2=unix                   //在当前Shell中定义变量var2并将其输出
$ export var2
$ echo $var1                  //引用变量的值
Linux
$ echo $var2
unix
$ echo $$                     //显示当前Shell的PID
2670
$ bash                        //调用子Shell
$ echo $$                     //显示当前Shell的PID
2709
$ echo $var1                  //由于var1没有被export，所以在子Shell中已无值
$ echo $var2                  //由于var2被export，所以在子Shell中仍有值
unix
$ exit                        //返回主Shell，并显示变量的值
$ echo $$
2670
$ echo $var1
Linux
$ echo $var2
unix
$
```

3. 环境变量

环境变量是指由 Shell 定义和赋初值的 Shell 变量。Shell 用环境变量来确定查找路径、注册目录、终端类型、终端名称、用户名等。所有环境变量都是全局变量，并可以由用户重新设置。表 4-3 列出了 Shell 中常用的环境变量。

表 4-3　Shell 中常用的环境变量

| 环境变量名 | 说　明 | 环境变量名 | 说　明 |
| --- | --- | --- | --- |
| EDITOR、FCEDIT | Bash fc 命令的默认编辑器 | PATH | Bash 寻找可执行文件的搜索路径 |
| HISTFILE | 用于存储历史命令的文件 | PS1 | 命令行的一级提示符 |
| HISTSIZE | 历史命令列表的大小 | PS2 | 命令行的二级提示符 |
| HOME | 当前用户的用户目录 | PWD | 当前工作目录 |
| OLDPWD | 前一个工作目录 | SECONDS | 当前 Shell 开始后所流逝的秒数 |

不同类型的 Shell 的环境变量有不同的设置方法。在 Bash 中，设置环境变量用 set 命令，命令的格式是：

```
set 环境变量=变量的值
```

例如，设置用户的主目录为 /home/john，可以用以下命令：

```
$ set HOME=/home/john
```

不加任何参数地直接使用 set 命令可以显示出用户当前所有环境变量的设置，如下所示：

```
$ set
BASH=/bin/Bash
BASH_ENV=/root/.bashrc
……
PATH=/usr/local/sbin:/usr/local/bin:/usr/sbin:/usr/bin:/sbin:/bin:/usr/bin/X11
PS1='[\u@\h \W]\$'
PS2='>'
SHELL=/bin/Bash
```

可以看到其中路径 PATH 的设置为：

```
PATH=/usr/local/sbin:/usr/local/bin:/usr/sbin:/usr/bin:/sbin:/bin:/usr/bin/X11
```

总共有 7 个目录，Bash 会在这些目录中依次搜索用户输入的命令的可执行文件。

在环境变量前面加上 $ 符号，表示引用环境变量的值，例如：

```
# cd  $HOME
```

将把目录切换到用户的主目录。

当修改 PATH 变量时，如将一个路径 /tmp 加到 PATH 变量前，应设置为：

```
# PATH=/tmp:$PATH
```

此时，在保存原有 PATH 路径的基础上进行了添加。Shell 在执行命令前，会先查找这个目录。

要将环境变量重新设置为系统默认值，可以使用 unset 命令。例如，下面的命令用于将当前的语言环境重新设置为默认的英文状态。

```
# unset LANG
```

4. 工作环境设置文件

Shell 环境依赖于多个文件的设置。用户并不需要每次登录后都对各种环境变量进行手工设置，通过环境设置文件，用户的工作环境的设置可以在登录的时候自动由系统来完成。环境设置文件有两种：一种是系统中的用户工作环境设置文件，另一种是用户设置的环境设置文件。

(1) 系统中的用户工作环境设置文件

① 登录环境设置文件：/etc/profile。

② 非登录环境设置文件：/etc/bashrc。

(2) 用户设置的环境设置文件

① 登录环境设置文件：$HOME/.Bash_profile。

② 非登录环境设置文件：$HOME/.bashrc。

**注意**：只有在特定的情况下才读取 profile 文件，确切地说是在用户登录的时候。当运行 Shell 脚本以后，就无须再读 profile。

系统中的用户环境文件设置对所有用户均生效，而用户设置的环境设置文件对用户自身生效。用户可以修改自己的用户环境设置文件来覆盖在系统环境设置文件中的全局设置。例如：

① 用户可以将自定义的环境变量存放在 $HOME/.Bash_profile 中。

② 用户可以将自定义的别名存放在 $HOME/.bashrc 中，以便在每次登录和调用子 Shell 时生效。

### 4.1.3 正则表达式

1. grep 命令

在第 3 章我们已介绍过 grep 命令的用法。grep 命令用来在文本文件中查找内容，它的名字源于 global regular expression print。指定给 grep 的文本模式叫做“正则表达式”。它可以是普通的字母或者数字，也可以使用特殊字符来匹配不同的文本模式。稍后将更详细地讨论正则表达式。grep 命令打印出所有符合指定规则的文本行。例如：

```
$ grep  'match_string'  file
```

即从指定文件中找到含有字符串的行。

2. 正则表达式字符

Linux 定义了一个使用正则表达式的模式识别机制。Linux 系统库包含了对正则表达式的支持，鼓励程序中使用这个机制。

遗憾的是，Shell 的特殊字符辨认系统没有利用正则表达式，因为它们比 Shell 自己的缩写更加难用。Shell 的特殊字符和正则表达式是很相似的，为了正确利用正则表达式，用户必须了解两者之间的区别。

**注意：**由于正则表达式使用了一些特殊字符，所以所有的正则表达式都必须用单引号括起来。

正则表达式字符可以包含某些特殊的模式匹配字符。句点匹配任意一个字符，相当于 Shell 的问号。紧接句号之后的星号匹配零个或多个任意字符，相当于 Shell 的星号。方括号的用法跟 Shell 的一样，只是用“^”代替了“!”表示匹配不在指定列表内的字符。

表 4–4 列出了正则表达式的模式匹配字符。

表 4–4 模式匹配字符

| 模式匹配字符 | 说　明 |
| --- | --- |
| . | 匹配单个任意字符 |
| [list] | 匹配字符串列表中的其中一个字符 |
| [range] | 匹配指定范围中的一个字符 |
| [^ ] | 匹配指定字符串或指定范围中以外的一个字符 |

表 4–5 列出了与正则表达式模式匹配字符配合使用的量词。

表 4–5 量　词

| 量　词 | 说　明 |
| --- | --- |
| * | 匹配前一个字符零次或多次 |
| \{n\} | 匹配前一个字符 n 次 |
| \{n，\} | 匹配前一个字符至少 n 次 |
| \{n，m\} | 匹配前一个字符 n 次至 m 次 |

表 4–6 列出了正则表达式中可用的控制字符。

表 4–6 控制字符

| 控制字符 | 说　明 |
| --- | --- |
| ^ | 只在行头匹配正则表达式 |
| $ | 只在行末匹配正则表达式 |
| \ | 引用特殊字符 |

控制字符是用来标记行头或者行尾的，支持统计字符串的出现次数。

非特殊字符代表它们自己，如果要表示特殊字符需要在前面加上反斜杠。

例如：

```
help                        匹配包含 help 的行
\..$                        匹配倒数第 2 个字符是句点的行
^...$                       匹配只有 3 个字符的行
^[0-9]\{3\}[^0-9]           匹配以 3 个数字开头跟着是一个非数字字符的行
^\([A-Z][A-Z]\)*$           匹配只包含偶数个大写字母的行
```

### 4.1.4 输入输出重定向与管道

1. 重定向

所谓重定向，就是不使用系统的标准输入端口、标准输出端口或标准错误端口，而进行重新指定，所以重定向分为输入重定向、输出重定向和错误重定向。通常情况下重定向到一个文件。在 Shell 中，要实现重定向主要依靠重定向符实现，即 Shell 是检查命令行中有无重定向符来决定是否需要实施重定向。表 4–7 列出了常用的重定向符。

表 4–7 重定向符

| 重定向符 | 说 明 |
| --- | --- |
| < | 实现输入重定向。输入重定向并不经常使用，因为大多数命令都以参数的形式在命令行上指定输入文件的文件名。尽管如此，当使用一个不接受文件名为输入多数的命令，而需要的输入又是在一个已存在的文件中时，就能用输入重定向解决问题 |
| > 或 >> | 实现输出重定向。输出重定向比输入重定向更常用。输出重定向使用户能把一个命令的输出重定向到一个文件中，而不是显示在屏幕上。很多情况下都可以使用这种功能。例如，如果某个命令的输出很多，在屏幕上不能完全显示，即可把它重定向到一个文件中，稍后再用文本编辑器来打开这个文件 |
| 2> 或 2>> | 实现错误重定向 |
| &> | 同时实现输出重定向和错误重定向 |

要注意的是，在实际执行命令之前，命令解释程序会自动打开（如果文件不存在则自动创建）且清空该文件（文件中已存在的数据将被删除）。当命令完成时，命令解释程序会正确地关闭该文件，而命令在执行时并不知道它的输出流已被重定向。

下面举几个使用重定向的例子。

① 将 ls 命令生成的 /tmp 目录的一个清单存到当前目录中的 dir 文件中。

```
$ ls -l  /tmp >dir
```

② 将 ls 命令生成的 /tmp 目录的一个清单以追加的方式存到当前目录中的 dir 文件中。

```
$ ls -l /tmp >>dir
```

③ 将 passwd 文件的内容作为 wc 命令的输入。

```
$ wc</etc/passwd
```

④ 将命令 myprogram 的错误信息保存在当前目录下的 err_file 文件中。

```
$ myprogram 2>err_file
```

⑤ 将命令 myprogram 的输出信息和错误信息保存在当前目录下的 output_file 文件中。

```
$ myprogram &>output_file
```

⑥ 将命令 ls 的错误信息保存在当前目录下的 err_file 文件中。

```
$ ls -l  2>err_file
```

**注意**：该命令并没有产生错误信息，但 err_file 文件中的原文件内容会被清空。

当输入重定向符时，命令解释程序会检查目标文件是否存在。如果不存在，命令解释程序将会根据给定的文件名创建一个空文件；如果文件已经存在，命令解释程序则会清除其内容并准备写入命令的输出结果。这种操作方式表明：当重定向到一个已存在的文件时需要十分小心，数据很容易在用户还没有意识到之前就丢失了。

Bash 输入输出重定向可以通过使用下面的选项设置为不覆盖已存在的文件：

```
$ set  -o  noclobber
```

这个选项仅用于对当前命令解释程序输入输出进行重定向，而其他程序仍可能覆盖已存在的文件。

⑦ /dev/null。空设备的一个典型用法是丢弃从 find 或 grep 等命令送来的错误信息：

```
$ grep delegate  /etc/* 2>/dev/null
```

上面的 grep 命令的含义是从 /etc 目录下的所有文件中搜索包含字符串 delegate 的所有行。由于是在普通用户的权限下执行该命令，grep 命令是无法打开某些文件的，系统会显示一大堆“未得到允许”的错误提示。通过将错误重定向到空设备，可以在屏幕上只得到有用的输出。

2. 管道

许多 Linux 命令具有过滤特性，即一条命令通过标准输入端口接收一个文件中的数据，命令执行后产生的结果数据又通过标准输出端口送给后一条命令，作为该命令的输入数据。后一条命令也是通过标准输入端口接收输入数据。

Shell 提供管道命令“|”将这些命令前后衔接在一起，形成一个管道线。格式为：

```
命令 1| 命令 2|…| 命令 n
```

管道线中的每一条命令都作为一个单独的进程运行，每一条命令的输出作为下一条命令的输入。由于管道线中的命令总是从左到右顺序执行的，因此管道线是单向的。

管道线的实现创建了 Linux 系统管道文件并进行重定向，但是管道不同于 I/O 重定向，输入重定向导致一个程序的标准输入来自某个文件，输出重定向是将一个程序的标准输出写到一个文件中，而管道是直接将一个程序的标准输出与另一个程序的标准输入相连接，不需要经过任何中间文件。

例如，运行命令 who 来找出谁已经登录进入系统：

```
$ who  >tmpfile
```

该命令的输出结果是每个用户对应一行数据，其中包含了一些有用的信息，我们将这些信息保存在临时文件中。

现在运行下面的命令：

```
$ wc -l  <tmpfile
```

该命令会统计临时文件的行数，最后的结果是登录入系统中的用户的人数。

可以将以上两个命令组合起来：

```
$ who|wc  -l
```

管道符号告诉命令解释程序将左边的命令（在本例中为 who）的标准输出流连接到右边的命令（在本例中为 wc -l）的标准输入流。现在命令 who 的输出不经过临时文件就可以直接送到命令 wc 中。

下面再举几个使用管道的例子。

① 以长格式递归的方式分屏显示 /etc 目录下的文件和目录列表。

```
$ ls -Rl  /etc | more
```

② 分屏显示文本文件 /etc/passwd 的内容。

```
$ cat /etc/passwd | more
```

③ 统计文本文件 /etc/passwd 的行数、字数和字符数。

```
$ cat /etc/passwd | wc
```

④ 查看是否存在 john 用户账号。显示为空表示不存在该用户。

```
$ cat /etc/passwd | grep john
```

⑤ 查看系统是否安装了 apache 和 yum 软件包。显示为空表示没有安装该软件。

```
$ rpm -qa | grep apache
$ rpm -qa | grep yum
```

⑥ 显示文本文件中的若干行。

```
$ tail -15 myfile | head -3
```

管道仅能操纵命令的标准输出流。如果标准错误输出未重定向，那么任何写入其中的信息都会在终端显示屏幕上显示。管道可用来连接两个以上的命令。由于使用了一种称为过滤器的服务程序，多级管道在 Linux 中是很普遍的。过滤器只是一段程序，它从自己的标准输入流读入数据，然后写到自己的标准输出流中，这样就能沿着管道过滤数据。例如：

```
$  who|grep  ttyp| wc  -l
```

who 命令的输出结果由 grep 命令来处理，而 grep 命令则过滤掉（丢弃掉）所有不包含字符串 "ttyp" 的行。这个输出结果经过管道送到命令 wc，而该命令的功能是统计剩余的行数，这些行数与网络用户的人数相对应。

Linux 系统的一个最大优势就是按照这种方式将一些简单的命令连接起来，形成更复杂的、功能更强的命令。那些标准的服务程序仅仅是一些管道应用的单元模块，在管道中它们的作用更加明显。

### 4.1.5 Shell 脚本

Shell 最强大的功能在于它是一个功能强大的编程语言。用户可以在文件中存放一系列的命令，称为 Shell 脚本或 Shell 程序，将命令、变量和流程控制有机地结合起来将会得到一个功能强大的编程工具。Shell 脚本语言非常擅长处理文本类型的数据。由于 Linux 系统中的所有配置文件都是纯文本的，所以 Shell 脚本语言在管理 Linux 系统中发挥了巨大作用。

1. 脚本的内容

Shell 脚本是以行为单位的，在执行脚本的时候会分解成一行一行依次执行。脚本中所包含的成分主要有注释、命令、Shell 变量和流程控制语句。

① 注释。用于对脚本进行解释和说明，在注释行的前面要加上符号“#”，这样在执行脚本的时候 Shell 就不会对该行进行解释。

② 命令。在 Shell 脚本中可以出现任何在交互方式下可以使用的命令。

③ Shell 变量。Shell 支持具有字符串值的变量。Shell 变量不需要专门的说明语句，通过赋值语句完成变量说明并予以赋值。在命令行或Shell脚本文件中使用 $name的形式引用变量name的值。

④ 流程控制语句。主要为一些用于流程控制的内部命令。

表 4-8 列出了 Shell 中用于流程控制的内置命令。

表 4-8　Shell 中用于流程控制的内置命令

| 命　令 | 说　明 |
| --- | --- |
| text expr 或 [expr] | 用于测试一个表达式 expr 值真假 |
| if expr then command-table fi | 用于实现单分支结构 |
| if expr then command-table else command-talbe fi | 用于实现双分支结构 |
| case...case | 用于实现多分支结构 |
| for...do...done | 用于实现 for 型循环 |
| while...do...done | 用于实现当型循环 |
| until...do...done | 用于实现直到型循环 |
| break | 用于跳出循环结构 |
| continue | 用于重新开始下一轮循环 |

2. 脚本的建立与执行

用户可以使用任何文本编辑器编辑 Shell 脚本文件，如 Vi、gedit 等。

Shell 对 Shell 脚本文件的调用可以采用 3 种方式：

① 将文件名（script_file）作为 Shell 命令的参数。其调用格式为：

```
$ bash script_file
```

当要被执行的脚本文件没有可执行权限时只能使用这种调用方式。

② 先将脚本文件（script_file）的访问权限改为可执行，以便该文件可以作为执行文件调用。具体方法是：

```
$ chmod +x script_file
$ PATH=$PATH:$PWD
$ script_file
```

③ 当执行一个脚本文件时，Shell 就产生一个子 Shell（即一个子进程）去执行文件中的命令。因此，脚本文件中的变量值不能传递到当前 Shell（即父进程）。为了使脚本文件中的变量值传递到当前 Shell，必须在命令文件名前面加“.”命令。即：

```
$ ./script_file
```

“.”命令的功能是在当前 Shell 中执行脚本文件中的命令，而不是产生一个子 Shell 执行命令文件中的命令 。

3. 编写第一个 Shell script 程序

```
[root@RHEL7-1 ~]# mkdir  scripts;  cd  scripts
```

```
[root@RHEL7-1 scripts]# vim  sh01.sh
#!/bin/bash
# Program:
# This program shows "Hello World!" in your screen.
# History:
# 2012/08/23   Bobby  First release
PATH=/bin:/sbin:/usr/bin:/usr/sbin:/usr/local/bin:/usr/local/sbin:~/bin
export PATH
echo -e "Hello World! \a \n"
exit 0
```

在这个小题目中，请将所有撰写的 script 放置到家目录的 ~/scripts 目录内，以利于管理。下面分析一下上面的程序：

（1）第一行 #!/bin/bash 在宣告这个 script 使用的 Shell 名称

因为我们使用的是 bash，所以，必须要以 #!/bin/bash 来宣告这个文件内的语法使用 bash 的语法。那么当这个程序被运行时，就能够加载 bash 的相关环境配置文件（一般来说就是 non-login Shell 的 ~/.bashrc），并且运行 bash 来使我们下面的命令能够运行。这很重要。在很多情况下，如果没有设置好这一行，那么该程序很可能会无法运行，因为系统可能无法判断该程序需要使用什么 Shell 来运行。

（2）程序内容的说明

整个 script 当中，除了第一行的“#!”是用来声明 Shell 的之外，其他的 # 都是“注释”用途。所以上面的程序当中，第二行以下就是用来说明整个程序的基本数据。

**建议**：一定要养成习惯说明该 script 的内容与功能、版本信息、作者与联络方式、建立日期、历史记录等。这将有助于未来程序的改写与调试。

（3）主要环境变量的声明

建议务必要将一些重要的环境变量设置好，PATH 与 LANG（如果使用与输出相关的信息时）是当中最重要的。如此一来，就可让我们这个程序在运行时可以直接执行一些外部命令，而不必写绝对路径。

（4）主要程序部分

在这个例子当中，就是 echo 那一行。

（5）运行成果告诉（定义回传值）

一个命令的运行成功与否，可以使用 $? 变量来查看。也可以利用 exit 这个命令来让程序中断，并且回传一个数值给系统。在这个例子当中，使用 exit 0，这代表离开 script 并且回传一个 0 给系统，所以当运行完这个 script 后，若接着执行 echo $? 则可得到 0 的值。利用 exit n (n 是数字) 的功能，还可以自定义错误信息，让这个程序变得更加智能。

该程序的运行结果如下：

```
[root@RHEL7-1 scripts]# sh  sh01.sh
Hello World !
```

而且应该还会听到“咚”的一声，为什么呢？这是 echo 加上 -e 选项的原因。

另外，也可以利用“chmod a+x sh01.sh; ./sh01.sh”来运行这个 script 。

## 4.2 Vim 编辑器

Vi 是 Vimsual Interface 的简称，Vim 在 Vi 的基础上改进和增加了很多特性，它是纯粹的自由软件。它可以执行输出、删除、查找、替换、块操作等众多文本操作，而且用户可以根据自己的需要对其进行定制，这是其他编辑程序所不具备的。Vim 不是一个排版程序，它不像 Word 或 WPS 那样可以对字体、格式、段落等其他属性进行编排，它只是一个文本编辑程序。Vim 是全屏幕文本编辑器，它没有菜单，只有命令。

视频 4-2
Vim 编辑器的使用

### 4.2.1 Vim 的启动与退出

在系统提示符后输入 Vim 和想要编辑（或建立）的文件名，便可进入 Vim，如：

```
$ vim
$ vim myfile
```

如果只输入 vim，而不带文件名，也可以进入 Vim，如图 4-3 所示。

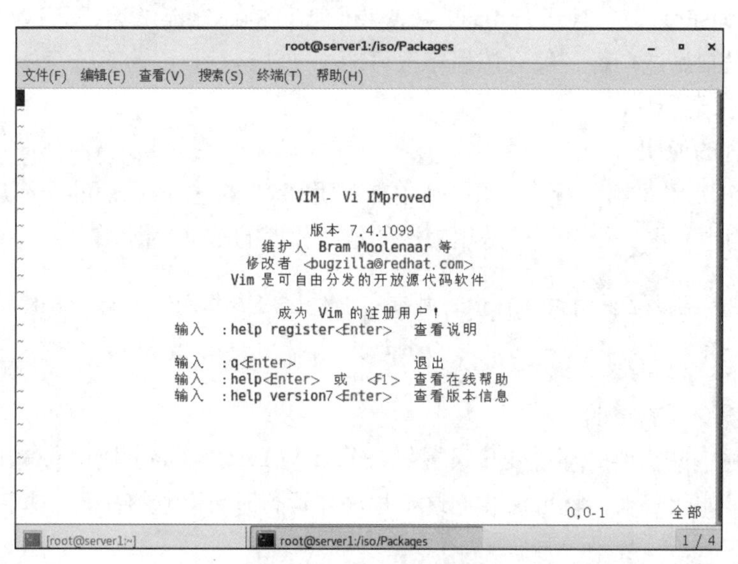


图 4-3 Vim 编辑环境

在命令模式下输入 :q、:q!、:wq 或 :x（注意 : 号），就会退出 Vim。其中，:wq 和 :x 是存盘退出，而 :q 是直接退出。如果文件已有新的变化，Vim 会提示保存文件，:q 命令也会失效，这时可以用 :w 命令保存文件后再用 :q 命令退出，或用 :wq、:x 命令退出，如果不想保存改变后的文件，就需要用 :q! 命令，这个命令将不保存文件而直接退出 vim。例如：

```
:w                      //保存
:w   filename           //另存为 filename
:wq!                    //保存退出
:wq! filename           //以 filename 为文件名保存后退出
:q!                     //不保存退出
:x                      //保存并退出 ，功能和 :wq! 相同
```

### 4.2.2 Vim 的工作模式

Vim 有 3 种基本工作模式：编辑模式、插入模式和命令模式。考虑到各种用户的需要，采用状态切换的方法实现工作模式的转换。切换只是习惯性的问题，一旦能够熟练使用 Vim，就会发

现它其实也很好用。

进入 Vim 之后，首先进入的是编辑模式。进入编辑模式后 Vim 等待编辑命令输入而不是文本输入，也就是说这时输入的字母都将作为编辑命令来解释。

进入编辑模式后光标停在屏幕第一行首位，用“_”表示，其余各行的行首均有一个“~”符号，表示该行为空行。最后一行是状态行，显示出当前正在编辑的文件名及其状态。如果是 [New File]，则表示该文件是一个新建的文件；如果输入 Vim 带文件名后，文件已在系统中存在，则在屏幕上显示出该文件的内容，并且光标停在第一行的首位，在状态行显示出该文件的文件名、行数和字符数。

在编辑模式下输入插入命令 i、附加命令 a、打开命令 o、修改命令 c、取代命令 r 或替换命令 s 都可以进入插入模式。在插入模式下，用户输入的任何字符都被 Vim 当作文件内容保存起来，并将其显示在屏幕上。在文本输入过程中（插入模式下），若想回到命令模式下，按 Esc 键即可。

在编辑模式下，用户按 : 键即可进入命令模式，此时 Vim 会在显示窗口的最后一行（通常也是屏幕的最后一行）显示一个“:”作为命令模式的提示符，等待用户输入命令。多数文件管理命令都是在此模式下执行的。末行命令执行完后，Vim 自动回到编辑模式。

若在命令模式下输入命令过程中改变了主意，可用退格键将输入的命令全部删除之后，再按一下退格键，即可使 Vim 回到编辑模式。

### 4.2.3 Vim 命令

在编辑模式下，输入表 4-9 所示的命令均可进入插入模式。

表 4-9　进入插入模式的命令

| 类　型 | 命　令 | 说　明 |
| --- | --- | --- |
| 进入插入模式 | i | 从光标所在位置前开始插入文本 |
| | I | 将光标移到当前行的行首，然后在其前插入文本 |
| | a | 用于在光标当前所在位置之后追加新文本 |
| | A | 将光标移到所在行的行尾，从那里开始插入新文本 |
| | o | 在光标所在行的下面新开一行，并将光标置于该行行首，等待输入 |
| | O | 在光标所在行的上面插入一行，并将光标置于该行行首，等待输入 |

表 4-10 列出了常用的命令模式下的命令。

表 4-10　常用的命令模式下的命令

| 类　型 | 命　令 | 说　明 |
| --- | --- | --- |
| 跳行 | :n | 直接输入要移动到的行号即可实现跳行 |
| 退出 | :q | 退出 Vim |
| | :wq | 保存退出 Vim |
| | :q! | 不保存退出 Vim |
| 文件相关 | :w | 在光标所在行的下面新开一行，并将光标置于该行行首，等待输入 |
| | :w file | 在光标所在行的上面插入一行，并将光标置于该行行首，等待输入 |
| | :nl,n2w file | 将从 n1 开始到 n2 结束的行写到 file 文件中 |
| | :nw file | 将第 n 行写到 file 文件中 |
| | :l,.w file | 将从第 1 行起到光标当前位置的所有内容写到 file 文件中 |
| | :.,$w file | 将从光标当前位置起到文件结尾的所有内容写到 file 文件中 |
| | :r file | 打开另一个文件 file |
| | :e file | 新建 file 文件 |
| | :f file | 把当前文件改名为 file 文件 |

续表

| 类　型 | 命　令 | 说　明 |
| --- | --- | --- |
| 字符串搜索、替换和删除 | :/str/ | 从当前光标开始往右移动到有 str 的地方 |
| | :?str? | 从当前光标开始往左移动到有 str 的地方 |
| | :/str/w file | 将包含有 str 的行写到文件 file 中 |
| | :/str1/,/str2/w file | 将从 strl 开始到 str2 结束的内容写入 file |
| | :s/str1/str2/ | 将第 1 个 strl 替换为 str2 |
| | :s/str1/str2/g | 将所有的 str1 替换为 str2 |
| 文本的复制、删除和移动 | :n1,n2 co n3 | 将从 nl 开始到 n2 为止的所有内容复制到 n3 后面 |
| | :n1,n2 m n3 | 将从 n1 开始到 n2 为止的所有内容移动到 n3 后面 |
| | :d | 删除当前行 |
| | :nd | 删除第 n 行 |
| | :n1,n2 d | 删除从 n1 开始到 n2 为止的所有内容 |
| | :.,$d | 删除从当前行到结尾的所有内容 |
| | :/str1,/str2/d | 删除从 str1 开始到 str2 为止的所有内容 |
| 执行 Shell 命令 | :!Cmd | 运行 Shell 命令 Cmd |
| | :n1,n2 w ! Cmd | 将 n1 到 n2 行的内容作为 Cmd 命令的输入，如果不指定 n1 和 n2，则将整个文件的内容作为命令 Cmd 的输入 |
| | :r ! Cmd | 将命令运行的结果写入当前行位置 |

这些命令看似复杂，其实使用时非常简单。例如，删除也带有剪切的意思，当删除文字时，可以把光标移动到某处，按 Shift+p 组合键就把内容贴在原处，然后移动光标到某处，然后按 p 键或 Shift+p 组合键又能贴上。

```
p                  // 光标之后粘贴
shift+p            // 在光标之前粘贴
```

当进行查找和替换时，按 Esc 键进入命令模式，然后输入 / 或 ? 就可以进行查找。例如：在一个文件中查找 swap 单词，首先按 Esc 键，进入命令模式，然后输入：

```
/swap
```

或：

```
?swap
```

若把光标所在的行中的所有单词 the 替换成 THE，则需输入：

```
:s /the/THE/g
```

若仅仅是把第 1 行到第 10 行中的 the 替换成 THE，则需输入：

```
:1,10  s /the/THE/g
```

这些编辑指令非常有弹性，基本上可以说是由指令与范围所构成。而且需要注意的是，此处采用 PC 的键盘来说明 Vim 的操作，但在具体的环境中还要参考相应的资料。

## ◎ 练　习　题

一、填空题

1. 由于核心在内存中是受保护的区块，因此必须通过________将输入的命令与 Kernel 沟通，

以便让 Kernel 可以控制硬件正确无误地工作。

2. 系统合法的 Shell 均写在________文件中。

3. 用户默认登录取得的 Shell 记录于________的最后一个字段。

4. Bash 的功能主要有________；________；________；________；________；________等。

5. Shell 变量有其规定的作用范围，可以分为________与________。

6. ________可以观察目前 bash 环境下的所有变量。

7. 通配符主要有________、________、________等。

8. 正则表示法就是处理字符串的方法，是以________为单位来进行字符串的处理的。

9. 正则表示法通过一些特殊符号的辅助，可以让使用者轻易地________、________、________某个或某些特定的字符串。

10. 正则表示法与通配符是完全不一样的。________代表的是 bash 操作接口的一个功能，但________则是一种字符串处理的表示方式。

二、简答题

1. Vim 的 3 种运行模式是什么？如何切换？

2. 什么是重定向？什么是管道？什么是命令替换？

3. Shell 变量有哪两种？分别如何定义？

4. 如何设置用户自己的工作环境？

5. 关于正则表达式的练习，首先我们要设置好环境，输入以下命令：

```
$cd
$cd  /etc
$ls  -a  >~/data
$cd
```

这样，/etc 目录下的所有文件的列表就会保存在主目录下的 data 文件中。

写出可以在 data 文件中查找满足条件的所有行的正则表达式。

（1）以 P 开头。

（2）以 y 结尾。

（3）以 m 开头以 d 结尾。

（4）以 e、g 或 l 开头。

（5）包含 o，它后面跟着 u。

（6）包含 o，隔一个字母之后是 u。

（7）以小写字母开头。

（8）包含一个数字。

（9）以 s 开头，包含一个 n。

（10）只含有 4 个字母。

（11）只含有 4 个字母，但不包含 f。

## ◎ 项目实录一　Shell 编程

视频 4-3
实训项目　使用 Shell 编程

一、视频位置

实训前请扫二维码观看：实训项目　使用 Shell 编程。

二、项目目的

- 掌握 Shell 环境变量、管道、输入输出重定向的使用方法。

- 熟练掌握正则表达式。
- 熟悉 Shell 程序设计。

三、项目背景

如果想要计算 1+2+3+…+100 的值。利用循环，该怎样编写程序?

如果想要让用户自行输入一个数字，让程序由 1+2+…直到输入的数字为止，又该如何编写呢?

创建一个脚本，名为 /root/batchusers，此脚本能实现为系统创建本地用户，并且这些用户的用户名来自一个包含用户名列表的文件。同时满足下列要求：

- 此脚本要求提供一个参数，此参数就是包含用户名列表的文件。
- 如果没有提供参数，此脚本应该给出下面的提示信息 Usage: /root/batchusers 然后退出并返回相应的值。
- 如果提供一个不存在的文件名，此脚本应该给出下面的提示信息 input file not found，然后退出并返回相应的值。
- 创建的用户登录 Shell 为 /bin/false。
- 此脚本需要为用户设置默认密码“123456”。

四、项目内容

练习 shell 程序设计方法及 shell 环境变量、管道、输入输出重定向的使用方法。

五、做一做

根据视频进行项目的实训，检查学习效果。

## ◎ 项目实录二　Vim 编辑器

视频 4-4
实训项目　使用 Vim 编辑器

一、视频位置

实训前请扫二维码观看：实训项目　使用 Vim 编辑器。

二、项目目的

- 掌握 Vim 编辑器的启动与退出。
- 掌握 Vim 编辑器的 3 种模式及使用方法。
- 熟悉 C/C++ 编译器 gcc 的使用。

三、项目背景

在 Linux 操作系统中设计一个 C 语言程序，当程序运行时显示如下的运行效果：

```
[root@RHEL4 test]# ls
test  test.c
[root@RHEL4 test]# ./test
1+1=2
2+1=3   2+2=4
3+1=4   3+2=5   3+3=6
4+1=5   4+2=6   4+3=7   4+4=8
5+1=6   5+2=7   5+3=8   5+4=9   5+5=10
6+1=7   6+2=8   6+3=9   6+4=10  6+5=11  6+6=12
[root@RHEL4 test]# _
```

四、项目内容

练习 Vim 编辑器的启动与退出；练习 Vi 编辑器的使用方法；练习 C/C++ 编译器 gcc 的使用。

五、做一做

根据视频进行项目的实训，检查学习效果。

## ◎ 实训一　Shell 的使用

一、实训目的

熟悉 Shell 的各项功能。

二、实训内容

练习使用 Shell 的各项功能。

三、实训练习

（1）命令补齐功能

- 用 date 命令查看系统当前时间，在输入 da 后，按 Tab 键，让 Shell 自动补齐命令的后半部分。
- 用 mkdir 命令创建新的目录。首先输入第一个字母 m，然后按 Tab 键，由于以 m 开头的命令太多，Shell 会提示是否显示全部的可能命令，输入 n。
- 再多输入一个字母 k，按 Tab 键，让 Shell 列出以 mk 开头的所有命令的列表。
- 在列表中查找 mkdir 命令，看看还需要多输入几个字母才能确定 mkdir 这个命令，然后输入需要的字母，再按 Tab 键，让 Shell 补齐剩下的命令。
- 输入要创建的目录名，按 Enter 键执行命令。
- 多试几个命令利用 Tab 键补齐。

（2）命令别名功能

- 输入 alias 命令，显示目前已经设置好的命令的别名。
- 设置别名 ls 为 ls –l，以长格式显示文件列表。
- 显示别名 ls 代表的命令，确认设置生效。
- 使用别名 ls 显示当前目录中的文件列表。
- 在使定义的别名不失效的情况下，使用系统的 ls 命令显示当前目录中的命令列表。
- 删除别名。
- 显示别名 ls，确认删除别名已经生效。
- 用命令 ls 显示当前目录中的文件列表。

（3）输出重定向

- 用 ls 命令显示当前目录中的文件列表。
- 使用输出重定向，把 ls 命令在终端上显示的当前目录中的文件列表重定向到文件 list 中。
- 查看文件 list 中的内容，注意在列表中会多出一个文件 list，其长度为 0。这说明 Shell 是首先创建了一个空文件，然后再运行 ls 命令。
- 再次使用输出重定向，把 ls 命令在终端上显示的当前目录中的文件列表重定向到文件 list 中。这次使用管道符号 >> 进行重定向。
- 查看文件 list 的内容，可以看到用 >> 进行重定向是把新的输出内容附加在文件的末尾，注意其中两行 list 文件信息中文件大小的区别。

（4）输入重定向

- 使用输入重定向，把上面生成的文件 list 用 mail 命令发送给自己。
- 查看新邮件，看看收到的新邮件中其内容是否为 list 文件中的内容。

(5) 管道

- 利用管道和 grep 命令，在上面建立的文件 list 中查找字符串 list。
- 利用管道和 wc 命令，计算文件 list 中的行数、单词数和字符数。

(6) 查看和修改 Shell 变量

- 用 echo 命令查看环境变量 PATH 的值。
- 设置环境变量 PATH 的值，把当前目录加入到命令搜索路径中去。
- 用 echo 命令查看环境变量 PATH 的值。
- 比较前后两次的变化。

## 四、实训报告

按要求完成实训报告。

# ◎ 实训二　Vim 编辑器的使用

## 一、实训目的

通过练习两个 C 程序学习 Vim 的启动、存盘、文本输入、现有文件的打开、光标移动、复制 / 剪贴、查找 / 替换等命令。

## 二、实训内容

熟练掌握 Vim 编辑器的使用。

## 三、实训练习

① 在 Vim 中编写一个 sum.c 程序，对程序进行编译、连接、运行。具体如下：

```
[root@RHEL7-1 ~]# mkdir /student; cd /student
[root@RHEL7-1 student]# vim sum.c
main()
{
        int i,sum=0;
        for(i=0;i<=100;i++)
        {
        sum=sum+i;
        }
        printf(“\n1+2+3+...+99+100=%d\n”,sum);
}
[root@RHEL7-1 student]# gcc -o sum sum.c
[root@RHEL7-1 student]# ls
        sum sum.c
[root@RHEL7-1 student]# ./sum
        1+2+3+...+99+100=5050
[root@RHEL7-1 student]#
```

从如上内容的基础上总结 Vim 的启动、存盘、文本输入、现有文件的打开、光标移动、复制 / 剪贴、查找 / 替换等命令。

② 编写一个程序解决“鸡兔同笼”问题。

参考程序：

```
#include <stdio.h>
main()
```

```
{
    int h,f;
    int x,y;
    printf("请输入头数和脚数:");
    scanf( "%d,%d" ,&h,&f);
    x=(4*h-f)/2;
    y=(f-2*h)/2;

   printf("鸡=%d 兔子=%d",x,y);
}
```

运行结果：

```
请输入头数和脚数:18, 48
鸡=12 兔子=6
```

**注**：鸡 + 兔子 = 头，2* 鸡 +4* 兔子 = 脚；即 x+y=h，2*x+4*y=f。

## 四、实训思考题

① 输出重定向 > 和 >> 的区别是什么？

② 什么是 Shell？ Shell 分为哪些种类？

③ 某用户登录 Linux 系统后得到的 Shell 命令提示符为：[root@long ~]#，请根据此提示符给出登录的用户名、主机名、当前目录。

## 五、实训报告

按要求完成实训报告。

# 第5章 用户和组管理

Linux 是多用户多任务的网络操作系统，作为网络管理员，掌握用户和组的创建与管理至关重要。本章将主要介绍利用命令行和图形工具对用户和组进行创建与管理等内容。

学习要点

- 了解用户和组配置文件。
- 熟练掌握 Linux 下用户的创建与维护管理。
- 熟练掌握 Linux 下组的创建与维护管理。
- 熟悉用户账户管理器的使用方法。

## 5.1 概述

视频 5-1 Linux 用户和软件包管理

Linux 操作系统是多用户多任务的操作系统，它允许多个用户同时登录到系统，使用系统资源。当多个用户同时使用系统时，为了使所有用户的工作都能顺利进行，保护每个用户的文件和进程，也为了系统自身的安全和稳定，必须建立一种秩序，使每个用户的权限都能得到规范。为了区分不同的用户，就产生了用户账户。

用户账户是用户的身份标识，用户通过用户账户可以登录到系统，并且访问已经被授权的资源。系统依据账户来区分属于每个用户的文件、进程、任务，并给每个用户提供特定的工作环境（例如用户的工作目录、Shell 版本，以及图形化的环境配置等），使每个用户都能各自独立不受干扰地工作。

Linux 系统下的用户账户分为两种：普通用户账户和超级用户账户（root）。普通用户在系统中只能进行普通工作，只能访问他们拥有的或者有权限执行的文件。超级用户账户也叫管理员账户，它的任务是对普通用户和整个系统进行管理。超级用户账户对系统具有绝对的控制权，能够对系统进行一切操作，如操作不当很容易对系统造成损坏。因此，即使系统只有一个用户使用，也应该在超级用户账户之外再建立一个普通用户账户，在用户进行普通工作时以普通用户账户登录系统。

在 Linux 系统中，为了方便管理员的管理和用户工作的方便，产生了组的概念。组是具有相同特性的用户的逻辑集合，使用组有利于系统管理员按照用户的特性组织和管理用户，提高工作效率。有了组，在做资源授权时可以把权限赋予某个组，组中的成员即可自动获得这种权限。一个用户账户可以同时是多个组的成员，其中某个组是该用户的主组（私有组），其他组为该用户的附属组（标准组）。表 5-1 列出了与用户和组相关的一些基本概念。

表 5-1 用户和组的基本概念

| 概　念 | 描　述 |
| --- | --- |
| 用户名 | 用来标识用户的名称，可以是字母、数字组成的字符串，区分大小写 |
| 密码 | 用于验证用户身份的特殊验证码 |
| 用户标识（UID） | 用来表示用户的数字标识符 |
| 用户主目录 | 用户的私人目录，也是用户登录系统后默认所在的目录 |
| 登录 Shell | 用户登录后默认使用的 Shell 程序，默认为 /bin/bash |
| 组 | 具有相同属性的用户属于同一个组 |
| 组标识（GID） | 用来表示组的数字标识符 |

root 用户的 UID 为 0；系统用户的 UID 从 1 到 999；普通用户的 UID 可以在创建时由管理员指定，如果不指定，用户的 UID 默认从 1000 开始顺序编号。在 Linux 系统中，创建用户账户的同时也会创建一个与用户同名的组，该组是用户的主组。普通组的 GID 默认也是从 1000 开始编号。

## 5.2 用户和组文件

用户账户信息和组信息分别存储在用户账户文件和组文件中。

### 5.2.1 用户账户文件

1. /etc/passwd 文件

准备工作：新建用户 bobby、user1、user2，将 user1 和 user2 加入 bobby 群组。（后面章节有详解）

```
[root@RHEL7-1 ~]# useradd bobby
[root@RHEL7-1 ~]# useradd user1
[root@RHEL7-1 ~]# useradd user2
[root@RHEL7-1 ~]# usermod -G bobby user1
[root@RHEL7-1 ~]# usermod -G bobby user2
```

在 Linux 系统中，所创建的用户账户及其相关信息（密码除外）均放在 /etc/passwd 配置文件中。用 Vim 编辑器（或者使用 cat /etc/passwd）打开 passwd 文件，内容格式如下：

```
root:x:0:0:root:/root:/bin/bash
bin:x:1:1:bin:/bin:/sbin/nologin
daemon:x:2:2:daemon:/sbin:/sbin/nologin
user1:x:1002:1002::/home/user1:/bin/bash
```

文件中的每一行代表一个用户账户的资料，可以看到第一个用户是 root。然后是一些标准账户，此类账户的 Shell 为 /sbin/nologin，代表无本地登录权限。最后一行是由系统管理员创建的普通账户：user1。

passwd 文件的每一行用“：”分隔为 7 个域，每一行各域的内容如下：

```
用户名：加密口令：UID:GID: 用户的描述信息：主目录：命令解释器（登录 Shell）
```

passwd 文件中各字段的含义如表 5-2 所示，其中少数字段的内容是可以为空的，但仍需使用“:”进行占位来表示该字段。

表 5-2　passwd 文件字段说明

| 字　段 | 说　明 |
|---|---|
| 用户名 | 用户账号名称，用户登录时所使用的用户名 |
| 加密口令 | 用户口令，出于安全性考虑，现在已经不使用该字段保存口令，而用字母 x 来填充该字段，真正的密码保存在 shadow 文件中 |
| UID | 用户号，唯一表示某用户的数字标识 |
| GID | 用户所属的私有组号，该数字对应 group 文件中的 GID |
| 用户描述信息 | 可选的关于用户全名、用户电话等描述性信息 |
| 主目录 | 用户的宿主目录，用户成功登录后的默认目录 |
| 命令解释器 | 用户所使用的 Shell，默认为 /bin/bash |

2. /etc/shadow 文件

由于所有用户对 /etc/passwd 文件均有读取权限，为了增强系统的安全性，用户经过加密之后的口令都存放在 /etc/shadow 文件中。/etc/shadow 文件只对 root 用户可读，因而大大提高了系统的安全性。shadow 文件的内容形式如下 (cat /etc/shadow)：

```
    root:$6$PQxz7W3s$Ra7Akw53/n7rntDgjPNWdCG66/5RZgjhoe1zT2F00ouf2iDM.AVvRIYoez
10hGG7kBHEaah.oH5U1t6OQj2Rf.:17654:0:99999:7:::
    bin:*:16925:0:99999:7:::
    daemon:*:16925:0:99999:7:::
    bobby:!!:17656:0:99999:7:::
    user1:!!:17656:0:99999:7:::
```

shadow 文件保存投影加密之后的口令以及与口令相关的一系列信息，每个用户的信息在 shadow 文件中占用一行，并且用“:”分隔为 9 个域，各域的含义如表 5-3 所示。

表 5-3　shadow 文件字段说明

| 字　段 | 说　明 |
|---|---|
| 1 | 用户登录名 |
| 2 | 加密后的用户口令，* 表示非登录用户，！！表示没设置密码 |
| 3 | 从 1970 年 1 月 1 日起，到用户最近一次口令被修改的天数 |
| 4 | 从 1970 年 1 月 1 日起，到用户可以更改密码的天数，即最短口令存活期 |
| 5 | 从 1970 年 1 月 1 日起，到用户必须更改密码的天数，即最长口令存活期 |
| 6 | 口令过期前几天提醒用户更改口令 |
| 7 | 口令过期后几天账户被禁用 |
| 8 | 口令被禁用的具体日期（相对日期，从 1970 年 1 月 1 日至禁用时的天数） |
| 9 | 保留域，用于功能扩展 |

3. /etc/login. defs 文件

建立用户账户时会根据 /etc/login.defs 文件的配置设置用户账户的某些选项。该配置文件的有效设置内容及中文注释如下：

```
MAIL_DIR      /var/spool/mail //用户邮箱目录

MAIL_FILE       .mail
PASS_MAX_DAYS   99999                //账户密码最长有效天数
PASS_MIN_DAYS   0                    //账户密码最短有效天数
PASS_MIN_LEN    5                    //账户密码的最小长度
PASS_WARN_AGE   7                    //账户密码过期前提前警告的天数
UID_MIN          1000         //用 useradd 命令创建账户时自动产生的最小 UID 值
UID_MAX            60000             //用 useradd 命令创建账户时自动产生的最大 UID 值
GID_MIN            1000              //用 groupadd 命令创建组时自动产生的最小 GID 值
GID_MAX            60000             //用 groupadd 命令创建组时自动产生的最大 GID 值
USERDEL_CMD     /usr/sbin/userdel_local      //如果定义，将在删除用户时执行，以删除
                                     //相应用户的计划作业和打印作业等
CREATE_HOME     yes                  //创建用户账户时是否为用户创建主目录
```

### 5.2.2 组文件

组账户的信息存放在 /etc/group 文件中，而关于组管理的信息（组口令、组管理员等）则存放在 /etc/gshadow 文件中。

1. /etc/group 文件

group 文件位于 /etc 目录，用于存放用户的组账户信息，对于该文件的内容任何用户都可以读取。每个组账户在 group 文件中占用一行，并且用“:”分隔为 4 个域。每一行各域的内容如下（使用 cat /etc/group）：

```
组名称：组口令（一般为空，用 x 占位）:GID:组成员列表
```

group 文件的内容形式如下：

```
root:x:0:
bin:x:1:
daemon:x:2:
bobby:x:1001:user1,user2
user1:x:1002:
```

可以看出，root 的 GID 为 0，没有其他组成员。group 文件的组成员列表中如果有多个用户账户属于同一个组，则各成员之间以“,”分隔。在 /etc/group 文件中，用户的主组并不把该用户作为成员列出，只有用户的附属组才会把该用户作为成员列出。例如，用户 bobby 的主组是 bobby，但 /etc/group 文件中组 bobby 的成员列表中并没有用户 bobby，只有用户 user1 和 user2。

2. /etc/gshadow 文件

/etc/gshadow 文件用于存放组的加密口令、组管理员等信息，该文件只有 root 用户可以读取。每个组账户在 gshadow 文件中占用一行，并以“:”分隔为 4 个域。每一行中各域的内容如下：

```
组名称：加密后的组口令（没有就！）：组的管理员：组成员列表
```

gshadow 文件的内容形式如下：

```
root:::
bin:::
daemon:::
bobby:!::user1,user2
user1:!::
```

# 5.3 用户账户管理

用户账户管理包括新建用户、设置用户账户口令和用户账户维护等内容。

## 5.3.1 新建用户

在系统新建用户可以使用 useradd 或者 adduser 命令。useradd 命令的格式是：

```
useradd  [选项]  <username>
```

useradd 命令有很多选项，如表 5-4 所示。

表 5-4 useradd 命令选项

| 选 项 | 说 明 |
| --- | --- |
| -c comment | 用户的注释性信息 |
| -d home_dir | 指定用户的主目录 |
| -e expire_date | 禁用账号的日期，格式为 YYYY-MM-DD |
| -f inactive_days | 设置账户过期多少天后用户账户被禁用。如果为 0，账户过期后将立即被禁用；如果为 -1，账户过期后，将不被禁用 |
| -g initial_group | 用户所属主组的组名称或者 GID |
| -G group-list | 用户所属的附属组列表，多个组之间用逗号分隔 |
| -m | 若用户主目录不存在则创建它 |
| -M | 不要创建用户主目录 |
| -n | 不要为用户创建用户私人组 |
| -p passwd | 加密的口令 |
| -r | 创建 UID 小于 500 的不带主目录的系统账号 |
| -s Shell | 指定用户的登录 Shell，默认为 /bin/bash |
| -u UID | 指定用户的 UID，它必须是唯一的，且大于 499 |

**【例 5-1】** 新建用户 user3，UID 为 1010，指定其所属的私有组为 group1（group1 组的标识符为 1010），用户的主目录为 /home/user3，用户的 Shell 为 /bin/bash，用户的密码为 12345678，账户永不过期。

```
    [root@RHEL7-1 ~]# groupadd -g 1010  group1
    [root@RHEL7-1 ~]# useradd -u 1010 -g 1010  -d /home/user3 -s /bin/bash -p 
12345678 -f -1 user3
    [root@RHEL7-1 ~]# tail -1 /etc/passwd
    user3:x:1010:1000::/home/user3:/bin/bash
```

如果新建用户已经存在，那么在执行 useradd 命令时，系统会提示该用户已经存在：

```
    [root@RHEL7-1 ~]# useradd user3
    useradd: user user3 exists
```

## 5.3.2 设置用户账户口令

### 1. passwd 命令

指定和修改用户账户口令的命令是 passwd。超级用户可以为自己和其他用户设置口令，而普通用户只能为自己设置口令。passwd 命令的格式：

```
passwd  [选项]  [username]
```

passwd 命令的常用选项如表 5-5 所示。

表 5-5　passwd 命令的常用选项

| 选　项 | 说　明 |
| --- | --- |
| -l | 锁定（停用）用户账户 |
| -u | 口令解锁 |
| -d | 将用户口令设置为空，这与未设置口令的账户不同。未设置口令的账户无法登录系统，而口令为空的账户可以 |
| -f | 强迫用户下次登录时必须修改口令 |
| -n | 指定口令的最短存活期 |
| -x | 指定口令的最长存活期 |
| -w | 口令要到期前提前警告的天数 |
| -i | 口令过期后多少天停用账户 |
| -S | 显示账户口令的简短状态信息 |

**【例 5-2】** 假设当前用户为 root，则下面的两个命令分别为 root 用户修改自己的口令和 root 用户修改 user1 用户的口令。

```
//root 用户修改自己的口令，直接输入 passwd 命令并按 Enter 键即可
[root@RHEL7-1 ~]# passwd

//root 用户修改 user1 用户的口令
[root@RHEL7-1 ~]# passwd user1
```

需要注意的是，普通用户修改口令时，passwd 命令会首先询问原来的口令，只有验证通过才可以修改。而 root 用户为用户指定口令时，不需要知道原来的口令。为了系统安全，用户应选择包含字母、数字和特殊符号组合的复杂口令，且口令长度应至少为 8 个字符。

如果密码复杂度不够，系统会提示“无效的密码：密码未通过字典检查 - 它基于字典单词”。这时有两种处理方法：一是再次输入刚才输入的简单密码，系统也会接受；二是更改为符合要求的密码。比如 P@ssw02d，包含大小写字母、数字、特殊符号等 8 位或以上的字符组合。

2. chage 命令

要修改用户账户口令，也可以用 chage 命令实现。chage 命令的常用选项如表 5-6 所示。

表 5-6　chage 命令的常用选项

| 选　项 | 说　明 |
| --- | --- |
| -l | 列出账户口令属性的各个数值 |
| -m | 指定口令最短存活期 |
| -M | 指定口令最长存活期 |
| -W | 口令要到期前提前警告的天数 |
| -I | 口令过期后多少天停用账户 |
| -E | 用户账户到期作废的日期 |
| -d | 设置口令上一次修改的日期 |

**【例 5-3】** 设置 user1 用户的最短口令存活期为 6 天，最长口令存活期为 60 天，口令到期前 5 天提醒用户修改口令。设置完成后查看各属性值。

```
[root@RHEL7-1 ~]# chage -m 6 -M 60 -W 5 user1
[root@RHEL7-1 ~]# chage -l user1
最近一次密码修改时间                    : 5月 04, 2018
密码过期时间                            : 7月 03, 2018
密码失效时间                            : 从不
账户过期时间                            : 从不
两次改变密码之间相距的最小天数          : 6
两次改变密码之间相距的最大天数          : 60
在密码过期之前警告的天数                : 5
```

### 5.3.3 用户账户的维护

1. 修改用户账户

usermod 命令用于修改用户的属性，格式为“usermod [ 选项 ] 用户名”。

前文曾反复强调，Linux 系统中的一切都是文件，因此在系统中创建用户也就是修改配置文件的过程。用户的信息保存在 /etc/passwd 文件中，可以直接用文本编辑器来修改其中的用户参数项目，也可以用 usermod 命令修改已经创建的用户信息，诸如用户的 UID、基本 / 扩展用户组、默认终端等。usermod 命令的参数以及作用如表 5-7 所示。

表 5-7　usermod 命令中的参数及作用

| 参　数 | 作　用 |
| --- | --- |
| -c | 填写用户账户的备注信息 |
| -d -m | 参数 -m 与参数 -d 连用，可重新指定用户的家目录并自动把旧的数据转移过去 |
| -e | 账户的到期时间，格式为 YYYY-MM-DD |
| -g | 变更所属用户组 |
| -G | 变更扩展用户组 |
| -L | 锁定用户禁止其登录系统 |
| -U | 解锁用户，允许其登录系统 |
| -s | 变更默认终端 |
| -u | 修改用户的 UID |

① 先来看一下账户用户 user1 的默认信息：

```
[root@RHEL7-1 ~]# id user1
uid=1002(user1) gid=1002(user1) 组=1002(user1),1001(bobby)
```

② 将用户 user1 加入到 root 用户组中，这样扩展组列表中则会出现 root 用户组的字样，而基本组不会受到影响：

```
[root@RHEL7-1 ~]# usermod -G root user1
[root@RHEL7-1 ~]# id user1
uid=1002(user1) gid=1002(user1) 组=1002(user1),0(root)
```

③ 试试用 -u 参数修改 user1 用户的 UID 号码值。除此之外，还可以用 -g 参数修改用户的基本组 ID，用 -G 参数修改用户扩展组 ID。

```
[root@RHEL7-1 ~]# usermod -u 8888 user1
[root@RHEL7-1 ~]# id user1
uid=8888(user1) gid=1002(user1) 组=1002(user1),0(root)
```

④ 修改用户 user1 的主目录为 /var/user1，把启动 Shell 修改为 /bin/tcsh，完成后恢复到初始

状态。可以用如下操作：

```
[root@RHEL7-1 ~]# usermod -d /var/user1 -s /bin/tcsh user1
[root@RHEL7-1 ~]# tail -3 /etc/passwd
user1:x:8888:1002::/var/user1:/bin/tcsh
user2:x:1003:1003::/home/user2:/bin/bash
user3:x:1010:1000::/home/user3:/bin/bash
[root@RHEL7-1 ~]# usermod -d /var/user1 -s /bin/bash user1
```

2. 禁用和恢复用户账户

有时需要临时禁用一个账户而不删除它。禁用用户账户可以用 passwd 或 usermod 命令实现，也可以直接修改 /etc/passwd 或 /etc/shadow 文件实现。

例如，暂时禁用和恢复 user1 账户，可以使用以下 3 种方法实现。

（1）使用 passwd 命令

```
//使用passwd命令禁用user1账户，利用tail命令可以看到被锁定的账户密码栏前面会加上“！！”
[root@RHEL7-1 ~]# passwd -l user1
锁定用户 user1 的密码 。
passwd: 操作成功
[root@RHEL7-1 ~]# tail -3 /etc/shadow
user1:!!$6$7bRDvYC7$zbzZImfXZiwXOluR1nO.U2gOEkXjPZINI2nFk1NiJI2dZuazcjFX8Dt/
ng5KdPtXRfCC7198SX5oIaxklObGB1:18124:0:99999:7:::

//利用passwd命令的-u选项解除账户锁定，重新启用user1账户
[root@ RHEL7-1 ~]# passwd -u user1
```

（2）使用 usermod 命令

```
[root@RHEL7-1 ~]# usermod -L user1        //禁用user1账户
[root@RHEL7-1 ~]# usermod -U user1        //解除user1账户的锁定
```

（3）直接修改用户账户配置文件

可将 /etc/shadow 文件中关于 user1 账户的 passwd 域的第一个字符前面加上一个“！”，达到禁用账户的目的，在需要恢复的时候只要删除字符“！”即可。

如果只是禁止用户账户登录系统，可以将其启动 shell 设置为 /bin/false 或者 /dev/null。

3. 删除用户账户

要删除一个账户，可以直接编辑删除 /etc/passwd 和 /etc/shadow 文件中要删除的用户所对应的行，或者用 userdel 命令删除。userdel 命令的格式为：

```
userdel  [-r]  用户名
```

如果不加 -r 选项，userdel 命令会在系统中所有与账户有关的文件中（例如 /etc/passwd，/etc/shadow，/etc/group）将用户的信息全部删除。

如果加 -r 选项，则在删除用户账户的同时，还将用户主目录以及其下的所有文件和目录全部删除掉。另外，如果用户使用 e-mail，那么会同时将 /var/spool/mail 目录下的用户文件删掉。

# 5.4 组管理

组管理包括新建组、维护组账户和为组添加用户等内容。

## 5.4.1 维护组账户

创建组和删除组的命令与创建、维护账户的命令相似。创建组可以使用命令 groupadd 或者 addgroup。

例如，创建一个新的组，组的名称为 testgroup，可用如下命令：

```
[root@RHEL7-1 ~]# groupadd  testgroup
```

要删除一个组可以用 groupdel 命令，例如删除刚创建的 testgroup 组，可用如下命令：

```
[root@RHEL7-1 ~]# groupdel testgroup
```

需要注意的是，如果要删除的组是某个用户的主组，则该组不能被删除。

修改组的命令是 groupmod，其命令格式为

```
groupmod  [选项]  组名
```

常见的命令选项如表 5-8 所示。

表 5-8 groupmod 命令选项

| 选　项 | 说　明 |
|---|---|
| -g gid | 把组的 GID 改成 gid |
| -n group-name | 把组的名称改为 group-name |
| -o | 强制接受更改的组的 GID 为重复的号码 |

## 5.4.2 为组添加用户

在 Red Hat Linux 中使用不带任何参数的 useradd 命令创建用户时，会同时创建一个和用户账户同名的组，称为主组。当一个组中必须包含多个用户时则需要使用附属组。在附属组中增加、删除用户都用 gpasswd 命令。gpasswd 命令的格式为：

```
gpasswd [选项] [用户] [组]
```

只有 root 用户和组管理员才能够使用这个命令。gpasswd 命令选项如表 5-9 所示。

表 5-9 gpasswd 命令选项

| 选　项 | 说　明 |
|---|---|
| -a | 把用户加入组 |
| -d | 把用户从组中删除 |
| -r | 取消组的密码 |
| -A | 给组指派管理员 |

例如，要把 user1 用户加入 testgroup 组，并指派 user1 为管理员，可以执行下列命令：

```
[root@rhel7-1 ~]# groupadd  testgroup
[root@RHEL7-1 ~]# gpasswd -a user1 testgroup
[root@RHEL7-1 ~]# gpasswd -A user1 testgroup
```

# 5.5 使用用户管理器管理用户和组

默认图形界面的用户管理器是没有安装的，需要安装 system-config-users 工具。

## 5.5.1 安装 system-config-users

检查是否安装 system-config-users：

```
[root@RHEL7-1 ~]# rpm  -qa|grep  system-config-users
```

如果没有安装，可以使用 yum 命令安装所需软件包。

① 挂载 ISO 安装镜像。

```
//挂载光盘到 /iso 下
[root@RHEL7-1 ~]# mkdir  /iso
[root@RHEL7-1 ~]# mount  /dev/cdrom  /iso
mount: /dev/sr0 写保护，将以只读方式挂载
```

② 制作用于安装的 yum 源文件。

```
[root@RHEL7-1 ~]# vim  /etc/yum.repos.d/dvd.repo
```

dvd.repo 文件的内容如下（后面不再赘述）：

```
# /etc/yum.repos.d/dvd.repo
# or for ONLY the media repo, do this:
# yum --disablerepo=\* --enablerepo=c6-media [command]
[dvd]
name=dvd
#特别注意本地源文件的表示，3个"/"
baseurl=file:///iso
gpgcheck=0
enabled=1
```

③ 使用 yum 命令查看 system-config-users 软件包的信息，如图 5-1 所示。

```
[root@RHEL7-1 ~]# yum  info system-config-users
```

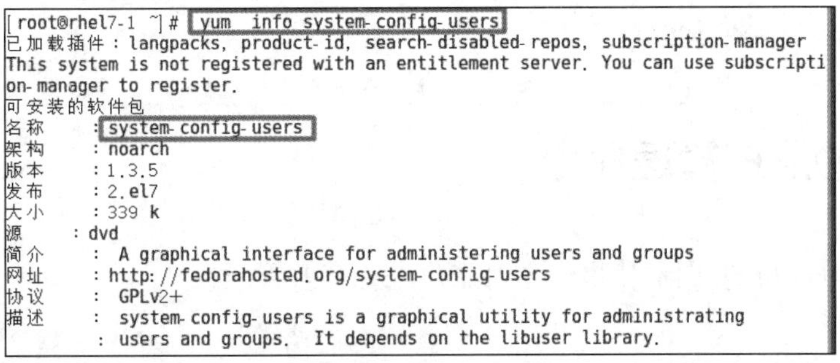

```
[root@rhel7-1 ~]# yum  info system-config-users
已加载插件：langpacks, product-id, search-disabled-repos, subscription-manager
This system is not registered with an entitlement server. You can use subscripti
on-manager to register.
可安装的软件包
名称      : system-config-users
架构      : noarch
版本      : 1.3.5
发布      : 2.el7
大小      : 339 k
源       : dvd
简介      :  A graphical interface for administering users and groups
网址      : http://fedorahosted.org/system-config-users
协议      :  GPLv2+
描述      :  system-config-users is a graphical utility for administrating
          :  users and groups.  It depends on the libuser library.
```

图 5-1　使用 yum 命令查看 system-config-users 软件包的信息

④ 使用 yum 命令安装 system-config-users。

```
[root@RHEL7-1 ~]# yum clean all                              //安装前先清除缓存
[root@RHEL7-1 ~]# yum  install  system-config-users  -y
```

正常安装完成后，最后的提示信息是：

```
...
已安装：
  system-config-users.noarch 0:1.3.5-2.el7
作为依赖被安装：
  system-config-users-docs.noarch 0:1.0.9-6.el7
完毕!
```

所有软件包安装完毕之后，可以使用 rpm 命令再一次进行查询：

```
[root@RHEL7-1 ~]# rpm -qa | grep system-config-users
system-config-users-docs-1.0.9-6.el7.noarch
system-config-users-1.3.5-2.el7.noarch
```

### 5.5.2 使用用户管理器

使用命令 system-config-users 会打开图 5-2 所示的“用户管理者”窗口。

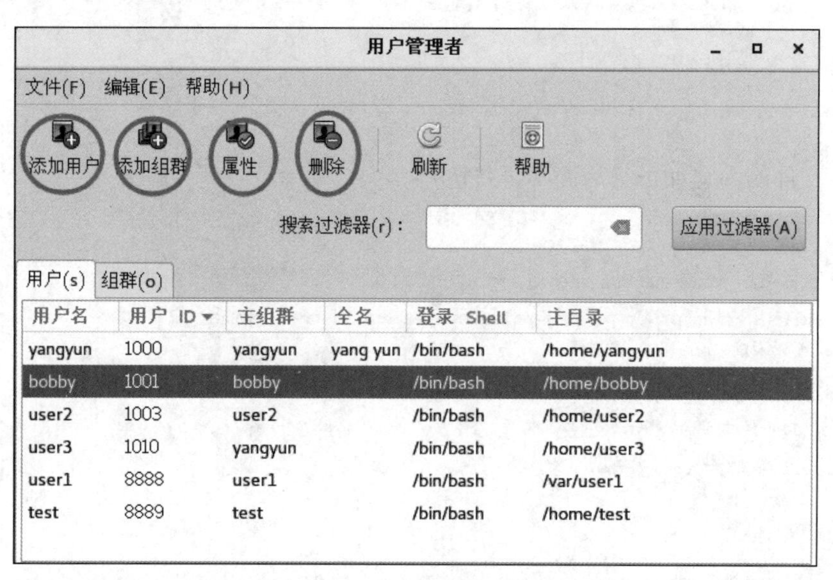


图 5-2 “用户管理者”窗口

使用“用户管理者”窗口可以方便地添加用户或组、编辑用户或组的属性、删除用户或组、加入或退出组等操作。图形界面比较简单，在此不再赘述。不过提醒读者，system-config 有许多其他应用，大家可以试着安装并应用。

## 5.6 常用的账户管理命令

账户管理命令可以在非图形化操作中对账户进行有效管理。

1. vipw 命令

vipw 命令用于直接对用户账户文件 /etc/passwd 进行编辑，使用的默认编辑器是 Vi。在对 /etc/passwd 文件进行编辑时将自动锁定该文件，编辑结束后对该文件进行解锁，保证了文件的一致性。vipw 命令在功能上等同于 vi /etc/passwd 命令，但是比直接使用 vi 命令更安全。命令格式如下：

```
[root@RHEL7-1 ~]# vipw
```

2. vigr 命令

vigr 命令用于直接对组文件 /etc/group 进行编辑。在用 vigr 命令对 /etc/group 文件进行编辑时将自动锁定该文件，编辑结束后对该文件进行解锁，保证了文件的一致性。vigr 命令在功能上等同于 vi /etc/group 命令，但是比直接使用 vi 命令更安全。命令格式如下：

```
[root@RHEL7-1 ~]# vigr
```

3. pwck 命令

pwck 命令用于验证用户账户文件认证信息的完整性。该命令检测 /etc/passwd 文件和 /etc/shadow 文件每行中字段的格式和值是否正确。命令格式如下：

```
[root@RHEL7-1 ~]#pwck
```

4. grpck 命令

grpck 命令用于验证组文件认证信息的完整性。该命令检测 /etc/group 文件和 /etc/gshadow 文件每行中字段的格式和值是否正确。命令格式如下：

```
[root@RHEL7-1 ~]#grpck
```

5. id 命令

id 命令用于显示一个用户的 UID 和 GID 以及用户所属的组列表。在命令行输入 id 直接回车将显示当前用户的 ID 信息。id 命令格式如下：

```
id  [选项] 用户名
```

例如，显示 user1 用户的 UID、GID 信息的实例如下所示：

```
[root@RHEL7-1 ~]# id  user1
uid=8888(user1) gid=1002(user1) 组=1002(user1),0(root),1011(testgroup)
```

6. finger、chfn、chsh

使用 finger 命令可以查看用户的相关信息，包括用户的主目录、启动 shell、用户名、地址、电话等存放在 /etc/passwd 文件中的记录信息。管理员和其他用户都可以用 finger 命令来了解用户。直接使用 finger 命令可以查看当前用户信息。需要注意的是，finger 命令在 RHEL7 中默认没有安装，需要安装后才能使用。

finger 命令格式：

```
finger  [选项]  [用户名]
```

finger 的实例如下：

```
[root@RHEL7-1 ~]# mkdir /iso
[root@RHEL7-1 ~]# mount /dev/cdrom /iso
mount: /dev/sr0 写保护，将以只读方式挂载
[root@RHEL7-1 ~]# cd /iso/Packages
[root@RHEL7-1 Packages]# ls finger*
finger-server-0.17-52.el7.x86_64.rpm
finger-0.17-52.el7.x86_64.rpm
[root@RHEL7-1 Packages]# rpm -ivh finger-0.17-52.el7.x86_64.rpm
```

```
    警告：finger-0.17-52.el7.x86_64.rpm: 头V3 RSA/SHA256 Signature, 密钥 ID
f4a80eb5: NOKEY
    准备中 ...                    ################################# [100%]
    正在升级 / 安装 ...
       1:finger-0.17-52.el7          ################################# [100%]
    [root@RHEL7-1 Packages]# finger
    Login      Name        Tty      Idle  Login Time    Office  Office Phone  Host
    root       root        *:0            Aug 17 00:32                        (:0)
    root       root        pts/0          Aug 17 00:33                        (:0)
```

finger 命令常用的一些选型如表 5-10 所示。

表 5-10　finger 命令选项

| 选　项 | 说　明 |
| --- | --- |
| -l | 以长格形式显示用户信息，是默认选项 |
| -m | 关闭以用户姓名查询账户的功能，如不加此选项，用户可以用一个用户的姓名来查询该用户的信息 |
| -s | 以短格形式查看用户的信息 |
| -p | 不显示 plan（plan 信息是用户主目录下的 .plan 等文件） |

用户自己可以使用 chfn 和 chsh 命令来修改 finger 命令显示的内容。chfn 命令可以修改用户的办公地址、办公电话和住宅电话等。chsh 命令用来修改用户的启动 Shell。用户在用 chfn 和 chsh 修改个人账户信息时会被提示要输入密码。例如：

```
[root@RHEL7-1 Packages]# cd
[root@RHEL7-1 ~]# useradd user12
[root@RHEL7-1 ~]# passwd user12
[root@RHEL-1 ~]# su - user12
[user12@RHEL7-1 ~]$ chfn
Changing finger information for user12.
名称 []: One user
办公 []: Network
办公电话 []: 66778899
住宅电话 []: 88888888

密码：
Finger information changed.
```

用户可以直接输入 chsh 命令或使用 -s 选项来指定要更改的启动 Shell。例如用户 user1 想把自己的启动 Shell 从 bash 改为 tcsh。可以使用以下两种方法：

```
[user12@RHEL7-1 ~]$ chsh
Changing Shell for user12.
New Shell [/bin/bash]: /bin/tcsh
密码：
Shell changed.
```

或：

```
[user12@RHEL7-1 ~]$ chsh -s /bin/tcsh
Changing Shell for user12.
密码：
```

```
Shell changed.
```

7. whoami

whoami 命令用于显示当前用户的名称。whoami 与命令 id -un 作用相同。

```
[user12@RHEL7-1 ~]$ whoami
User12
```

8. newgrp

newgrp 命令用于转换用户的当前组到指定的主组，对于没有设置组口令的组账户，只有组的成员才可以使用 newgrp 命令改变主组身份到该组。如果组设置了口令，其他组的用户只要拥有组口令也可以将主组身份改变到该组。应用实例如下：

```
[root@RHEL7-1 ~]# id                          //显示当前用户的gid
uid=0(root) gid=0(root) 组=0(root)
环境=unconfined_u:unconfined_r:unconfined_t:s0-s0:c0.c1023
[root@RHEL7-1 ~]# newgrp group1               //改变用户的主组
[root@RHEL7-1 ~]# id
uid=0(root) gid=1005(group1) 组=1005(group1),0(root)
环境=unconfined_u:unconfined_r:unconfined_t:s0-s0:c0.c1023
[root@RHEL7-1 ~]# newgrp                      //当不指定任何组时转换为用户的私有组
[root@RHEL7-1 ~]# id
uid=0(root) gid=0(root) 组=0(root),1005(group1)
环境=unconfined_u:unconfined_r:unconfined_t:s0-s0:c0.c1023
```

使用 groups 命令可以列出指定用户的组。例如：

```
[root@RHEL7-1 ~]# whoami
root
[root@RHEL7-1 ~]# groups
root group1
```

## ◎练 习 题

一、选择题

1. (　　) 目录用于存放用户口令信息。

A. /etc　　B. /var　　C. /dev　　D. /boot

2. 创建用户 ID 是 1200，组 ID 是 1000，用户主目录为 /home/user01 的正确命令是 (　　)。

A. useradd -u:1200 -g:1000 -h:/home/user01 user01

B. useradd -u=1200 -g=1000 -d=/home/user01 user01

C. useradd -u 1200 -g 1000 -d /home/user01 user01

D. useradd -u 1200 -g 1000 -h /home/user01 user01

3. 用户登录系统后首先进入 (　　)。

A. /home 目录　　B. /root 的主目录

C. /usr 目录　　D. 用户自己的家目录

4. 在使用了 shadow 口令的系统中，/etc/passwd 和 /etc/shadow 两个文件的权限正确的是 (　　)。

A. -rw-r----- , -r--------　　B. -rw-r--r-- , -r--r--r—

C. -rw-r--r-- , -r--------　　D. -rw-r--rw- , -r-----r—

5. 下面参数（　）可以删除一个用户并同时删除用户的主目录。

A. rmuser –r　　B. deluser –r　　C. userdel –r　　D. usermgr –r

6. 系统管理员应该采用的安全措施包括（　）。

A. 把 root 密码告诉每一位用户

B. 设置 telnet 服务来提供远程系统维护

C. 经常检测账户数量、内存信息和磁盘信息

D. 当员工离职后，立即删除该用户账户

7. 在 /etc/group 中有一行 shudents::600:z3,14,w5，则有（　）用户在 student 组。

A. 3　　B. 4　　C. 5　　D. 不知道

8. 下列的（　）命令可以用来检测用户 lisa 的信息。

A. finger lisa　　B. grep lisa /etc/passwd

C. find lisa /etc/passwd　　D. who lisa

二、填空题

1. Linux 操作系统是______的操作系统，它允许多个用户同时登录到系统，使用系统资源。

2. Linux 系统下的用户账户分为两种：______和______。

3. root 用户的 UID 为______，普通用户的 UID 可以在创建时由管理员指定，如果不指定，用户的 UID 默认从______开始顺序编号。

4. 在 Linux 系统中，创建用户账户的同时也会创建一个与用户同名的组，该组是用户的______。普通组的 GID 默认也从______开始编号。

5. 一个用户账户可以同时是多个组的成员，其中某个组是该用户的______（私有组），其他组为该用户的______（标准组）。

6. 在 Linux 系统中，所创建的用户账户及其相关信息（口令除外）均放在______配置文件中。

7. 由于所有用户对 /etc/passwd 文件均有______权限，为了增强系统的安全性，用户经过加密之后的口令都存放在______文件中。

8. 组账户的信息存放在______文件中，而关于组管理的信息（组口令、组管理员等）则存放在______文件中。

## ◎ 项目实录　管理用户和组

### 一、视频位置

实训前请扫二维码观看：实训项目 管理用户和组。

视频 5-2
**实训项目　管理用户和组**

### 二、项目目的

- 熟悉 Linux 用户的访问权限。
- 掌握在 Linux 系统中增加、修改、删除用户或用户组的方法。
- 掌握用户账户管理及安全管理。

### 三、项目背景

某公司有 60 个员工，分别在 5 个部门工作，每个人工作内容不同。需要在服务器上为每个人创建不同的账号，把相同部门的用户放在一个组中，每个用户都有自己的工作目录。并且需要根据工作性质对每个部门和每个用户在服务器上的可用空间进行限制。

### 四、项目内容

练习设置用户的访问权限，练习账号的创建、修改、删除。

五、做一做

根据视频进行项目的实训，检查学习效果。

## ◎ 实训　用户和组的管理

一、实训目的

① 掌握在 Linux 系统下利用命令方式实现用户和组的管理。

② 掌握利用图形配置界面进行用户和组的管理。

二、实训内容

练习用户和组的管理。

三、实训练习

(1) 用户的管理

- 创建一个新用户 user01，设置其主目录为 /home/user01。
- 查看 /etc/passwd 文件的最后一行，看看是如何记录的。
- 查看文件 /etc/shadow 文件的最后一行，看看是如何记录的。
- 给用户 user01 设置密码。
- 再次查看文件 /etc/shadow 文件的最后一行，看看有什么变化。
- 使用 user01 用户登录系统，看能否登录成功。
- 锁定用户 user01。
- 查看文件 /etc/shadow 文件的最后一行，看看有什么变化。
- 再次使用 user01 用户登录系统，看能否登录成功。
- 解除对用户 user01 的锁定。
- 更改用户 user01 的账户名为 user02。
- 查看 /etc/passwd 文件的最后一行，看看有什么变化。
- 删除用户 user02。

(2) 组的管理

- 创建一个新组 group1。
- 查看 /etc/group 文件的最后一行，看看是如何设置的。
- 创建一个新账户 user02，将其起始组和附属组都设为 group1。
- 查看 /etc/group 文件中的最后一行，看看有什么变化。
- 给组 group1 设置组密码。
- 在组 group1 中删除用户 user02。
- 再次查看 /etc/group 文件中的最后一行，看看有什么变化。
- 删除组 group1。

(3) 用图形界面管理用户和组

- 进入 X-Window 图形界面。
- 打开系统配置菜单中的用户和组的管理子菜单，练习用户和组的创建与管理。

四、实训报告

按要求完成实训报告。

# 第6章

# 文件系统和磁盘管理

作为 Linux 系统的网络管理员，学习 Linux 文件系统和磁盘管理是至关重要的。本章主要介绍 Linux 文件系统和磁盘管理的相关内容。

**学习要点**

- Linux 文件系统结构和文件权限管理。
- Linux 下的磁盘和文件系统管理工具。
- Linux 下的软 RAID 和 LVM 逻辑卷管理器。
- 磁盘限额。

## 6.1 文件系统

文件系统（File System）是磁盘上有特定格式的一片区域，操作系统利用文件系统保存和管理文件。

### 6.1.1 文件系统基础

视频 6–1 Linux 的文件系统

用户在硬件存储设备中执行的文件建立、写入、读取、修改、转存与控制等操作都是依靠文件系统来完成的。文件系统的作用是合理规划硬盘，以保证用户正常的使用需求。Linux 系统支持数十种文件系统，其中最常见的文件系统如下所示。

① ext3：是一款日志文件系统，能够在系统异常死机时避免文件系统资料丢失，并能自动修复数据的不一致与错误。然而，当硬盘容量较大时，所需的修复时间也会很长，而且不能百分之百地保证资料不会丢失。它会把整个磁盘的每个写入动作的细节都预先记录下来，以便在发生异常死机后能回溯追踪到被中断的部分，然后尝试进行修复。

② ext4：ext3 的改进版本，它支持的存储容量高达 1 EB（1 EB=1 073 741 824 GB），且能够有无限多的子目录。另外，ext4 文件系统能够批量分配 block 块，从而极大地提高了读写效率。

③ xfs：是一种高性能的日志文件系统，而且是 RHEL7 中默认的文件管理系统，它的优势

在发生意外死机后尤其明显，即可以快速地恢复可能被破坏的文件，而且强大的日志功能只用花费极低的计算和存储性能。并且它最大可支持的存储容量为 18 EB，这几乎满足了所有需求。

日常在硬盘需要保存的数据实在太多了，因此 Linux 系统中有一个名为 super block 的“硬盘地图”。Linux 并不是把文件内容直接写入这个“硬盘地图”里面，而是在里面记录着整个文件系统的信息。因为如果把所有的文件内容都写入里面，它的体积将变得非常大，而且文件内容的查询与写入速度也会变得很慢。Linux 只是把每个文件的权限与属性记录在 inode 中，而且每个文件占用一个独立的 inode 表格，该表格的大小默认为 128 字节，里面记录着如下信息：

① 该文件的访问权限（read、write、execute）。

② 该文件的所有者与所属组（owner、group）。

③ 该文件的大小（size）。

④ 该文件的创建或内容修改时间（ctime）。

⑤ 该文件的最后一次访问时间（atime）。

⑥ 该文件的修改时间（mtime）。

⑦ 文件的特殊权限（SUID、SGID、SBIT）。

⑧ 该文件的真实数据地址（point）。

而文件的实际内容则保存在 block 块中（大小可以是 1 KB、2 KB 或 4 KB），一个 inode 的默认大小仅为 128 B（ext3），记录一个 block 则消耗 4 B。当文件的 inode 被写满后，Linux 系统会自动分配出一个 block 块，专门用于像 inode 那样记录其他 block 块的信息，这样把各个 block 块的内容串到一起，就能够让用户读到完整的文件内容了。对于存储文件内容的 block 块，有下面两种常见情况（以 4 KB 的 block 大小为例进行说明）：

① 情况 1：文件很小（1 KB），但依然会占用一个 block，因此会潜在地浪费 3 KB。

② 情况 2：文件很大（5 KB），那么会占用两个 block（5 KB−4 KB 后剩下的 1 KB 也要占用一个 block）。

计算机系统在发展过程中产生了众多的文件系统，为了使用户在读取或写入文件时不用关心底层的硬盘结构，Linux 内核中的软件层为用户程序提供了一个 VFS（Virtual File System，虚拟文件系统）接口，这样用户实际上在操作文件时就是统一对这个虚拟文件系统进行操作了。图 6-1 所示为 VFS 的架构示意图。从中可见，实际文件系统在 VFS 下隐藏了自己的特性和细节，这样用户在日常使用时会觉得“文件系统都是一样的”，也就可以随意使用各种命令在任何文件系统中进行各种操作了（比如使用 cp 命令来复制文件）。

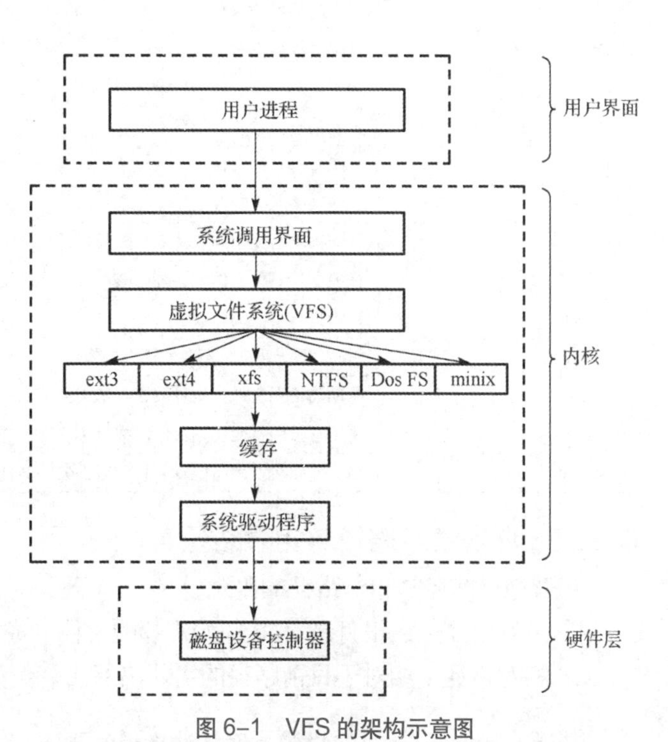

图 6-1　VFS 的架构示意图

## 6.1.2　Linux 文件系统目录结构

在 Linux 系统中，目录、字符设备、块设备、套接字、打印机等都被抽象成了文件：Linux 系统中一切都是文件。既然平时我们打交道的都是文件，那么又应该如何找到它们呢？在 Windows 操作系统中，想要找到一个文件，要依次进入该文件所在的磁盘分区，然后再进入该分区下的具体目录，最终找到这个文件。但是在 Linux 系统中并不存在 C/D/E/F 等盘符，Linux 系统中的一切文件都是从“根（/）”目录开始的，并按照文件系统层次化标准（FHS）采用树形结构来存放文件，以及定义了常见目录的用途。另外，Linux 系统中的文件和目录名称是严格区分大小写的。例如，root、rOOt、Root、rooT 均代表不同的目录，并且文件名称中不得包含斜杠（/）。Linux 系统中的文件存储结构如图 6-2 所示。

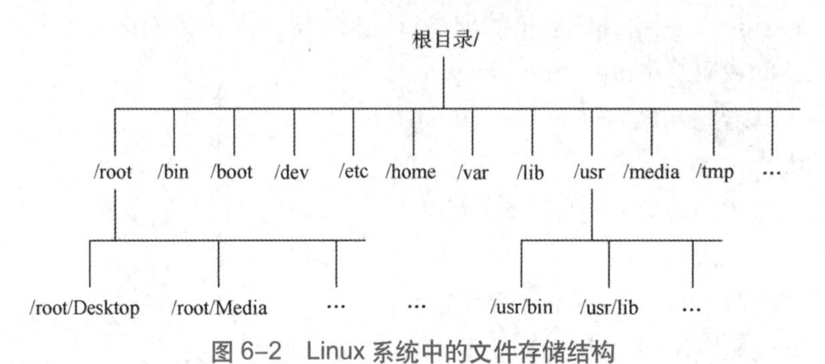


图 6-2　Linux 系统中的文件存储结构

在 Linux 系统中，常见的目录名称以及所对应的存放内容如表 6-1 所示。

表 6-1　Linux 系统中常见的目录名称以及相应内容

| 目录名称 | 应放置文件的内容 |
| --- | --- |
| / | Linux 文件的最上层根目录 |
| /boot | 开机所需文件——内核、开机菜单以及所需配置文件等 |
| /dev | 以文件形式存放任何设备与接口 |
| /etc | 配置文件 |
| /home | 用户家目录 |
| /bin | Binary 的缩写，存放用户的可运行程序，如 ls、cp 等，也包含其他 Shell，如 bash 和 cs 等 |
| /lib | 开机时用到的函数库，以及 /bin 与 /sbin 下面的命令要调用的函数 |
| /sbin | 开机过程中需要的命令 |
| /media | 用于挂载设备文件的目录 |
| /opt | 放置第三方软件 |
| /root | 系统管理员的家目录 |
| /srv | 一些网络服务的数据文件目录 |
| /tmp | 任何人均可使用的“共享”临时目录 |
| /proc | 虚拟文件系统，例如系统内核、进程、外围设备及网络状态等 |
| /usr/local | 用户自行安装的软件 |
| /usr/sbin | Linux 系统开机时不会使用到的软件 / 命令 / 脚本 |
| /usr/share | 帮助与说明文件，也可放置共享文件 |
| /var | 主要存放经常变化的文件，如日志 |
| /lost+found | 当文件系统发生错误时，将一些丢失的文件片段存放在这里 |

### 6.1.3　理解绝对路径与相对路径

了解绝对路径与相对路径的概念。

① 绝对路径：由根目录（/）开始写起的文件名或目录名称，例如 /home/dmtsai/basher。

② 相对路径：相对于目前路径的文件名写法，例如 ./home/dmtsai 或 ../../home/dmtsai/ 等。

**技巧**：开头不是“/”的就属于相对路径的写法。

相对路径是以当前所在路径的相对位置来表示的。举例来说，目前在 /home 这个目录下，如果想要进入 /var/log 这个目录时，可以怎么写呢？有两种方法：

① cd /var/log （绝对路径）

② cd ../var/log （相对路径）

因为目前在 /home 下，所以要回到上一层（../）之后，才能进入 /var/log 目录。特别注意两个特殊的目录。

① .：代表当前的目录，也可以使用 ./ 来表示。

② ..：代表上一层目录，也可以用 ../ 来代表。

这个 . 和 .. 目录的概念是很重要的，你常常看到的 cd .. 或 ./command 之类的指令表达方式，就是代表上一层与目前所在目录的工作状态。

## 6.2 Linux 文件权限管理

文件是操作系统用来存储信息的基本结构，是一组信息的集合。文件通过文件名来唯一标识。Linux 中的文件名称最长允许 255 个字符，这些字符可用 A~Z、0~9、.、_、- 等符号表示。

### 6.2.1 文件和文件权限概述

与其他操作系统相比，Linux 最大的不同点是没有“扩展名”的概念，也就是说文件的名称和该文件的种类并没有直接的关联，例如 sample.txt 可能是一个运行文件，而 sample.exe 也有可能是文本文件，甚至可以不使用扩展名。另一个特性是 Linux 文件名区分大小写。例如，sample.txt、Sample.txt、SAMPLE.txt、samplE.txt 在 Linux 系统中代表不同的文件，但在 DOS 和 Windows 平台却是指同一个文件。在 Linux 系统中，如果文件名以“.”开始，表示该文件为隐藏文件，需要使用 ls -a 命令才能显示。

在 Linux 中的每一个文件或目录都包含有访问权限，这些访问权限决定了谁能访问和如何访问这些文件和目录。

通过设定权限可以用以下 3 种访问方式限制访问权限：只允许用户自己访问；允许一个预先指定的用户组中的用户访问；允许系统中的任何用户访问。同时，用户能够控制一个给定的文件或目录的访问程度。一个文件或目录可能有读、写及执行权限。当创建一个文件时，系统会自动赋予文件所有者读和写的权限，这样可以允许文件所有者查看文件内容和修改文件。文件所有者可以将这些权限改变为任何他想指定的权限。一个文件也许只有读权限，禁止任何修改。文件也可能只有执行权限，允许它像一个程序一样执行。

3 种不同的用户类型能够访问一个目录或者文件：所有者、用户组或其他用户。所有者是创建文件的用户，文件的所有者能够授予所在用户组的其他成员及系统中除所属组之外的其他用户的文件访问权限。

每一个用户针对系统中的所有文件都有它自身的读、写和执行权限。第一套权限控制访问自己的文件权限，即所有者权限。第二套权限控制用户组访问其中一个用户的文件的权限。第三套权限控制其他所有用户访问一个用户的文件的权限。这 3 套权限赋予用户不同类型（即所有者、用户组和其他用户）的读、写及执行权限，就构成了一个有 9 种类型的权限组。

可以用 ls –l 或者 ll 命令显示文件的详细信息，其中包括权限。如下所示：

```
[root@RHEL7-1 ~]# ll
total 84
```

```
drwxr-xr-x  2 root root  4096   Aug   9  15:03   Desktop
-rw-r--r--  1 root root  1421   Aug   9  14:15   anaconda-ks.cfg
-rw-r--r--  1 root root  830    Aug   9  14:09   firstboot.1186639760.25
-rw-r--r--  1 root root  45592  Aug   9  14:15   install.log
-rw-r--r--  1 root root  6107   Aug   9  14:15   install.log.syslog
drwxr-xr-x  2 root root  4096   Sep   1  13:54   webmin
```

在上面的显示结果中从第二行开始，每一行的第一个字符一般用来区分文件的类型，一般取值为 d、-、l、b、c、s、p。具体含义为：

① d：表示是一个目录，在 ext 文件系统中目录也是一种特殊的文件。

② -：表示该文件是一个普通的文件。

③ l：表示该文件是一个符号链接文件，实际上它指向另一个文件。

④ b、c：分别表示该文件为区块设备或其他外围设备，是特殊类型的文件。

⑤ s、p：分别表示这些文件关系到系统的数据结构和管道，通常很少见到。

下面详细介绍权限的种类和设置权限的方法。

### 6.2.2 一般权限

在上面的显示结果中，每一行的第 2 ～ 10 个字符表示文件的访问权限。这 9 个字符每 3 个为一组，左边 3 个字符表示所有者权限，中间 3 个字符表示与所有者同一组的用户的权限，右边 3 个字符是其他用户的权限。代表的意义如下：

① 字符 2、3、4 表示该文件所有者的权限，有时也简称为 u（user）的权限。

② 字符5、6、7表示该文件所有者所属组的组成员的权限。例如，此文件拥有者属于user组群，该组群中有 6 个成员，表示这 6 个成员都有此处指定的权限。简称为 g（group）的权限。

③ 字符 8、9、10 表示该文件所有者所属组群以外的权限，简称为 o（other）的权限。

这 9 个字符根据权限种类的不同，也分为 3 种类型：

① r（read，读取）：对文件而言，具有读取文件内容的权限；对目录来说，具有浏览目录的权限。

② w（write，写入）：对文件而言，具有新增、修改文件内容的权限；对目录来说，具有删除、移动目录内文件的权限。

③ x（execute，执行）：对文件而言，具有执行文件的权限；对目录来说，具有进入目录的权限。

- 表示不具有该项权限。

下面举例说明：

- brwxr--r--：该文件是块设备文件，文件所有者具有读、写与执行的权限，其他用户则具有读取的权限。
- -rw-rw-r-x：该文件是普通文件，文件所有者与同组用户对文件具有读写的权限，而其他用户仅具有读取和执行的权限。
- drwx--x--x：该文件是目录文件，目录所有者具有读写与进入目录的权限，其他用户能进入该目录，却无法读取任何数据。
- lrwxrwxrwx：该文件是符号链接文件，文件所有者、同组用户和其他用户对该文件都具有读、写和执行权限。

每个用户都拥有自己的主目录，通常在 /home 目录下，这些主目录的默认权限为 rwx------；执行 mkdir 命令所创建的目录，其默认权限为 rwxr-xr-x，用户可以根据需要修改目录的权限。

此外，默认的权限可用 umask 命令修改，用法非常简单，只需执行 umask 777 命令，便代表屏蔽所有的权限，因而之后建立的文件或目录，其权限都变成 000，依此类推。通常 root 账号搭配 umask 命令的数值为 022、027 和 077，普通用户则是采用 002，这样所产生的默认权限依次为 755、750、700、775。有关权限的数字表示法，后面将会详细说明。

用户登录系统时，用户环境就会自动执行 rmask 命令来决定文件、目录的默认权限。

### 6.2.3 特殊权限

文件与目录设置还有特殊权限。由于特殊权限会拥有一些“特权”,因而用户若无特殊需求，不应该启用这些权限，避免安全方面出现严重漏洞，造成黑客入侵，甚至摧毁系统。

1. s 或 S（SUID，Set UID）

可执行的文件搭配这个权限，便能得到特权，任意存取该文件的所有者能使用的全部系统资源。请注意具备 SUID 权限的文件，黑客经常利用这种权限，以 SUID 配上 root 账号拥有者，无声无息地在系统中开扇后门，供日后进出使用。

2. s 或 S（SGID，Set GID）

设置在文件上面，其效果与 SUID 相同，只不过将文件所有者换成用户组，该文件就可以任意存取整个用户组所能使用的系统资源。

3. t 或 T（Sticky）

/tmp 和 /var/tmp 目录供所有用户暂时存取文件，亦即每位用户皆拥有完整的权限进入该目录，去浏览、删除和移动文件。

因为 SUID、SGID、Sticky 占用 x 的位置来表示，所以在表示上会有大小写之分。假如同时开启执行权限和 SUID、SGID、Sticky，则权限表示字符是小写的：

```
-rwsr-sr-t 1 root root 4096 6月 23 08：17 conf
```

如果关闭执行权限，则权限表示字符是大写的：

```
-rwSr-Sr-T 1 root root 4096 6月 23 08：17 conf
```

### 6.2.4 文件权限修改

在文件建立时系统会自动设置权限，如果这些默认权限无法满足需要，可以使用 chmod 命令来修改权限。通常在权限修改时可以用两种方式来表示权限类型：数字表示法和文字表示法。

chmod 命令的格式是：

```
chmod   选项   文件
```

1. 以数字表示法修改权限

数字表示法是指将读取（r）、写入（w）和执行（x）分别以 4、2、1 来表示，没有授予的部分就表示为 0,然后再把所授予的权限相加而成。表 6-2 是几个以数字表示法修改权限的例子。

表 6-2 以数字表示法修改权限的例子

| 原始权限 | 转换为数字 | 数字表示法 |
|---|---|---|
| rwxrwxr-x | (421) (421) (401) | 775 |
| rwxr-xr-x | (421) (401) (401) | 755 |
| rw-rw-r-- | (420) (420) (400) | 664 |
| rw-r--r-- | (420) (400) (400) | 644 |

例如，为文件 /yy/file 设置权限：赋予拥有者和组群成员读取和写入的权限，而其他人只有读取权限。则应该将权限设为 rw-rw-r--，而该权限的数字表示法为 664，因此可以输入下面的命令来设置权限：

```
[root@RHEL7-1 ~]# mkdir /yy
[root@RHEL7-1 ~]# cd /yy
[root@RHEL7-1 yy]# touch file
[root@RHEL7-1 yy]# ll
总用量 0
-rw-r--r--. 1 root root 0 10月  3 21:43 file
```

### 2. 以文字表示法修改访问权限

使用权限的文字表示法时，系统用 4 种字母来表示不同的用户：

- u：user，表示所有者。
- g：group，表示属组。
- o：others，表示其他用户。
- a：all，表示以上 3 种用户。

操作权限使用下面 3 种字符的组合表示法：

- r：read，读取。
- w：write，写入。
- x：execute，执行。

操作符号包括：

- +：添加某种权限。
- -：减去某种权限。
- =：赋予给定权限并取消原来的权限。

以文字表示法修改文件权限时，上例中的权限设置命令应该为：

```
[root@RHEL7-1 yy]# chmod u=rw,g=rw,o=r /yy/file
```

修改目录权限和修改文件权限相同，都是使用 chmod 命令，但不同的是，要使用通配符“*”来表示目录中的所有文件。

例如，要同时将 /yy 目录中的所有文件权限设置为所有人都可读取及写入，应该使用下面的命令：

```
[root@RHEL7-1 yy]# chmod a=rw /yy/*
//或者
[root@RHEL7-1 yy]# chmod 666 /yy/*
```

如果目录中包含其他子目录，则必须使用 -R（Recursive）参数来同时设置所有文件及子目录的权限。

利用 chmod 命令也可以修改文件的特殊权限。

例如，要设置文件 /yy/file 文件的 SUID 权限，方法为：

```
[root@RHEL7-1 yy]# chmod u+s /yy/file
[root@RHEL7-1 yy]# ll
总用量 0
-rwSrw-rw-. 1 root root 0 10月  3 21:43 file
```

特殊权限也可以采用数字表示法。SUID、SGID 和 sticky 权限分别为 4、2 和 1。使用 chmod 命令设置文件权限时，可以在普通权限的数字前面加上一位数字来表示特殊权限。例如：

```
[root@RHEL7-1 yy]# chmod 6664 /yy/file
```

```
[root@RHEL7-1 yy]# ll /yy
总用量 0
-rwSrwSr--. 1 root root 0 10月  3 21:43 file
```

### 6.2.5 文件所有者与属组修改

要修改文件的所有者可以使用 chown 命令。chown 命令格式如下所示：

```
chown  选项  用户和属组   文件列表
```

用户和属组可以是名称也可以是 UID 或 GID。多个文件之间用空格分隔。

例如，要把 /yy/file 文件的所有者修改为 test 用户，命令如下：

```
[root@RHEL7-1 yy]# chown test /yy/file
[root@RHEL7-1 yy]# ll
总计 22
-rw-rwSr--  1 test root 22 11-27 11:42 file
```

chown 命令可以同时修改文件的所有者和属组，用“：”分隔。

例如，将 /yy/file 文件的所有者和属组都改为 test 的命令如下所示：

```
[root@RHEL7-1 yy]# chown test:test /yy/file
```

如果只修改文件的属组可以使用下列命令：

```
[root@RHEL7-1 yy]# chown :test /yy/file
```

修改文件的属组也可以使用 chgrp 命令。命令范例如下所示：

```
[root@RHEL7-1 yy]# chgrp test /yy/file
```

## 6.3 常用磁盘管理工具

在 Linux 系统安装时，其中有一个步骤是进行磁盘分区。可以采用 Disk Druid、RAID 和 LVM 等方式进行分区。除此之外，在 Linux 系统中还有 fdisk、cfdisk、parted 等分区工具。本节将介绍几种常见的磁盘管理相关内容。

**注意**：下面所有的命令，都以新增一块 SCSI 硬盘为前提，新增的硬盘为 /dev/sdb。请在开始本任务前在虚拟机中增加该硬盘，然后启动系统。

1. fdisk

fdisk 磁盘分区工具在 DOS、Windows 和 Linux 中都有相应的应用程序。在 Linux 系统中，fdisk 是基于菜单的命令。用 fdisk 对硬盘进行分区，可以在 fdisk 命令后面直接加上要分区的硬盘作为参数，例如，对新增加的第二块 SCSI 硬盘进行分区的操作如下所示：

```
[root@RHEL7-1 ~]# fdisk /dev/sdb
Command (m for help):
```

在 command 提示后面输入相应的命令来选择需要的操作，输入 m 命令是列出所有可用命令。表 6-3 所示是 fdisk 命令选项。

表 6-3 fdisk 命令选项

| 命　令 | 功　能 | 命　令 | 功　能 |
| --- | --- | --- | --- |
| a | 调整硬盘启动分区 | q | 不保存更改，退出 fdisk 命令 |
| d | 删除硬盘分区 | t | 更改分区类型 |
| l | 列出所有支持的分区类型 | u | 切换所显示的分区大小的单位 |
| m | 列出所有命令 | w | 把修改写入硬盘分区表，然后退出 |
| n | 创建新分区 | x | 列出高级选项 |
| p | 列出硬盘分区表 | | |

下面以在 /dev/sdb 硬盘上创建大小为 500 MB、文件系统类型为 ext3 的 /dev/sdb1 主分区为例，讲解 fdisk 命令的用法。

① 利用如下所示命令，打开 fdisk 操作菜单。

```
[root@RHEL7-1 ~]# fdisk /dev/sdb
Command (m for help):
```

② 输入 p，查看当前分区表。从命令执行结果可以看到，/dev/sdb 硬盘并无任何分区。

```
//利用 p 命令查看当前分区表
Command (m for help): p
Disk /dev/sdb: 1073 MB, 1073741824 bytes
255 heads, 63 sectors/track, 130 cylinders
Units = cylinders of 16065 * 512 = 8225280 bytes
   Device Boot      Start       End       Blocks    Id  System
Command (m for help):
```

以上显示了 /dev/sdb 的参数和分区情况。/dev/sdb 大小为 1073 MB，磁盘有 255 个磁头、130 个柱面，每个柱面有 63 个扇区。从第 4 行开始是分区情况，依次是分区名、是否为启动分区、起始柱面、终止柱面、分区的总块数、分区 ID、文件系统类型。例如，下表所示的 /dev/sda1 分区是启动分区（带有 * 号）。起始柱面是 1，结束柱面为 12，分区大小是 96 358 块（每块的大小是 1024 个字节，即总共有 100 MB 左右的空间）。每柱面的扇区数等于磁头数乘以每柱扇区数，每两个扇区为 1 块，因此分区的块数等于分区占用的总柱面数乘以磁头数，再乘以每柱面的扇区数后除以 2。例如，/dev/sda2 的总块数 =（终止柱面 44- 起始柱面 13）× 255 × 63/2=257 040。

```
[root@RHEL7-1 ~]# fdisk /dev/sda
Command (m for help): p
Disk /dev/sda: 6442 MB, 6442450944 bytes
255 heads, 63 sectors/track, 783 cylinders
Units = cylinders of 16065 * 512 = 8225280 bytes
Device    Boot  Start      End       Blocks     Id    System
/dev/sda1   *   1          12        96358+     83    Linux
/dev/sda2       13         44        257040     82    Linux swap
/dev/sda3       45         783       5936017+   83    Linux
```

③ 输入 n，创建一个新分区。输入 p，选择创建主分区（创建扩展分区输入 e，创建逻辑分区输入 l）；输入数字 1，创建第一个主分区（主分区和扩展分区可选数字为 1~4，逻辑分区的数字标识从 5 开始）；输入此分区的起始、结束扇区，以确定当前分区的大小。也可以使用 +sizeM 或者 +sizeK 的方式指定分区大小。以上操作如下所示：

```
Command (m for help): n          // 利用 n 命令创建新分区
Command action
   e   extended
   p   primary partition (1-4)
   p                              // 输入字符 p，以创建主磁盘分区
Partition number (1-4): 1
First cylinder (1-130, default 1):
Using default value 1
Last cylinder or +size or +sizeM or +sizeK (1-130, default 130): +500M
```

④ 输入 l 可以查看已知的分区类型及其 id，其中列出 Linux 的 id 为 83。输入 t，指定 /dev/sdb1 的文件系统类型为 Linux。如下所示：

```
// 设置 /dev/sdb1 分区类型为 Linux
Command (m for help): t
Selected partition 1
Hex code (type L to list codes): 83
```

**提示**：如果不知道文件系统类型的 id 是多少，可以在上面输入"L"查找。

⑤ 分区结束后，输入 w，把分区信息写入硬盘分区表并退出。

⑥ 用同样的方法建立磁盘分区 /dev/sdb2、/dev/sdb3。

⑦ 如果要删除磁盘分区，在 fdisk 菜单下输入 d，并选择相应的磁盘分区即可。删除后输入 w，保存退出。

```
// 删除 /dev/sdb3 分区，并保存退出
Command (m for help): d
Partition number (1, 2, 3): 3
Command (m for help): w
```

2. mkfs

硬盘分区后，下一步工作就是文件系统的建立。类似于 Windows 下的格式化硬盘。在硬盘分区上建立文件系统会冲掉分区上的数据，而且不可恢复，因此在建立文件系统之前要确认分区上的数据不再使用。建立文件系统的命令是 mkfs，格式如下：

```
mkfs    [参数]    文件系统
```

mkfs 命令常用的参数选项如下：

- -t：指定要创建的文件系统类型。
- -c：建立文件系统前首先检查坏块。
- -l file：从文件 file 中读磁盘坏块列表，file 文件一般是由磁盘坏块检查程序产生的。
- -V：输出建立文件系统详细信息。

例如，在 /dev/sdb1 上建立 ext4 类型的文件系统，建立时检查磁盘坏块并显示详细信息。如下所示：

```
[root@RHEL7-1 ~]# mkfs -t ext4 -V -c /dev/sdb1
```

完成了存储设备的分区和格式化操作，接下来就是要来挂载并使用存储设备了。与之相关的步骤也非常简单：首先是创建一个用于挂载设备的挂载点目录；然后使用 mount 命令将存储设备

与挂载点进行关联；最后使用 df -h 命令查看挂载状态和硬盘使用量信息。

```
[root@RHEL7-1 ~]# mkdir /newFS
[root@RHEL7-1 ~]# mount /dev/sdb1 /newFS/
[root@RHEL7-1 ~]# df -h
Filesystem       Size  Used Avail   Use%  Mounted on
dev/sda2         9.8G   86M  9.2G    1%    /
devtmpfs         897M     0  897M    0%    /dev
tmpfs            912M     0  912M    0%    /dev/shm
tmpfs            912M  9.0M  903M    1%    /run
tmpfs            912M     0  912M    0%    /sys/fs/cgroup
/dev/sda8        8.0G  3.0G  5.1G    38%   /usr
/dev/sda7        976M  2.7M  907M    1%    /tmp
/dev/sda3        7.8G   41M  7.3G    1%    /home
/dev/sda5        7.8G  140M  7.2G    2%    /var
/dev/sda1        269M  145M  107M    58%   /boot
tmpfs            183M   36K  183M    1%    /run/user/0 S
```

### 3. fsck

fsck 命令主要用于检查文件系统的正确性，并对 Linux 磁盘进行修复。fsck 命令的格式如下：

```
fsck   [参数选项]  文件系统
```

fsck 命令常用的参数选项如下：

- -t：给定文件系统类型，若在 /etc/fstab 中已有定义或 kernel 本身已支持的不需添加此项。
- -s：一个一个地执行 fsck 命令进行检查。
- -A：对 /etc/fstab 中所有列出来的分区进行检查。
- -C：显示完整的检查进度。
- -d：列出 fsck 的 debug 结果。
- -P：在同时有 -A 选项时，多个 fsck 的检查一起执行。
- -a：如果检查中发现错误，则自动修复。
- -r：如果检查有错误，询问是否修复。

例如，检查分区 /dev/sdb1 上是否有错误，如果有错误则自动修复（必须先把磁盘卸载才能检查分区）。

```
[root@RHEL7-1 ~]# umount /dev/sdb1
[root@RHEL7-1 ~]# fsck -a /dev/sdb1
fsck 1.35 (28-Feb-2004)
/dev/sdb1: clean, 11/128016 files, 26684/512000 blocks
```

### 4. 使用 dd 建立和使用交换文件

当系统的交换分区不能满足系统的要求而磁盘上又没有可用空间时，可以使用交换文件提供虚拟内存。

```
[root@RHEL7-1 ~]# dd  if=/dev/zero  of=/swap  bs=1024  count=10240
```

上述命令的结果在硬盘的根目录下建立了一个块大小为 1024 B、块数为 10240 的名为 swap 的交换文件。该文件的大小为 1024 × 10240=10 MB。

建立 /swap 交换文件后，使用 mkswap 命令说明该文件用于交换空间。

```
[root@RHEL7-1 ~]# mkswap  /swap  10240
```

利用 swapon 命令可以激活交换空间，也可以利用 swapoff 命令卸载被激活的交换空间。

```
[root@RHEL7-1 ~]# swapon  /swap
[root@RHEL7-1 ~]# swapoff  /swap
```

5. df

df 命令用来查看文件系统的磁盘空间占用情况。可以利用该命令来获取硬盘被占用了多少空间，以及目前还有多少空间等信息，还可以利用该命令获得文件系统的挂载位置。

df 命令格式如下：

```
df  [参数选项]
```

df 命令的常见参数选项如下：

- -a：显示所有文件系统磁盘使用情况，包括 0 块的文件系统，如 /proc 文件系统。
- -k：以 k 字节为单位显示。
- -i：显示 i 节点信息。
- -t：显示各指定类型的文件系统的磁盘空间使用情况。
- -x：列出不是某一指定类型文件系统的磁盘空间使用情况（与 t 选项相反）。
- -T：显示文件系统类型。

例如，列出各文件系统的占用情况：

```
[root@RHEL7-1 ~]# df
Filesystem      1K-blocks          Used    Available  Use%  Mounted on
…
/dev/sda3     8125880              41436    7648632   1%      /home
/dev/sda5     8125880              142784  7547284   2%      /var
/dev/sda1      275387              147673    108975   58%     /boot
tmpfs          186704              36         186668   1%      /run/user/0
```

列出各文件系统的 i 节点使用情况：

```
[root@RHEL7-1 ~]# df -ia
Filesystem     Inodes     IUsed    IFree     IUse%     Mounted on
rootfs           -          -        -         -         /
sysfs            0          0        0         -         /sys
proc             0          0        0         -         /proc
devtmpfs       229616      411     229205    1%        /dev
…
```

列出文件系统类型：

```
[root@RHEL7-1 ~]# df -T
Filesystem     Type       1K-blocks   Used    Available    Use%   Mounted on
/dev/sda2      ext4        10190100   98264    9551164      2%      /
devtmpfs       devtmpfs      918464       0     918464      0%      /dev
…
```

6. du

du 命令用于显示磁盘空间的使用情况。该命令逐级显示指定目录的每一级子目录占用文件系统数据块的情况。du 命令语法如下：

```
du [参数选项] [文件或目录名称]
```

du 命令的参数选项如下：

- -s：对每个 name 参数只给出占用的数据块总数。
- -a：递归显示指定目录中各文件及子目录中各文件占用的数据块数。
- -b：以字节为单位列出磁盘空间使用情况（AS 4.0 中默认以 KB 为单位）。
- -k：以 1024 字节为单位列出磁盘空间使用情况。
- -c：在统计后加上一个总计（系统默认设置）。
- -l：计算所有文件大小，对硬链接文件重复计算。
- -x：跳过在不同文件系统上的目录，不予统计。

例如，以字节为单位列出所有文件和目录的磁盘空间占用情况。命令如下所示：

```
[root@RHEL7-1 ~]# du -ab
```

7. mount 与 umount

（1）mount

在磁盘上建立好文件系统之后，还需要把新建立的文件系统挂载到系统上才能使用。这个过程称为挂载，文件系统所挂载到的目录称为挂载点（mount point）。Linux 系统中提供了 /mnt 和 /media 两个专门的挂载点。一般而言，挂载点应该是一个空目录，否则目录中原来的文件将被系统隐藏。通常将光盘和软盘挂载到 /media/cdrom（或者 /mnt/cdrom）和 /media/floppy（或者 /mnt/floppy）中，其对应的设备文件名分别为 /dev/cdrom 和 /dev/fd0。

文件系统的挂载可以在系统引导过程中自动挂载，也可以手动挂载，手动挂载文件系统的挂载命令是 mount。该命令的语法格式如下：

```
mount  选项  设备  挂载点
```

mount 命令的主要选项如下：

- -t：指定要挂载的文件系统的类型。
- -r：如果不想修改要挂载的文件系统，可以使用该选项以只读方式挂载。
- -w：以可写的方式挂载文件系统。
- -a：挂载 /etc/fstab 文件中记录的设备。

把文件系统类型为 ext4 的磁盘分区 /dev/sdb1 挂载到 /newFS 目录下，可以使用命令：

```
[root@RHEL7-1 ~]# mount -t ext4 /dev/sdb1 /newFS
```

挂载光盘可以使用下列命令：

```
[root@rhel7-1 ~]# mkdir /media/cdrom
[root@RHEL7-1 ~]# mount -t iso9660 /dev/cdrom  /media/cdrom
```

（2）umount

文件系统可以被挂载也可以被卸载。卸载文件系统的命令是 umount。umount 命令的格式为：

```
umount 设备 挂载点
```

例如，卸载光盘可以使用命令：

```
[root@RHEL7-1 ~]# umount /media/cdrom
```

**注意**：光盘在没有卸载之前，无法从驱动器中弹出。正在使用的文件系统不能卸载。

8. 文件系统的自动挂载

如果要实现每次开机自动挂载文件系统，可以通过编辑 /etc/fstab 文件来实现。在 /etc/fstab 中列出了引导系统时需要挂载的文件系统以及文件系统的类型和挂载参数。系统在引导过程中会读取 /etc/fstab 文件，并根据该文件的配置参数挂载相应的文件系统。以下是一个 fstab 文件的内容：

```
[root@RHEL7-1 ~]# cat /etc/fstab
# This file is edited by fstab-sync - see 'man fstab-sync' for details
LABEL=/           /               ext4     defaults                          1 1
LABEL=/boot       /boot           ext4     defaults                          1 2
none              /dev/pts        devpts   gid=5,mode=620                    0 0
none              /dev/shm        tmpfs    defaults                          0 0
none              /proc           proc     defaults                          0 0
none              /sys            sysfs    defaults                          0 0
LABEL=SWAP-sda2   swap            swap     defaults                          0 0
/dev/sdb2         /media/sdb2     ext4     rw,grpquota,usrquota              0 0
/dev/hdc          /media/cdrom    auto     pamconsole,exec,noauto,managed 0 0
/dev/fd0          /media/floppy   auto     pamconsole,exec,noauto,managed 0 0
```

/etc/fstab 文件的每一行代表一个文件系统，每一行又包含 6 列，这 6 列的内容如下所示：

```
fs_spec   fs_file   fs_vfstype   fs_mntops   fs_freq   fs_passno
```

具体含义如下：

- fs_spec：将要挂载的设备文件。
- fs_file：文件系统的挂载点。
- fs_vfstype：文件系统类型。
- fs_mntops：挂载选项，决定传递给 mount 命令时如何挂载，各选项之间用逗号隔开。
- fs_freq：由 dump 程序决定文件系统是否需要备份，0 表示不备份，1 表示备份。
- fs_passno：由 fsck 程序决定引导时是否检查磁盘以及检查次序，取值可以为 0、1、2。

例如，如果实现每次开机自动将文件系统类型为 vfat 的分区 /dev/sdb3 自动挂载到 /media/sdb3 目录下，需要在 /etc/fstab 文件中添加下面一行内容，重新启动计算机后，/dev/sdb3 就能自动挂载了。

```
/dev/sdb3    /media/sdb3    vfat    defaults    0   0
```

## 6.4 在 Linux 中配置软 RAID

RAID（Redundant Array of Inexpensive Disks，独立磁盘冗余阵列）用于将多个廉价的小型磁盘驱动器合并成一个磁盘阵列，以提高存储性能和容错功能。RAID 可分为软 RAID 和硬 RAID。软 RAID 是通过软件实现多块硬盘冗余的。而硬 RAID 一般是通过 RAID 卡来实现 RAID 的。前者配置简单，管理也比较灵活，对于中小企业来说不失为一种最佳选择。硬 RAID 在性能方面具有一定优势，但往往花费比较贵。

### 6.4.1 软 RAID 概述

RAID 作为高性能的存储系统，已经得到了越来越广泛的应用。RAID 的级别从 RAID 概念的提出到现在，已经发展了 6 个级别，其级别分别是 0、1、2、3、4、5。其中最常用的是 0、1、3、5 这 4 个级别。

RAID0：将多个磁盘合并成一个大的磁盘，不具有冗余，并行 I/O，速度最快。RAID 0 也称带区集。它是将多个磁盘并列起来，成为一个大硬盘。在存放数据时，其将数据按磁盘的个数来进行分段，然后同时将这些数据写进这些盘中，如图 6-3 所示。

在所有的级别中，RAID0 的速度是最快的。但是 RAID0 没有冗余功能，如果一个磁盘（物理）损坏，则所有的数据都无法使用。

RAID1：把磁盘阵列中的硬盘分成相同的两组，互为镜像，当任一磁盘介质出现故障时，可以利用其镜像上的数据恢复，从而提高系统的容错能力。对数据的操作仍采用分块后并行传输方式。RAID1 不仅提高了读写速度，也加强了系统的可靠性。其缺点是硬盘的利用率低，只有 50%，如图 6-4 所示。

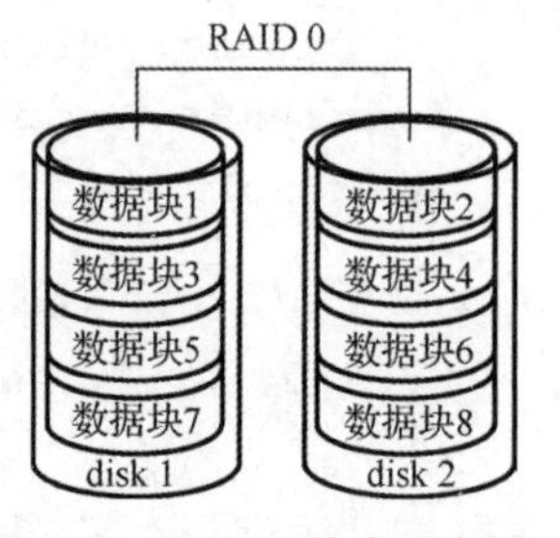


图 6-3 RAID0 技术示意图

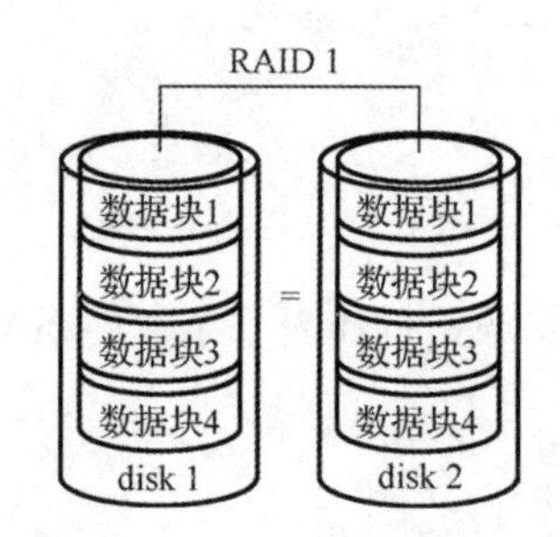


图 6-4 RAID1 技术示意图

RAID3：RAID3 存放数据的原理和 RAID0、RAID1 不同。RAID3 是以一个硬盘来存放数据的奇偶校验位，数据则分段存储于其余硬盘中。它像 RAID0 一样以并行的方式来存放数据，但速度没有 RAID0 快。如果数据盘（物理）损坏，只要将坏的硬盘换掉，RAID 控制系统就会根据校验盘的数据校验位在新盘中重建坏盘上的数据。不过，如果校验盘（物理）损坏，则全部数据都无法使用。利用单独的校验盘来保护数据虽然没有镜像的安全性高，但是硬盘利用率得到了很大的提高，为 $(n-1)/n$（$n$ 为硬盘块数）。

RAID5：向阵列中的磁盘写数据，奇偶校验数据存放在阵列中的各个盘上，允许单个磁盘出错。RAID5 也是以数据的校验位来保证数据的安全，但它不是以单独硬盘来存放数据的校验位，而是将数据段的校验位交互存放于各个硬盘上。这样任何一个硬盘损坏，都可以根据其他硬盘上的校验位来重建损坏的数据。硬盘的利用率为 $(n-1)/n$，如图 6-5 所示。

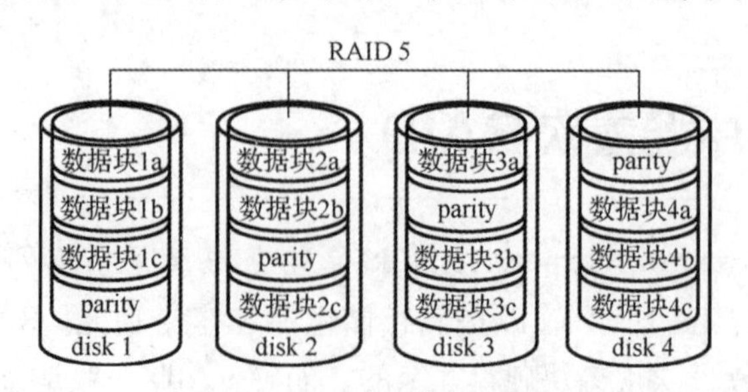


图 6-5 RAID5 技术示意图

Red Hat Enterprise Linux 提供了对软 RAID 技术的支持。在 Linux 系统中建立软 RAID 可以使用 mdadm 工具建立和管理 RAID 设备。

## 6.4.2 创建与挂载 RAID 设备

下面以 4 块硬盘 /dev/sdb、/dev/sdc、/dev/sdd、/dev/sde 为例来讲解 RAID5 的创建方法。（利用 VMware 虚拟机，事先安装 4 块 SCSI 硬盘。）

1. 创建 4 个磁盘分区

使用 fdisk 命令重新创建 4 个磁盘分区 /dev/sdb1、/dev/sdc1、/dev/sdd1、/dev/sde1，容量大小一致，都为 500 MB，并设置分区类型 id 为 fd（Linux raid autodetect），下面以创建 /dev/sdb1 磁盘分区为例（先删除原来的分区，如果是新磁盘直接分区）。

```
[root@RHEL7-1 ~]# fdisk /dev/sdb
Welcome to fdisk (util-linux 2.23.2).
Changes will remain in memory only, until you decide to write them.
Be careful before using the write command.
Command (m for help): d                                    //删除分区命令
Partition number (1,2, default 2):
Partition 2 is deleted                                     //删除分区 2
Command (m for help): d                                    //删除分区命令
Selected partition 1
Partition 1 is deleted
Command (m for help): n                                    //创建分区
Partition type:
   p   primary (0 primary, 0 extended, 4 free)
   e   extended
Select (default p): p                                      //创建主分区 1
Using default response p
Partition number (1-4, default 1): 1                       //创建主分区 1
First sector (2048-41943039, default 2048):
Using default value 2048
Last sector, +sectors or +size{K,M,G} (2048-41943039, default 41943039): +500 M
                                                           //分区容量为 500 MB
Partition 1 of type Linux and of size 500 MiB is set
Command (m for help): t                                    //设置文件系统
Selected partition 1
Hex code (type L to list all codes): fd                    //设置文件系统为 fd
Changed type of partition ‘Linux’ to ‘Linux raid autodetect’
Command (m for help): w                                    //存盘退出
```

用同样方法创建其他 3 个硬盘分区，运行 partprobe 命令或重启系统，分区结果如下：

```
[root@RHEL7-1 ~]# partprobe         //不重新启动系统而使分区划分有效，务必!
[root@RHEL7-1 ~]# reboot            //或重新启动计算机
[root@RHEL7-1 ~]# fdisk -l
Device Boot       Start       End       Blocks    Id  System
/dev/sdb1         2048     1026047      512000    fd  Linux raid autodetect
/dev/sdc1         2048     1026047      512000    fd  Linux raid autodetect
/dev/sdd1         2048     1026047      512000    fd  Linux raid autodetect
/dev/sde1         2048     1026047      512000    fd  Linux raid autodetect
```

2. 使用 mdadm 命令创建 RAID5

RAID 设备名称为 /dev/mdX。其中 X 为设备编号，该编号从 0 开始。

```
[root@RHEL7-1~]#mdadm --create /dev/md0 --level=5 --raid-devices=3 --spare-devices=1 /dev/sd[b-e]1
mdadm: array /dev/md0 started.
```

上述命令中指定 RAID 设备名为 /dev/md0，级别为 5，使用 3 个设备建立 RAID，空余一个留做备用。上面的语法中，最后面是装置文件名，这些装置文件名可以是整个磁盘，例如 /dev/sdb，也可以是磁盘上的分区，例如 /dev/sdb1 之类。不过，这些装置文件名的总数必须要等于 --raid-devices 与 --spare-devices 的个数总和。此例中，/dev/sd[b-e]1 是一种简写，表示 /dev/sdb1、/dev/sdc1、/dev/sdd1、/dev/sde1，其中 /dev/sde1 为备用。

3. 为新建立的 /dev/md0 建立类型为 ext4 的文件系统

```
[root@RHEL7-1 ~]mkfs -t ext4 -c /dev/md0
```

4. 查看建立的 RAID5 的具体情况（注意哪个是备用）

```
[root@RHEL7-1 ~]mdadm --detail /dev/md0
/dev/md0:
        Version    : 1.2
     Creation Time : Mon May 28 05:45:21 2018
     Raid Level    : raid5
     Array Size    : 1021952 (998.00 MiB 1046.48 MB)
     Used Dev Size : 510976 (499.00 MiB 523.24 MB)
      Raid Devices : 3
     Total Devices : 4
       Persistence : Superblock is persistent

       Update Time : Mon May 28 05:47:36 2018
          State    : clean
    Active Devices : 3
   Working Devices : 4
    Failed Devices : 0
     Spare Devices : 1

         Layout    : left-symmetric
     Chunk Size    : 512K

Consistency Policy : resync

           Name    : RHEL7-1:0  (local to host RHEL7-2)
           UUID    : 082401ed:7e3b0286:58eac7e2:a0c2f0fd
         Events    : 18

    Number   Major   Minor   RaidDevice State
       0       8       17        0      active sync   /dev/sdb1
       1       8       33        1      active sync   /dev/sdc1
       4       8       49        2      active sync   /dev/sdd1
       3       8       65        -      spare         /dev/sde1
```

5. 将 RAID 设备挂载

将 RAID 设备 /dev/md0 挂载到指定的目录 /media/md0 中，并显示该设备中的内容。

```
[root@RHEL7-1 ~]# mkdir /media/md0
[root@RHEL7-1 ~]# mount /dev/md0 /media/md0 ;  ls  /media/md0
lost+found
[root@RHEL7-1 ~]# cd /media/md0
//写入一个 50 MB 的文件 50_file 供数据恢复时测试用
[root@RHEL7-1 md0]# dd if=/dev/zero of=50_file count=1 bs=50M; ll
1+0 records in
1+0 records out
52428800 bytes (52 MB) copied, 0.550244 s, 95.3 MB/s
total 51216
-rw-r--r--. 1 root root 52428800 May 28 16:00 50_file
drwx------. 2 root root    16384 May 28 15:54 lost+found
[root@RHEL7-1 ~]# cd
```

### 6.4.3 RAID 设备的数据恢复

如果 RAID 设备中的某块硬盘损坏，系统会自动停止这块硬盘的工作，让后备的那块硬盘代替损坏的硬盘继续工作。例如，假设 /dev/sdc1 损坏。更换损坏的 RAID 设备中成员的方法如下：

① 将损坏的 RAID 成员标记为失效。

```
[root@RHEL7-1 ~]#mdadm  /dev/md0  --fail  /dev/sdc1
```

② 移除失效的 RAID 成员。

```
[root@RHEL7-1 ~]#mdadm  /dev/md0  --remove  /dev/sdc1
```

③ 更换硬盘设备，添加一个新的 RAID 成员（注意上面查看 RAID5 的情况）。备份硬盘一般会自动替换。

```
[root@RHEL7-1 ~]#mdadm  /dev/md0  --add  /dev/sde1
```

④ 查看 RAID5 下的文件是否损坏，同时再次查看 RAID5 的情况。

```
[root@RHEL7-1 ~]#ll  /media/md0
[root@RHEL7-1 ~]#mdadm --detail /dev/md0
/dev/md0:
      …
    Number   Major   Minor   RaidDevice State
       0       8       17       0      active sync   /dev/sdb1
       3       8       65       1      active sync   /dev/sde1
       4       8       49       2      active sync   /dev/sdd1
```

RAID5 中失效硬盘已被成功替换。

**说明**：mdadm 命令参数中凡是以“--”引出的参数选项，与“-”加单词首字母的方式等价。例如“--remove”等价于“-r”，“--add”等价于“-a”。

⑤ 当不再使用 RAID 设备时，可以使用命令“mdadm -S /dev/md*X*”的方式停止 RAID 设备，

然后重启系统。（注意，先卸载再停止）

```
[root@RHEL7-2 ~]# umount /dev/md0  /media/md0
umount: /media/md0: not mounted
[root@RHEL7-2 ~]# mdadm  -S  /dev/md0
mdadm: stopped /dev/md0
[root@server1 ~]# reboot
```

## 6.5 LVM 逻辑卷管理器

前面学习的硬盘设备管理技术虽然能够有效地提高硬盘设备的读写速度以及数据的安全性，但是在硬盘分好区或者部署为 RAID 磁盘阵列之后，再想修改硬盘分区大小就不容易了。换句话说，当用户想要随着实际需求的变化调整硬盘分区的大小时，会受到硬盘“灵活性”的限制。这时就需要用到另外一项非常普及的硬盘设备资源管理技术了——LVM（逻辑卷管理器）。LVM 可以允许用户对硬盘资源进行动态调整。

逻辑卷管理器是 Linux 系统用于对硬盘分区进行管理的一种机制，理论性较强，其创建初衷是为了解决硬盘设备在创建分区后不易修改分区大小的缺陷。尽管对传统的硬盘分区进行强制扩容或缩容从理论上来讲是可行的，但是却可能造成数据的丢失。而 LVM 技术是在硬盘分区和文件系统之间添加了一个逻辑层，它提供了一个抽象的卷组，可以把多块硬盘进行卷组合并。这样一来，用户不必关心物理硬盘设备的底层架构和布局，就可以实现对硬盘分区的动态调整。LVM 的技术架构如图 6-6 所示。

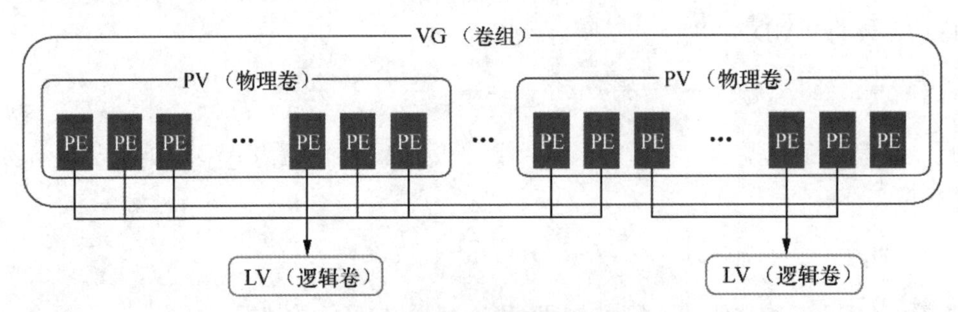


图 6-6　逻辑卷管理器的技术结构

物理卷处于 LVM 中的底层，可以将其理解为物理硬盘、硬盘分区或者 RAID 磁盘阵列。卷组建立在物理卷之上，一个卷组可以包含多个物理卷，而且在卷组创建之后也可以继续向其中添加新的物理卷。逻辑卷是用卷组中空闲的资源建立的，并且逻辑卷在建立后可以动态地扩展或缩小空间。这就是 LVM 的核心理念。

### 6.5.1 部署逻辑卷

一般而言，在生产环境中无法精确地评估每个硬盘分区在日后的使用情况，因此会导致原先分配的硬盘分区不够用。比如，伴随着业务量的增加，用于存放交易记录的数据库目录的体积也随之增加；因为分析并记录用户的行为从而导致日志目录的体积不断变大，这些都会导致原有的硬盘分区在使用上捉襟见肘。而且，还存在对较大的硬盘分区进行精简缩容的情况。

可以通过部署 LVM 来解决上述问题。部署 LVM 时，需要逐个配置物理卷、卷组和逻辑卷。常用的 LVM 部署命令如表 6-4 所示。

表 6-4　常用的 LVM 部署命令

| 功能 / 命令 | 物理卷管理 | 卷组管理 | 逻辑卷管理 |
| --- | --- | --- | --- |
| 扫描 | pvscan | vgscan | lvscan |
| 建立 | pvcreate | vgcreate | lvcreate |
| 显示 | pvdisplay | vgdisplay | lvdisplay |
| 删除 | pvremove | vgremove | lvremove |
| 扩展 |  | vgextend | lvextend |
| 缩小 |  | vgreduce | lvreduce |

为了避免多个实验之间相互发生冲突，请大家自行将虚拟机还原到初始状态，并在虚拟机中重新添加 5 块新硬盘设备，然后开机，如图 6-7 所示。

图 6-7　在虚拟机中添加 5 块新的硬盘设备

在虚拟机中添加 5 块新硬盘设备的目的，是为了更好地演示 LVM 理念中用户无须关心底层物理硬盘设备的特性。先对其中 2 块新硬盘进行创建物理卷的操作，可以将该操作简单理解成让硬盘设备支持 LVM 技术，或者理解成是把硬盘设备加入 LVM 技术可用的硬件资源池中，然后对这两块硬盘进行卷组合并，卷组的名称可以由用户自定义。接下来，根据需求把合并后的卷组切割出一个约为 150 MB 的逻辑卷设备，最后把这个逻辑卷设备格式化成 ext4 文件系统后挂载使用。在下文中，将对每一个步骤再作一些简单的描述。

① 让新添加的两块硬盘设备支持 LVM 技术。

```
[root@RHEL7-1 ~]# pvcreate /dev/sdb /dev/sdc
 Physical volume "/dev/sdb" successfully created.
  Physical volume "/dev/sdc" successfully created.
```

② 把两块硬盘设备加入到 storage 卷组中，然后查看卷组的状态。

```
[root@RHEL7-1 ~]# vgcreate storage /dev/sdb /dev/sdc
 Volume group "storage" successfully created
[root@RHEL7-1 ~]# vgdisplay
  --- Volume group ---
  VG Name               storage
```

```
...
VG Size              39.99 GiB
PE Size              4.00 MiB
Total PE             10238
```

③ 切割出一个约为 150 MB 的逻辑卷设备。

这里需要注意切割单位的问题。在对逻辑卷进行切割时有两种计量单位。第一种是以容量为单位，所使用的参数为 -L。例如，使用 -L 150 M 生成一个大小为 150 MB 的逻辑卷。另外一种是以基本单元的个数为单位，所使用的参数为 -l。每个基本单元的大小默认为 4 MB。例如，使用 -l 37 可以生成一个大小为 37×4 MB=148 MB 的逻辑卷。

```
[root@RHEL7-1 ~]# lvcreate -n vo -l 37 storage
 Logical volume "vo" created
[root@RHEL7-1 ~]# lvdisplay
 --- Logical volume ---
 ...
 # open 0
 LV Size 148.00 MiB
 Current LE 37
 Segments 1
 ...
```

④ 把生成好的逻辑卷进行格式化，然后挂载使用。

Linux 系统会把 LVM 中的逻辑卷设备存放在 /dev 设备目录中(实际上是做了一个符号链接)，同时会以卷组的名称来建立一个目录，其中保存了逻辑卷的设备映射文件（即 /dev/ 卷组名称 / 逻辑卷名称)。

```
[root@RHEL7-1 ~]# mkfs.ext4 /dev/storage/vo
mke2fs 1.42.9 (28-Dec-2013)
Filesystem label=
OS type: Linux
Block size=1024 (log=0)
Fragment size=1024 (log=0)
Stride=0 blocks, Stripe width=0 blocks
38000 inodes, 151552 blocks
7577 blocks (5.00%) reserved for the super user
First data block=1
Maximum filesystem blocks=33816576
19 block groups
8192 blocks per group, 8192 fragments per group
2000 inodes per group
Superblock backups stored on blocks:
    8193, 24577, 40961, 57345, 73729

Allocating group tables: done
Writing inode tables: done
Creating journal (4096 blocks): done
Writing superblocks and filesystem accounting information: done
[root@RHEL7-1 ~]# mkdir /bobby
```

```
[root@RHEL7-1 ~]# mount /dev/storage/vo /bobby
```

⑤ 查看挂载状态，并写入到配置文件，使其永久生效（做下个实验时一定恢复到初始状态）。

```
[root@RHEL7-1 ~]# df -h
ilesystem                 Size   Used   Avail  Use%   Mounted on
…
tmpfs                     183M   20K    183M    1%    /run/user/0
/dev/mapper/storage-vo    140M   1.6M   128M    2%    /bobby
[root@RHEL7-1 ~]# echo "/dev/storage/vo /bobby ext4 defaults 0 0">>/etc/fstab
```

## 6.5.2 扩容逻辑卷

在前面的实验中，卷组是由两块硬盘设备共同组成的。用户在使用存储设备时感觉不到设备底层的架构和布局，更不用关心底层是由多少块硬盘组成的，只要卷组中有足够的资源，就可以一直为逻辑卷扩容。扩展前请一定要记得卸载设备和挂载点的关联。

```
[root@RHEL7-1 ~]# umount /bobby
```

① 增加新的物理卷到卷组。

当卷组中没有足够的空间分配给逻辑卷时，可以用给卷组增加物理卷的方法来增加卷组的空间。下面先增加的 /dev/sdd 磁盘支持 LVM 技术，再将 /dev/sdd 物理卷加到 storage 卷组。

```
[root@RHEL7-1 ~]#  pvcreate /dev/sdd
[root@RHEL7-1 ~]# vgextend storage /dev/sdd
Volume group "storage" successfully extended
[root@RHEL7-1 ~]# vgdisplay
```

② 把上一个实验中的逻辑卷 vo 扩展至 290 MB。

```
[root@RHEL7-1 ~]# lvextend -L 290M /dev/storage/vo
 Rounding size to boundary between physical extents: 292.00 MiB
 Extending logical volume vo to 292.00 MiB
 Logical volume vo successfully resized
```

③ 检查硬盘完整性，并重置硬盘容量。

```
[root@RHEL7-1 ~]# e2fsck -f /dev/storage/vo
e2fsck 1.42.9 (28-Dec-2013)
Pass 1: Checking inodes, blocks, and sizes
Pass 2: Checking directory structure
Pass 3: Checking directory connectivity
Pass 4: Checking reference counts
Pass 5: Checking group summary information
/dev/storage/vo: 11/38000 files(0.0% non-contiguous),10453/151552 blocks
[root@RHEL7-1 ~]# resize2fs /dev/storage/vo
resize2fs 1.42.9 (28-Dec-2013)
Resizing the filesystem on /dev/storage/vo to 299008 (1k) blocks.
The filesystem on /dev/storage/vo is now 299008 blocks long.
```

④ 重新挂载硬盘设备并查看挂载状态。

```
[root@RHEL7-1 ~]# mount -a
```

```
[root@RHEL7-1 ~]# df -h
Filesystem            Size  Used Avail Use% Mounted on
…
tmpfs               183M   20K  183M   1% /run/user/0
/dev/mapper/storage-vo  279M  2.1M  259M   1% /bobby
```

### 6.5.3 缩小逻辑卷

相较于扩容逻辑卷，在对逻辑卷进行缩容操作时，其丢失数据的风险更大。所以在生产环境中执行相应操作时，一定要提前备份好数据。另外 Linux 系统规定，在对 LVM 逻辑卷进行缩容操作之前，要先检查文件系统的完整性（这也是为了保证数据安全）。在执行缩容操作前记得先把文件系统卸载掉。

```
[root@RHEL7-1 ~]# umount /bobby
```

① 检查文件系统的完整性。

```
[root@RHEL7-1 ~]# e2fsck -f /dev/storage/vo
```

② 把逻辑卷 vo 的容量减小到 120 MB。

```
[root@RHEL7-1 ~]# resize2fs /dev/storage/vo 120M
resize2fs 1.42.9 (28-Dec-2013)
Resizing the filesystem on /dev/storage/vo to 122880 (1k) blocks.
The filesystem on /dev/storage/vo is now 122880 blocks long.
[root@RHEL7-1 ~]# lvreduce -L 120M /dev/storage/vo
WARNING: Reducing active logical volume to 120.00 MiB
THIS MAY DESTROY YOUR DATA (filesystem etc.)
Do you really want to reduce vo? [y/n]: y
Reducing logical volume vo to 120.00 MiB
Logical volume vo successfully resized
```

③ 重新挂载文件系统并查看系统状态。

```
[root@RHEL7-1 ~]# mount -a
[root@RHEL7-1 ~]# df -h
Filesystem            Size  Used Avail Use% Mounted on
…
/dev/mapper/storage-vo  113M  1.6M  103M   2% /bobby
```

### 6.5.4 删除逻辑卷

当生产环境中想要重新部署 LVM 或者不再需要使用 LVM 时，则需要执行 LVM 的删除操作。为此，需要提前备份好重要的数据信息，然后依次删除逻辑卷、卷组、物理卷设备，这个顺序不可颠倒。

① 取消逻辑卷与目录的挂载关联，删除配置文件中永久生效的设备参数。

```
[root@RHEL7-1 ~]# umount /bobby
[root@RHEL7-1 ~]# vim /etc/fstab
…
/dev/cdrom          /media/cdrom iso9660   defaults  0 0
#dev/storage/vo /bobby ext4 defaults 0 0     //删除，或在前面加上#
```

② 删除逻辑卷设备，需要输入 y 来确认操作。

```
[root@RHEL7-1 ~]# lvremove /dev/storage/vo
Do you really want to remove active logical volume vo? [y/n]: y
Logical volume "vo" successfully removed
```

③ 删除卷组，此处只写卷组名称即可，不需要设备的绝对路径。

```
[root@RHEL7-1 ~]# vgremove storage
Volume group “storage” successfully removed
```

④ 删除物理卷设备。

```
[root@RHEL7-1 ~]# pvremove /dev/sdb /dev/sdc
Labels on physical volume "/dev/sdb" successfully wiped
Labels on physical volume "/dev/sdc" successfully wiped
```

在上述操作执行完毕之后，再执行 lvdisplay、vgdisplay、pvdisplay 命令来查看 LVM 的信息时就不会再看到信息了（前提是上述步骤的操作是正确的）。

## ◎ 练　习　题

一、选择题

1. 假定 Kernel 支持 vfat 分区，（　　）操作是将 /dev/hda1（一个 Windows 分区）加载到 /win 目录。

A. mount -t windows /win /dev/hda1　　B. mount -fs=msdos /dev/hda1 /win

C. mount -s win /dev/hda1 /win　　D. mount –t vfat /dev/hda1 /win

2. 关于 /etc/fstab 的正确描述是（　　）。

A. 启动系统后，由系统自动产生

B. 用于管理文件系统信息

C. 用于设置命名规则，设置是否可以使用 Tab 来命名一个文件

D. 保存硬件信息

3. 存放 Linux 基本命令的目录是（　　）。

A. /bin　　B. /tmp　　C. /lib　　D. /root

4. 对于普通用户创建的新目录，（　　）是默认的访问权限。

A. rwxr-xr-x　　B. rw-rwxrw-

C. rwxrw-rw-　　D. rwxrwxrw-

5. 如果当前目录是 /home/sea/china，那么 china 的父目录是（　　）目录。

A. /home/sea　　B. /home/　　C. /　　D. /sea

6. 系统中有用户 user1 和 user2，同属于 users 组。在 user1 用户目录下有一文件 file1，它拥有 644 的权限，如果 user2 想修改 user1 用户目录下的 file1 文件，应拥有（　　）权限。

A. 744　　B. 664　　C. 646　　D. 746

7. 在一个新分区上建立文件系统应该使用命令（　　）。

A. fdisk　　B. makefs　　C. mkfs　　D. format

8. 用 ls-al 命令列出下面的文件列表，其中（　　）文件是符号链接文件。

A. -rw------- 2 hel-s users 56 Sep 09 11:05 hello

B. -rw------- 2 hel-s users 56 Sep 09 11:05 goodbey

C. drwx----- 1 hel users 1024 Sep 10 08:10 zhang

D. lrwx----- 1 hel users 2024 Sep 12 08:12 cheng

9. Linux 文件系统的目录结构是一棵倒挂的树，文件都按其作用分门别类地放在相关的目录中。现有一个外围设备文件，应该将其放在（　　）目录中。

A. /bin　　B. /etc　　C. /dev　　D. lib

10. 如果 umask 设置为 022，那么默认的创建的文件权限为（　　）。

A. ----w--w-　　B. -rwxr-xr-x

C. r-xr-x---　　D. rw-r--r--

二、填空题

1. 文件系统（File System）是磁盘上有特定格式的一片区域，操作系统利用文件系统______和______文件。

2. ext 文件系统在 1992 年 4 月完成，称为______，是第一个专门针对 Linux 操作系统的文件系统。Linux 系统使用______文件系统。

3. ______是光盘所使用的标准文件系统。

4. Linux 的文件系统是采用阶层式的______结构，在该结构中的最上层是______。

5. 默认的权限可用______命令修改，用法非常简单，只需执行______命令，便代表屏蔽所有的权限，因而之后建立的文件或目录，其权限都变成______。

6. 在 Linux 系统安装时，可以采用______、______和______等方式进行分区。除此之外，在 Linux 系统中还有______、______、______等分区工具。

7. RAID（Redundant Array of Inexpensive Disks）的中文全称是______，用于将多个小型磁盘驱动器合并成一个______，以提高存储性能和______功能。RAID 可分为______和______，软 RAID 通过软件实现多块硬盘______。

8. LVM（Logical Volume Manager）的中文全称是______，最早应用在 IBM AIX 系统上。它的主要作用是______及调整磁盘分区大小，并且可以让多个分区或者物理硬盘作为______来使用。

9. 可以通过______和______来限制用户和组对磁盘空间的使用。

## ◎ 项目实录一　管理文件系统

视频 6–2
实训项目　管理文件系统

一、视频位置

实训前请扫二维码观看：实训项目　管理文件系统。

二、项目目的

- 掌握 Linux 下文件系统的创建、挂载与卸载。
- 掌握文件系统的自动挂载。

三、项目背景

某企业的 Linux 服务器中新增了一块硬盘 /dev/sdb，请使用 fdisk 命令新建 /dev/sdb1 主分区和 /dev/sdb2 扩展分区，并在扩展分区中新建逻辑分区 /dev/sdb5，使用 mkfs 命令分别创建 vfat 和 ext3 文件系统。然后用 fsck 命令检查这两个文件系统。最后，把这两个文件系统挂载到系统上。

四、项目内容

练习 Linux 系统下文件系统的创建、挂载与卸载及自动挂载的实现。

五、做一做

根据视频进行项目的实训，检查学习效果。

## ◎ 项目实录二　配置与管理文件权限

一、视频位置

实训前请扫二维码观看：实训项目 管理文件权限。

视频 6-3
实训项目 管理文件权限

二、项目目的

- 掌握利用 chmod 及 chgrp 等命令实现 Linux 文件权限管理。
- 掌握磁盘限额的实现方法（下个项目会详细讲解）。

三、项目背景

某公司有 60 个员工，分别在 5 个部门工作，每个人工作内容不同。需要在服务器上为每个人创建不同的账号，把相同部门的用户放在一个组中，每个用户都有自己的工作目录。并且需要根据工作性质给每个部门和每个用户在服务器上的可用空间进行限制。

假设有用户 user1，请设置 user1 对 /dev/sdb1 分区的磁盘限额，将 user1 对 blocks 的 soft 设置为 5000，hard 设置为 10000；inodes 的 soft 设置为 5000，hard 设置为 10000。

四、项目内容

练习 chmod、chgrp 等命令的使用，练习在 Linux 下实现磁盘限额的方法。

五、做一做

根据视频进行项目的实训，检查学习效果。

## ◎ 项目实录三　管理动态磁盘

一、视频位置

实训前请扫二维码观看：实训项目 管理动态磁盘。

视频 6-4
实训项目 管理动态磁盘

二、项目目的

掌握 Linux 系统中利用 RAID 技术实现磁盘阵列的管理方法。

三、项目背景

某企业为了保护重要数据，购买了 4 块同一厂家的 SCSI 硬盘。要求在这 4 块硬盘上创建 RAID5 卷，以实现磁盘容错。

四、项目内容

利用 mdadm 命令创建并管理 RAID 卷。

五、做一做

根据视频进行项目的实训，检查学习效果。

## ◎ 项目实录四　LVM 逻辑卷管理器

一、视频位置

实训前请扫二维码观看：实训项目 管理 LVM 逻辑卷。

视频 6-5
实训项目 管理 LVM 逻辑卷

二、项目目的

- 掌握创建 LVM 分区类型的方法。
- 掌握 LVM 逻辑卷管理的基本方法。

三、项目背景

某企业在 Linux 服务器中新增了一块硬盘 /dev/sdb，要求 Linux 系统的分区能自动调整磁盘容量。使用 fdisk 命令新建 /dev/sdb1、/dev/sdb2、/dev/sdb3 和 /dev/sdb4 LVM 类型的分区，并在这 4 个分区上创建物理卷、卷组和逻辑卷。最后将逻辑卷挂载。

### 四、项目内容

物理卷、卷组、逻辑卷的创建，卷组、逻辑卷的管理。

### 五、做一做

根据视频进行项目的实训，检查学习效果。

## ◎ 实训　文件系统和磁盘管理

### 一、实训目的

① 掌握 Linux 下磁盘管理的方法。

② 掌握文件系统的挂载与卸载。

③ 掌握磁盘限额与文件权限管理。

### 二、实训环境

在虚拟机相应操作系统的硬盘剩余空间中，用 fdisk 命令创建两个分区，分区类型分别为 fat32 和 Linux。然后，用 mkfs 命令在上面分别创建 vfat 和 ext4 文件系统。然后，用 fsck 命令检查这两个文件系统。最后，把这两个文件系统挂载到系统上。

### 三、实训内容

练习 Linux 系统下磁盘管理、文件系统管理、磁盘限额及文件权限的管理。

### 四、实训练习

（1）使用 fdisk 命令进行硬盘分区

- 以 root 用户登录到系统字符界面下，输入 fdisk 命令，把要进行分区的硬盘设备文件作为参数，例如：fdisk/dev/sdb。
- 利用子命令 m，列出所有可使用的子命令。
- 输入子命令 p，显示已有的分区表。
- 输入子命令 n，创建扩展分区。
- 输入子命令 n，在扩展分区上创建新的分区。
- 输入 l，选择创建逻辑分区。
- 输入新分区的起始扇区号，按【Enter】键使用默认值。
- 输入新分区的大小。
- 再次利用子命令 n 创建另一个逻辑分区，将硬盘所有剩余空间都分配给它。
- 输入子命令 p，显示分区表，查看新创建好的分区。
- 输入子命令 l，显示所有的分区类型的代号。
- 输入子命令 t，设置分区的类型。
- 输入要设置分区类型的分区代号，其中 fat32 为 b，Linux 为 83。
- 输入子命令 p，查看设置结果。
- 输入子命令 w，把设置写入硬盘分区表，退出 fdisk 并重新启动系统。

（2）用 mkfs 创建文件系统

在上述刚刚创建的分区上创建 ext3 文件系统和 vfat 文件系统。

（3）用 fsck 检查文件系统

（4）挂载和卸载文件系统

- 利用 mkdir 命令，在 /mnt 目录下建立挂载点 mountpoint1 和 mountpoint2。
- 利用 mount 命令，列出已经挂载到系统上的分区。
- 把上述新创建的 ext4 分区挂载到 /mnt/mountpoint1 上。
- 把上述新创建的 vfat 分区挂载到 /mnt/mountpoint2 上。

- 利用 mount 命令列出挂载到系统上的分区，查看挂载是否成功。
- 利用 umount 命令卸载上面的两个分区。
- 利用 mount 命令查看卸载是否成功。
- 编辑系统文件 /etc/fstab 文件，把上面两个分区加入此文件中。
- 重新启动系统，显示已经挂载到系统上的分区，检查设置是否成功。

（5）使用光盘与 U 盘
- 取一张光盘放入光驱中，将光盘挂载到 /media/cdrom 目录下。
- 查看光盘中的文件和目录列表。
- 卸载光盘。
- 利用与上述相似的命令完成 U 盘的挂载与卸载。

（6）磁盘限额
- 启动 vim 编辑 /etc/fstab 文件。
- 把 /etc/fstab 文件中的 home 分区添加用户和组的磁盘限额。
- 用 quotacheck 命令创建 aquota.user 和 aquota.group 文件。
- 给用户 user01 设置磁盘限额功能。
- 将其 blocks 的 soft 设置为 5000，hard 设置为 10 000；inodes 的设置为 5000，hard 设置为 10 000。编辑完成后保存并退出。
- 重新启动系统。
- 用 quotaon 命令启用 quota 功能。
- 切换到用户 user01，查看磁盘限额及使用情况。
- 尝试复制大小分别超过磁盘限额软限制和硬限制的文件到用户的主目录下，检验磁盘限额功能是否起作用。

（7）设置文件权限
- 在用户主目录下创建目录 test，进入 test 目录创建空文件 file1。
- 以长格式显示文件信息，注意文件的权限和所属用户和组。
- 对文件 file1 设置权限，使其他用户可以对此文件进行写操作。
- 查看设置结果。
- 取消同组用户对此文件的读取权限。查看设置结果。
- 用数字形式为文件 file1 设置权限，所有者读取、可写、执行；其他用户和所属组用户只有读取和执行的权限。设置完成后查看设置结果。
- 用数字形式更改文件 file1 的权限，使所有者只能读取此文件，其他任何用户都没有权限。查看设置结果。
- 为其他用户添加可写权限。查看设置结果。
- 回到上层目录，查看 test 的权限。
- 为其他用户添加对此目录的可写权限。

（8）改变所有者
- 查看目录 test 及其中文件的所属用户和组。
- 把目录 test 及其下的所有文件的所有者改成 bin，所属组改成 daemon。查看设置结果。
- 删除目录 test 及其下的文件。

## 五、实训报告

按要求完成实训报告。

第7章

# Linux 网络基础配置

本章是后续网络服务配置的基础，主要介绍 Linux 系统基本的网络配置。

**学习要点**

- 常见主机名。
- 使用系统菜单配置网络。
- 使用图形界面配置网络。
- 使用 nmcli 命令配置网络。
- 了解网卡配置文件。
- 常用网络测试工具。

## 7.1 设置主机名

Linux 主机要与网络中其他主机进行通信，首先要进行正确的网络配置。网络配置通常包括主机名、IP 地址、子网掩码、默认网关、DNS 服务器等。

### 7.1.1 检查并设置有线处于连接状态

图 7–1 设置有线处于连接状态

单击桌面右上角的“启动”按钮 ,单击“Connect”按钮，设置有线处于连接状态，如图 7–1 所示。

设置完成后，右上角将出现有线连接的小图标，如图 7–2 所示。

图 7–2 有线处于连接状态

**提示**：必须首先使有线处于连接状态，这是一切配置的基础。

### 7.1.2 设置主机名

RHEL7 中，有 3 种定义的主机名：

① 静态的（static）："静态"主机名也称内核主机名，是系统在启动时从 /etc/hostname 自动初始化的主机名。

② 瞬态的（transient）："瞬态"主机名是在系统运行时临时分配的主机名，由内核管理。例如，通过 DHCP 或 DNS 服务器分配的，如 localhost。

③ 灵活的（pretty）："灵活"主机名是 UTF8 格式的自由主机名，以展示给终端用户。

与之前版本不同，RHEL7 中主机名配置文件为 /etc/hostname，可以在配置文件中直接更改主机名。

1. 使用 nmtui 修改主机名

```
[root@RHEL7-1 ~]# nmtui
```

在图 7-3 和图 7-4 中进行配置。

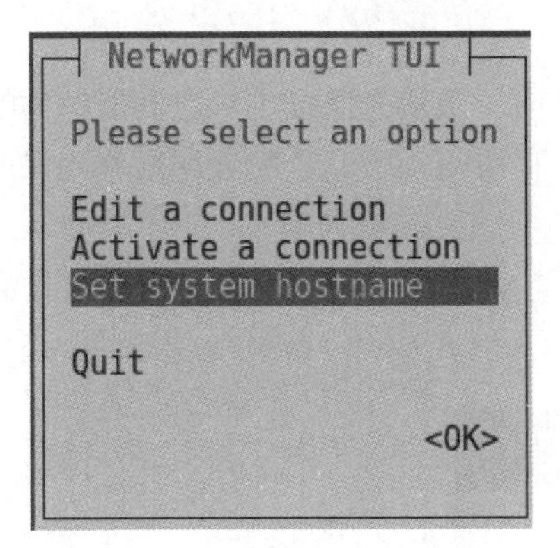

图 7-3　配置 hostname

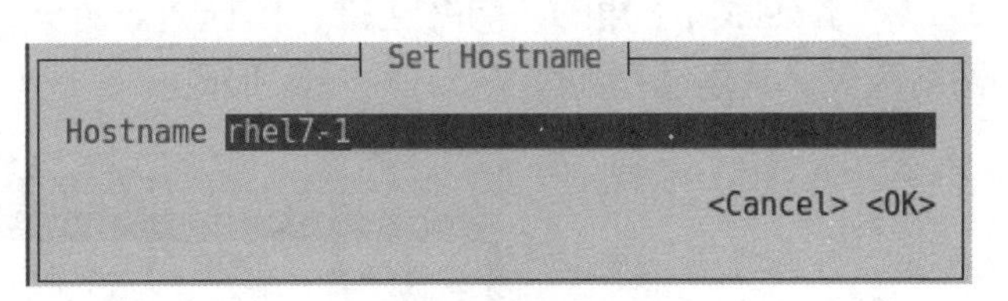


图 7-4　修改主机名为 RHEL7-1

使用 NetworkManager 的 nmtui 接口修改了静态主机名后（/etc/hostname 文件），不会通知 hostnamectl。要想强制让 hostnamectl 知道静态主机名已经被修改，需要重启 hostnamed 服务。

```
[root@RHEL7-1 ~]# systemctl restart systemd-hostnamed
```

2. 使用 hostnamectl 修改主机名

（1）查看主机名

```
[root@RHEL7-1 ~]# hostnamectl status
   Static hostname: RHEL7-1
   Pretty hostname: RHEL7-1
   …
```

（2）设置新的主机名

```
[root@RHEL7-1 ~]# hostnamectl set-hostname my.smile.com
```

（3）查看主机名

```
[root@RHEL7-1 ~]# hostnamectl status
   Static hostname: my.smile.com
   …
```

3. 使用 NetworkManager 的命令行接口 nmcli 修改主机名

nmcli 可以修改 /etc/hostname 中的静态主机名。

```
//查看主机名
[root@RHEL7-1 ~]# nmcli general hostname
my.smile.com
//设置新主机名
[root@RHEL7-1 ~]# nmcli general hostname RHEL7-1
[root@RHEL7-1 ~]# nmcli general hostname
RHEL7-1
//重启hostnamed服务让hostnamectl知道静态主机名已经被修改
[root@RHEL7-1 ~]# systemctl restart systemd-hostnamed
```

## 7.2 使用系统菜单配置网络

视频 7-1
TCP/IP 网络接口配置

接下来学习如何在 Linux 系统上配置服务。但是在此之前，必须先保证主机之间能够顺畅地通信。如果网络不通，即便服务部署得再正确用户也无法顺利访问，所以，配置网络并确保网络的连通性是学习部署 Linux 服务之前的最后一个重要知识点。

可以单击桌面右上角的“网络连接”图标，打开网络配置界面，一步步完成网络信息查询和网络配置。具体过程如图 7-5~ 图 7-8 所示。

图 7-5 单击有线连接设置（Wired Settings）

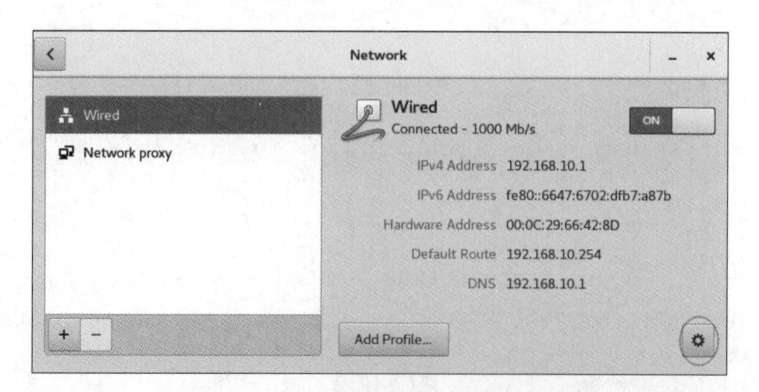


图 7-6 网络配置：ON 激活连接、单击齿轮按钮进行配置

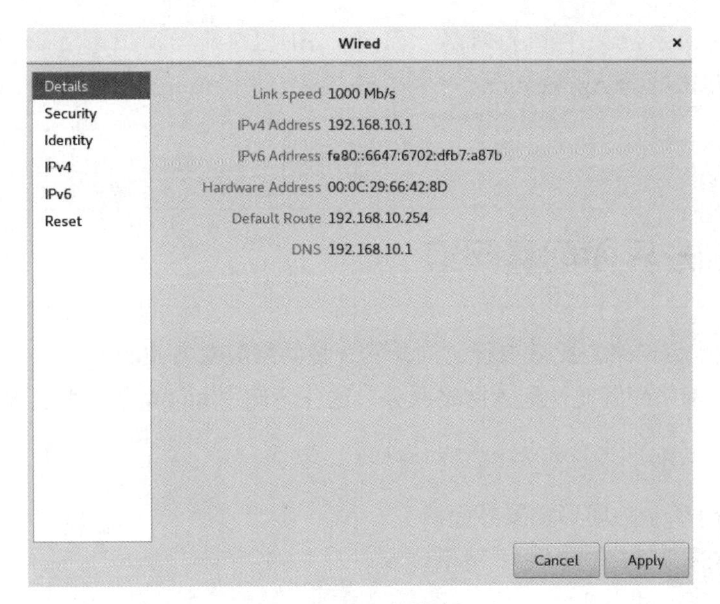


图 7–7　配置有线连接

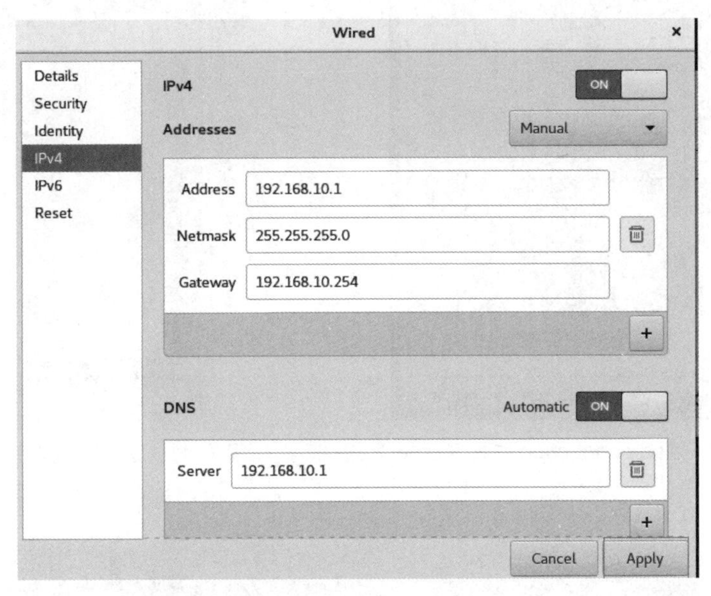


图 7–8　配置 IPv4 等信息

设置完成后，单击 Apply 按钮应用配置回到图 7–9 的界面。注意网络连接应该设置在 ON 状态，如果在 OFF 状态，请进行修改。注意，有时需要重启系统配置才能生效。

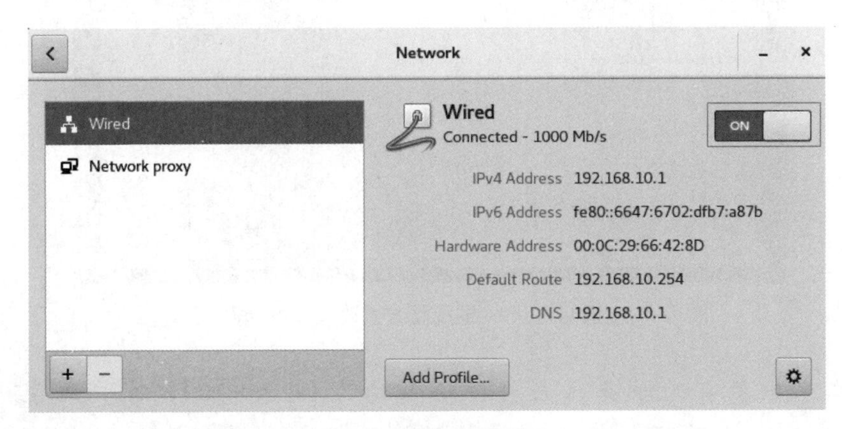


图 7–9　网络配置界面

**建议**：首选使用系统菜单配置网络。因为从 RHEL7 开始，图形界面已经非常完善。在 Linux 系统桌面，依次选择 Applications → System Tools → Settings → Network 命令，同样可以打开网络配置界面。

## 7.3 使用图形界面配置网络

使用图形界面配置网络是比较方便、简单的一种网络配置方式。

① 上节是使用网络配置文件配置网络服务，这一节使用 nmtui 命令来配置网络。

```
[root@RHEL7-1 network-scripts]# nmtui
```

② 显示图 7-10 所示的图形配置界面。

③ 配置过程如图 7-11 和图 7-12 所示。

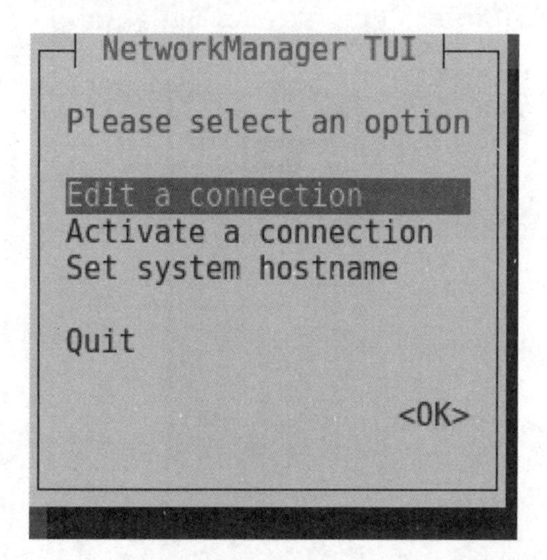


图 7-10　选中 Edit a connection 并按【Enter】键

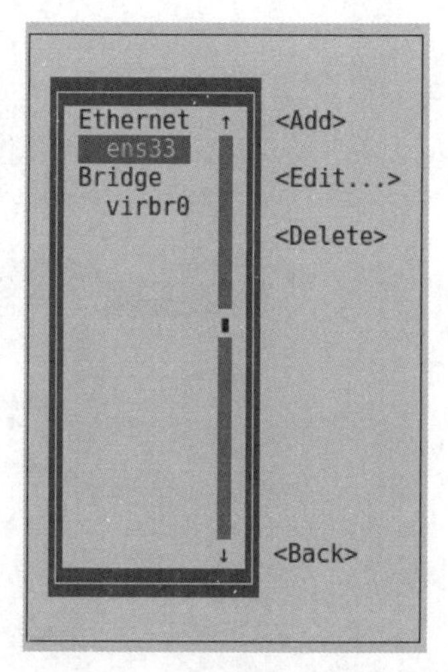


图 7-11　选中要编辑的网卡名称并单击 Edit（编辑）按钮

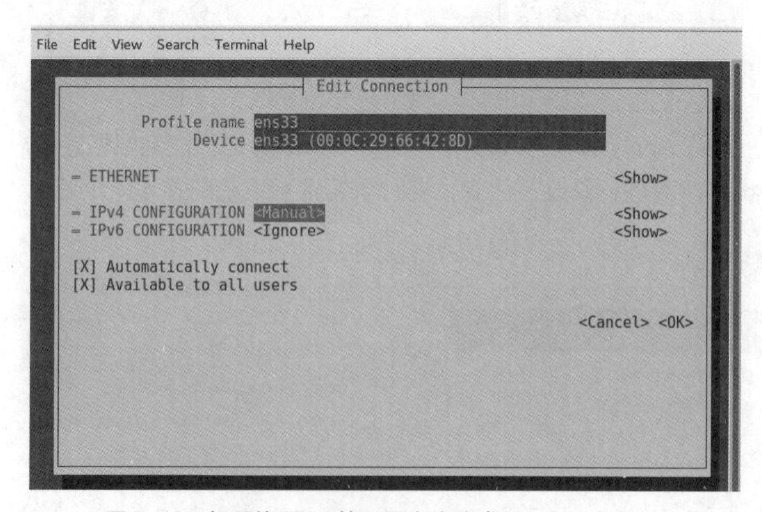


图 7-12　把网络 IPv4 的配置方式改成 Manual（手动）

**注意**：本书中所有的服务器主机 IP 地址均为 192.168.10.1，客户端主机一般设为 192.168.10.20 及 192.168.10.30。之所以这样做，是为了后面服务器配置的方便。

④ 单击 Show（显示）按钮，显示信息配置框，如图 7-13 所示。在服务器主机的网络配置信息中填写 IP 地址 192.168.10.1/24 等信息。单击 OK 按钮，如图 7-14 所示。

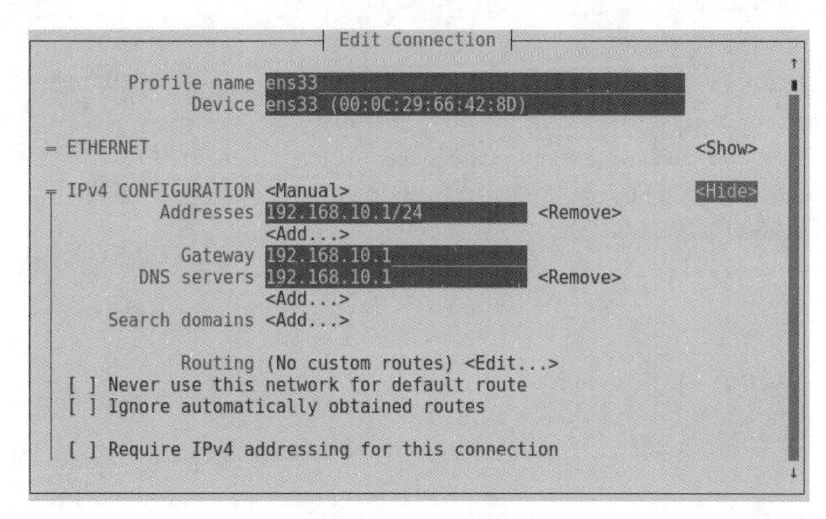


图 7-13　填写 IP 地址

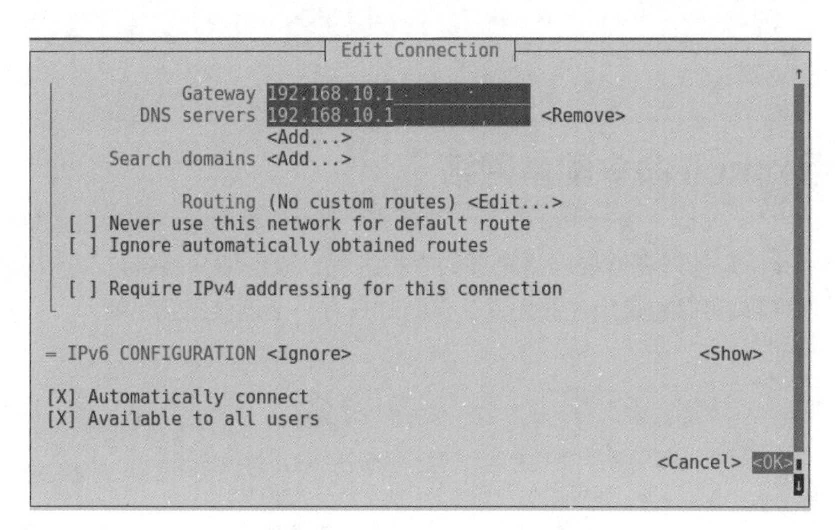


图 7-14　单击 OK 按钮保存配置

⑤ 单击 Back 按钮回到 nmtui 图形界面初始状态，选中 Activate a connection 选项，激活刚才的连接 ens33。前面有“*”号表示激活，如图 7-15 和图 7-16 所示。

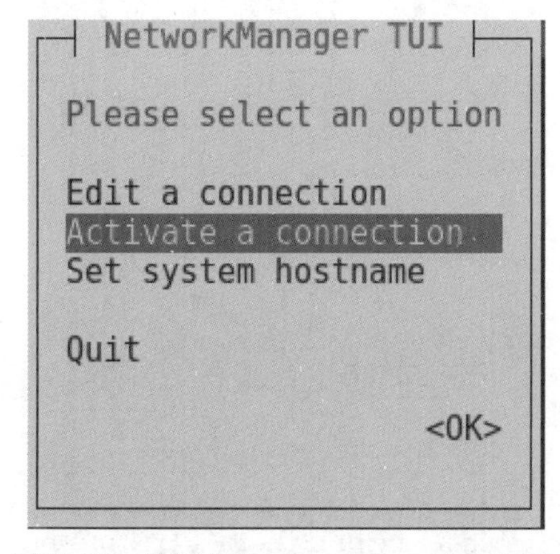


图 7-15　选择 Activate a connection 选项

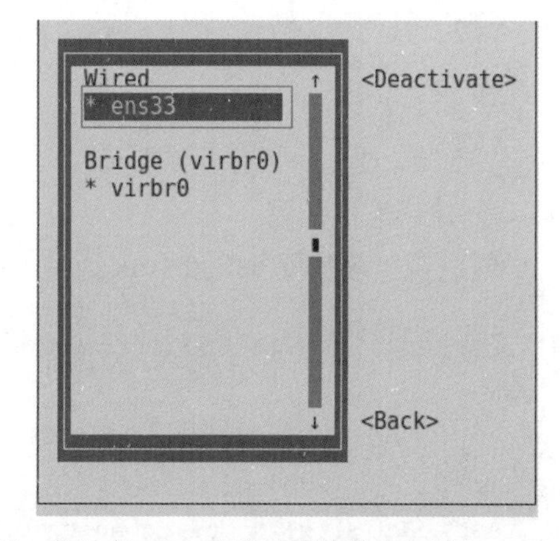


图 7-16　激活（Activate）连接或使连接失效（Deactivate）

⑥ 至此，在 Linux 系统中配置网络的步骤就结束了。

```
[root@RHEL7-1 ~]# ifconfig
ens33: flags=4163<UP,BROADCAST,RUNNING,MULTICAST>  mtu 1500
     inet 192.168.10.1  netmask 255.255.255.0  broadcast 192.168.10.255
     inet6 fe80::c0ae:d7f4:8f5:e135  prefixlen 64  scopeid 0x20<link>
     ether 00:0c:29:66:42:8d  txqueuelen 1000  (Ethernet)
     RX packets 151  bytes 16024 (15.6 KiB)
     RX errors 0  dropped 0  overruns 0  frame 0
     TX packets 186  bytes 18291 (17.8 KiB)
     TX errors 0  dropped 0 overruns 0  carrier 0  collisions 0

lo: flags=73<UP,LOOPBACK,RUNNING>  mtu 65536
     inet 127.0.0.1  netmask 255.0.0.0
…

virbr0: flags=4099<UP,BROADCAST,MULTICAST>  mtu 1500
     inet 192.168.122.1  netmask 255.255.255.0  broadcast 192.168.122.255
…
```

## 7.4 使用 nmcli 命令配置网络

NetworkManager 是管理和监控网络设置的守护进程，设备即网络接口，连接是对网络接口的配置。一个网络接口可以有多个连接配置，但同时只有一个连接配置生效。

1. 常用命令

```
nmcli connection show                  //显示所有连接
nmcli connection show --active         //显示所有活动的连接状态
nmcli connection show "ens33"          //显示网络连接配置
nmcli device status                    //显示设备状态
nmcli device show ens33                //显示网络接口属性
nmcli connection add help              //查看帮助
nmcli connection reload                //重新加载配置
nmcli connection down test2            //禁用 test2 的配置，注意一个网卡可以有多个配置。
nmcli connection up test2              //启用 test2 的配置
nmcli device disconnect ens33          //禁用 ens33 网卡，物理网卡
nmcli device connect ens33             //启用 ens33 网卡
```

2. 创建新连接配置

① 创建新连接配置 default，IP 通过 DHCP 自动获取。

```
[root@RHEL7-1 ~]# nmcli connection show
NAME    UUID                                  TYPE            DEVICE
ens33   9d5c53ac-93b5-41bb-af37-4908cce6dc31  802-3-ethernet  ens33
virbr0  f30a1db5-d30b-47e6-a8b1-b57c614385aa  bridge          virbr0
[root@RHEL7-1 ~]# nmcli connection add con-name default type Ethernet ifname ens33
Connection 'default' (ffe127b6-ece7-40ed-b649-7082e86c0775) successfully added.
```

② 删除连接。

```
[root@RHEL7-1 ~]# nmcli connection delete default
Connection 'default' (ffe127b6-ece7-40ed-b649-7082e86c0775) successfully deleted.
```

③ 创建新的连接配置 test2，指定静态 IP，不自动连接。

```
[root@RHEL7-1 ~]# nmcli connection add con-name test2 ipv4.method manual
ifname ens33 autoconnect no type Ethernet ipv4.addresses 192.168.10.100/24
gw4 192.168.10.1
Connection 'test2' (7b0ae802-1bb7-41a3-92ad-5a1587eb367f) successfully added.
```

④参数说明：

- con-name 指定连接名字，没有特殊要求。
- ipv4.methmod 指定获取 IP 地址的方式。
- ifname 指定网卡设备名，也就是本次配置所生效的网卡。
- autoconnect 指定是否自动启动。
- ipv4.addresses 指定 IPv4 地址。
- gw4 指定网关。

3. 查看 /etc/sysconfig/network-scripts/ 目录

```
[root@RHEL7-1 ~]# ls /etc/sysconfig/network-scripts/ifcfg-*
/etc/sysconfig/network-scripts/ifcfg-ens33  /etc/sysconfig/network-scripts/
ifcfg-test2
/etc/sysconfig/network-scripts/ifcfg-lo
```

多出一个文件 /etc/sysconfig/network-scripts/ifcfg-test2。说明添加确实生效了。

4. 启用 test2 连接配置

```
[root@RHEL7-1 ~]# nmcli connection up test2
Connection successfully activated (D-Bus active path: /org/freedesktop/
NetworkManager/ActiveConnection/6)
[root@RHEL7-1 ~]# nmcli  connection show
NAME    UUID                                  TYPE            DEVICE
test2   7b0ae802-1bb7-41a3-92ad-5a1587eb367f  802-3-ethernet  ens33
virbr0  f30a1db5-d30b-47e6-a8b1-b57c614385aa  bridge          virbr0
ens33   9d5c53ac-93b5-41bb-af37-4908cce6dc31  802-3-ethernet  --
```

5. 查看是否生效

```
[root@RHEL7-1 ~]# nmcli device show ens33
GENERAL.DEVICE:                 ens33
GENERAL.TYPE:                   ethernet
GENERAL.HWADDR:                 00:0C:29:66:42:8D
GENERAL.MTU:                    1500
GENERAL.STATE:                  100 (connected)
GENERAL.CONNECTION:             test2
GENERAL.CON-PATH:       /org/freedesktop/NetworkManager/ActiveConnection/6
WIRED-PROPERTIES.CARRIER:       on
IP4.ADDRESS[1]:                 192.168.10.100/24
IP4.GATEWAY:                    192.168.10.1
```

```
IP6.ADDRESS[1]:                 fe80::ebcc:9b43:6996:c47e/64
IP6.GATEWAY:                    --
```

至此，基本的 IP 地址配置成功。

6. 修改连接设置

（1）修改 test2 为自动启动

```
[root@RHEL7-1 ~]#  nmcli connection modify test2 connection.autoconnect yes
```

（2）修改 DNS 为 192.168.10.1

```
[root@RHEL7-1 ~]# nmcli connection modify test2 ipv4.dns 192.168.10.1
```

（3）添加 DNS 114.114.114.114

```
[root@RHEL7-1 ~]# nmcli connection modify test2 +ipv4.dns 114.114.114.114
```

（4）查看是否成功

```
[root@RHEL7-1 ~]# cat /etc/sysconfig/network-scripts/ifcfg-test2
TYPE=Ethernet
PROXY_METHOD=none
BROWSER_ONLY=no
BOOTPROTO=none
IPADDR=192.168.10.100
PREFIX=24
GATEWAY=192.168.10.1
DEFROUTE=yes
IPV4_FAILURE_FATAL=no
IPV6INIT=yes
IPV6_AUTOCONF=yes
IPV6_DEFROUTE=yes
IPV6_FAILURE_FATAL=no
IPV6_ADDR_GEN_MODE=stable-privacy
NAME=test2
UUID=7b0ae802-1bb7-41a3-92ad-5a1587eb367f
DEVICE=ens33
ONBOOT=yes
DNS1=192.168.10.1
DNS2=114.114.114.114
```

可以看到均已生效。

（5）删除 DNS

```
[root@RHEL7-1 ~]# nmcli connection modify test2 -ipv4.dns 114.114.114.114
```

（6）修改 IP 地址和默认网关

```
[root@RHEL7-1 ~]# nmcli connection modify test2 ipv4.addresses
192.168.10.200/24 gw4 192.168.10.254
```

（7）还可以添加多个 IP

```
[root@RHEL7-1 ~]# nmcli connection modify test2 +ipv4.addresses
```

```
192.168.10.250/24
    [root@RHEL7-1 ~]# nmcli  connection  show  "test2"
```

7. nmcli 命令和 /etc/sysconfig/network-scripts/ifcfg-* 文件的对应关系

```
ipv4.method manual                       BOOTPROTO=none
ipv4.method auto                         BOOTPROTO=dhcp
ipv4.addresses "192.0.2.1/24             IPADDR=192.0.2.1
                                         PREFIX=24
gw4 192.0.2.254"                         GATEWAY=192.0.2.254
ipv4.dns 8.8.8.8                         DNS0=8.8.8.8
ipv4.dns-search example.com              DOMAIN=example.com
ipv4.ignore-auto-dns true                PEERDNS=no
connection.autoconnect yes               ONBOOT=yes
connection.id eth0                       NAME=eth0
connection.interface-name eth0           DEVICE=eth0
802-3-ethernet.mac-address . . .         HWADDR= . . .
```

## 7.5 通过网卡配置文件配置网络

网卡 IP 地址配置正确是两台服务器相互通信的前提。在 Linux 系统中，一切都是文件，因此配置网络服务的工作其实就是在编辑网卡配置文件。

在 RHEL 5、RHEL 6 中，网卡配置文件的前缀为 eth，第 1 块网卡为 eth0，第 2 块网卡为 eth1，依此类推。而在 RHEL7 中，网卡配置文件的前缀则以 ifcfg 开始，加上网卡名称共同组成了网卡配置文件的名字，例如 ifcfg-ens33；好在除了文件名变化外也没有其他大的区别。

现在有一个名称为 ifcfg-ens33 的网卡设备，将其配置为开机自启动，并且 IP 地址、子网、网关等信息由人工指定，其步骤如下所示：

① 首先切换到 /etc/sysconfig/network-scripts 目录中（存放着网卡的配置文件）。

② 使用 vim 编辑器修改网卡文件 ifcfg-ens33，逐项写入下面的配置参数并保存退出。由于每台设备的硬件及架构是不一样的,因此请读者使用 ifconfig 命令自行确认各自网卡的默认名称。

- 设备类型：TYPE=Ethernet
- 地址分配模式：BOOTPROTO=static
- 网卡名称：NAME=ens33
- 是否启动：ONBOOT=yes
- IP 地址：IPADDR=192.168.10.1
- 子网掩码：NETMASK=255.255.255.0
- 网关地址：GATEWAY=192.168.10.1
- DNS 地址：DNS1=192.168.10.1

③ 重启网络服务并测试网络是否连通。

进入到网卡配置文件所在的目录，然后编辑网卡配置文件，在其中填入下面的信息：

```
[root@RHEL7-1 ~]# cd /etc/sysconfig/network-scripts/
[root@RHEL7-1 network-scripts]# vim ifcfg-ens33
TYPE=Ethernet
```

```
PROXY_METHOD=none
BROWSER_ONLY=no
BOOTPROTO=static
NAME=ens33
UUID=9d5c53ac-93b5-41bb-af37-4908cce6dc31
DEVICE=ens33
ONBOOT=yes
IPADDR=192.168.10.1
NETMASK=255.255.255.0
GATEWAY=192.168.10.1
DNS1=192.168.10.1
```

执行重启网卡设备的命令（在正常情况下不会有提示信息），然后通过 ping 命令测试网络能否联通。由于在 Linux 系统中 ping 命令不会自动终止，因此需要手动按 Ctrl+c 组键来强行结束进程。

```
[root@RHEL7-1 network-scripts]# systemctl restart network
[root@RHEL7-1 network-scripts]# ping 192.168.10.1
PING 192.168.10.1 (192.168.10.1) 56(84) bytes of data.
64 bytes from 192.168.10.1: icmp_seq=1 ttl=64 time=0.095 ms
64 bytes from 192.168.10.1: icmp_seq=2 ttl=64 time=0.048 ms
...
```

**注意**：使用配置文件进行网络配置，需要启动 network 服务，而从 RHEL7 以后，network 服务已被 NetworkManager 服务替代，所以不建议使用配置文件配置网络参数。

## 7.6 常用网络测试工具

利用网络测试工具可以测试网络状态，判断和分析网络故障。

### 1. ping 命令

ping 命令主要用于测试本主机和目标主机的连通性。ping 命令的语法格式为：

```
ping [参数] 主机名/IP 地址
```

常用的参数选项：

- -c count：指定 ping 命令发出的 ICMP 的消息数量，不加此项，则会发无限次的信息。
- -i interval：两次 ICMP 消息包的时间间隔，不加此项，默认时间间隔为 1 s。
- -s：设置发出的每个消息的数据包的大小，默认为 64 B。
- -t：设置 ttl。

例如：

```
[root@RHEL7-1 ~]# ping -c 4 -i 0.5 192.168.10.1
PING 192.168.1.1 (192.168.1.1) 56 (84) bytes of data.
64 bytes from 192.168.10.1: icmp_seq=0 ttl=128 time=1.34 ms
64 bytes from 192.168.10.1: icmp_seq=1 ttl=128 time=0.355 ms
64 bytes from 192.168.10.1: icmp_seq=2 ttl=128 time=0.330 ms
```

```
64 bytes from 192.168.10.1: icmp_seq=3 ttl=128 time=0.362 ms

--- 192.168.10.1 ping statistics ---
4 packets transmitted, 4 received, 0% packet loss, time 1502ms
rtt min/avg/max/mdev = 0.330/0.596/1.340/0.430 ms, pipe 2
```

以上命令共发送 4 次信息，每次信息的时间间隔为 0.5 s。

#### 2. traceroute 命令

该命令用于实现路由跟踪。例如：

```
[root@RHEL7-1 ~]# traceroute www.sina.com.cn
traceroute to jupiter.sina.com.cn (218.57.9.53), 30 hops max, 38 byte packets
1 60.208.208.1 4.297 ms 1.366 ms 1.286 ms
2 124.128.40.149 1.602 ms 1.415 ms 1.996 ms
3 60.215.131.105 1.496 ms 1.470 ms 1.627 ms
4 60.215.131.154 1.657 ms 1.861 ms 3.198 ms
5 218.57.8.234 1.736 ms 218.57.8.222 4.349 ms 1.751 ms
6 60.215.128.9*** 1.523 ms 1.550 ms 1.516 ms
```

该命令输出中的每一行代表一个段，利用该命令可以跟踪从当前主机到达目标主机所经过的路径，如果目标主机无法到达，也很容易分析出问题所在。

#### 3. netstat 命令

当网络连通之后，可以利用 netstat 命令查看网络当前的连接状态。netstat 命令能够显示出网络的连接状态、路由表、网络接口的统计资料等信息。netstat 命令的网络连接状态只对 TCP 协议有效。常见的连接状态有：ESTABLISHED（已建立连接）、SYN SENT（尝试发起连接）、SYN RECV（接受发起的连接）、TIME WAIT（等待结束）和 LISTEN（监听）。

netstat 常见的命令参数有：

- -a：显示所有的套接字。
- -c：连续显示，每秒更新一次信息。
- -i：显示所有网络接口的列表。
- -n：以数字形式显示网络地址。
- -o：显示和网络 Timer 相关的信息。
- -r：显示核心路由表。
- -t：只显示 TCP 套接字。
- -u：只显示 UDP 套接字。
- -v：显示版本信息。

几个常见的例子：

```
//显示网络接口状态信息
[root@RHEL7-1 ~]# netstat -i
//显示所有监控中的服务器的 socket 和正在使用 socket 的程序信息
[root@RHEL7-1 ~]# netstat -lpe
//显示核心路由表信息
[root@RHEL7-1 ~]# netstat -nr
//显示 TCP 协议的连接状态
[root@RHEL7-1 ~]# netstat -t
```

4. arp 命令

可以使用 arp 命令配置并查看 Linux 系统的 arp 缓存，包括查看 arp 缓存、删除某个缓存条目、添加新的 IP 地址和 MAC 地址的映射关系。

例如：

```
//查看arp缓存
[root@RHEL7-1 ~]# arp
//添加IP地址192.168.1.1和MAC地址00:14:22:AC:15:94的映射关系
[root@RHEL7-1 ~]# arp -s 192.168.1.1 00:14:22:AC:15:94
//删除IP地址和MAC地址对应的缓存记录
[root@RHEL7-1 ~]# arp -d 192.168.1.1
```

## ◎练 习 题

### 一、填空题

1. ________文件主要用于设置基本的网络配置，包括主机名称、网关等。

2. 一块网卡对应一个配置文件，配置文件位于目录________中，文件名以________开始。

3. ________文件是 DNS 客户端用于指定系统所用的 DNS 服务器的 IP 地址。

4. 查看系统的守护进程可以使用________命令。

### 二、选择题

1. 以下（　　）命令能用来显示 server 当前正在监听的端口。

A. ifconfig　　B. netlst　　C. iptables　　D. netstat

2. 以下（　　）文件存放机器名到 IP 地址的映射。

A. /etc/hosts　　B. /etc/host　　C. /etc/host.equiv　　D. /etc/hdinit

3. Linux 系统提供了一些网络测试命令，当与某远程网络连接不上时，就需要跟踪路由查看，以便了解在网络的什么位置出现了问题，满足该目的的命令是（　　）。

A. ping　　B. ifconfig　　C. traceroute　　D. netstat

4. 拨号上网使用的协议通常是（　　）。

A. PPP　　B. UUCP　　C. SLIP　　D. Ethernet

### 三、补充表格

将 nmcli 命令的含义列表补充完整。

| | |
|---|---|
| | 显示所有连接 |
| | 显示所有活动的连接状态 |
| nmcli connection show "ens33" | |
| nmcli device status | |
| nmcli device show ens33 | |
| | 查看帮助 |
| | 重新加载配置 |
| nmcli connection down test2 | |
| nmcli connection up test2 | |
| | 禁用 ens33 网卡，物理网卡 |
| nmcli device connect ens33 | |

四、简答题

1. 在 Linux 系统中有多种方法可以配置网络参数，请列举几种。

2. 简述网卡绑定技术 mode6 模式的特点。

3. 在 Linux 系统中，当通过修改其配置文件中的参数来配置服务程序时，若想要让新配置的参数生效，还需要执行什么操作？

## ◎ 项目实录　配置 Linux 下的 TCP/IP

一、视频位置

实训前请扫二维码观看：实训项目 配置 TCP/IP 网络接口。

视频 7–2
实训项目 配置 TCP/IP 网络接口

二、项目目的

- 掌握 Linux 下 TCP/IP 网络的设置方法。
- 学会使用命令检测网络配置。

三、项目背景

① 某企业新增了 Linux 服务器，但还没有配置 TCP/IP 网络参数，请设置好各项 TCP/IP 参数，并连通网络。（使用不同的方法）

② 要求用户在多个配置文件中快速切换。在公司网络中使用笔记本电脑时需要手动指定网络的 IP 地址，而回到家中则是使用 DHCP 自动分配 IP 地址。

四、项目内容

练习 Linux 系统下 TCP/IP 网络设置、网络检测方法、创建实用的网络会话。

五、做一做

根据视频进行项目的实训，检查学习效果。

## ◎ 实训　Linux 网络配置

一、实训目的

- 掌握 Linux 下 TCP/IP 网络的设置方法。
- 学会使用命令检测网络配置。
- 学会启用和禁用系统服务。

二、实训环境

在一台已经安装好 Linux 系统但还没有配置 TCP/IP 网络参数的主机上，设置好各项 TCP/IP 参数，连通网络。

三、实训内容

练习 Linux 系统下的 TCP/IP 网络设置、网络检测方法。

四、实训练习

（1）设置 IP 地址及子网掩码

- 用 dmesg 命令查看系统启动信息中关于网卡的信息。
- 查看系统加载的与网卡匹配的内核模块。
- 查看系统模块加载配置文件中关于网卡的信息。
- 查看网络接口 eth0 的配置信息。
- 为此网络接口设置 IP 地址、广播地址、子网掩码，并启动此网络接口。
- 利用 ifconfig 命令查看系统中已经启动的网络接口。仔细观察所看到的现象，记录启动的网络接口。

（2）设置网关和主机名

- 显示系统的路由设置。
- 设置默认路由。
- 再次显示系统的路由设置，确认设置成功。
- 显示当前的主机名设置；并以自己姓名缩写重新设置主机名。
- 再次显示当前的主机名设置，确认修改成功。

（3）检测设置

- ping 网关的 IP 地址，检测网络是否连通。
- 用 netstat 命令显示系统核心路由表。
- 用 netstat 命令查看系统开启的 TCP 端口。

（4）设置域名解析

- 编辑 /etc/hosts 文件，加入要进行静态域名解析的主机的 IP 地址和域名。
- 用 ping 命令检测上面设置好的网关的域名，测试静态域名解析是否成功。
- 编辑 /etc/resolv.conf 文件，加入域名服务器的 IP 地址，设置动态域名解析。
- 编辑 /etc/host.conf 文件，设置域名解析顺序为：hosts,bind。
- 用 nslookup 命令查询一个网址对应的 IP 地址，测试域名解析的设置。

（5）启动和停止守护进程

- 用 service 命令查看守护进程 sshd 的状态。
- 如果显示 sshd 处于停用状态，可以试着用 ssh 命令来连接本地系统，查看能否登录。
- 然后用 service 命令启动 sshd，再用 ssh 命令连接本地系统，查看 sshd 服务是否已经启动。
- 用 ntsysv 命令设置 sshd 在系统启动时自动启动。
- 用 service 命令停止 sshd 守护进程。
- 用 service 命令重新启动 xinetd 服务，查看此时能否利用 ssh 命令登录计算机。

## 五、实训报告

按要求完成实训报告。

第8章

# 配置与管理NFS网络文件系统

资源共享是计算机网络的主要应用之一，本章主要介绍类UNIX系统之间实现资源共享的方法——NFS（网络文件系统）服务。

**学习要点**

- NFS服务的基本原理。
- NFS服务器的配置与调试。
- NFS客户端的配置。
- NFS故障排除。

## 8.1 NFS基本原理

NFS即网络文件系统（Network File System），是使不同的计算机之间能通过网络进行文件共享的一种网络协议，多用于类UNIX系统的网络中。

### 8.1.1 NFS服务概述

Linux和Windows之间可以通过Samba进行文件共享，那么Linux之间怎么进行资源共享呢？这就要说到NFS（Network File System，网络文件系统），它最早是UNIX操作系统之间共享文件和操作系统的一种方法，后来被Linux操作系统完美继承。NFS与Windows下的“网上邻居”十分相似，它允许用户连接到一个共享位置，然后像对待本地硬盘一样操作。

NFS最早是由Sun公司于1984年开发出来的，其目的就是让不同计算机、不同操作系统之间可以彼此共享文件。由于NFS使用起来非常方便，因此很快得到了大多数UNIX/Linux系统的广泛支持，而且被IETE（国际互联网工程组）制定为RFC1904、RFC1813和RFC3010标准。

视频8-1
管理与维护NFS服务器

1. 使用NFS的好处

使用NFS的好处是显而易见的。

① 本地工作站可以使用更少的磁盘空间，因为通常的数据可以存放在一台机器上，而且可

以通过网络访问到。

② 用户不必在网络上每个机器中都设一个 home 目录，home 目录可以被放在 NFS 服务器上，并且在网络上处处可用。

比如，Linux 系统计算机每次启动时就自动挂载 server 的 /exports/nfs 目录上，这个共享目录在本地计算机上被共享到每个用户的 home 目录中，如图 8-1 所示。具体命令如下：

```
[root@client1 ~]# mount  server:/exports/nfs  /home/client1/nfs
[root@client2 ~]# mount  server:/exports/nfs  /home/client2/nfs
```

这样，Linux 系统计算机上的这两个用户都可以把 /home/ 用户名 /nfs 当做本地硬盘，从而不用考虑网络访问问题。

③ 诸如 CD-ROM、DVD-ROM 之类的存储设备可以在网络上被其他机器使用。这可以减少整个网络上可移动介质设备的数量。

2. NFS 和 RPC

绝大部分的网络服务都有固定的端口，比如 Web 服务器的 80 端口，FTP 服务器的 21 端口，Windows 下 NetBIOS 服务器的 137 ～ 139 端口，DHCP 服务器的 67 端口……客户端访问服务器上相应的端口，服务器通过该端口提供服务。那么 NFS 服务是这样吗？它的工作端口是多少？我们只能很遗憾地说：NFS 服务的工作端口未确定。

这是因为 NFS 是一个很复杂的组件，它涉及文件传输、身份验证等方面的需求，每个功能都会占用一个端口。为了防止 NFS 服务占用过多的固定端口，它采用动态端口的方式来工作，每个功能提供服务时都会随机取用一个小于 1024 的端口来提供服务。但这样一来又会对客户端造成困扰，客户端到底访问哪个端口才能获得 NFS 提供的服务呢？

此时，就需要 RPC（Remote Procedure Call，远程进程调用）服务了。RPC 最主要的功能就是记录每个 NFS 功能所对应的端口，它工作在固定端口 111，当客户端需求 NFS 服务时，就会访问服务器的 111 端口（RPC），RPC 会将 NFS 工作端口返回给客户端，如图 8-2 所示。至于 RPC 如何知道 NFS 各个功能的运行端口，那是因为 NFS 启动时，会自动向 RPC 服务器注册，告诉它自己各个功能使用的端口。

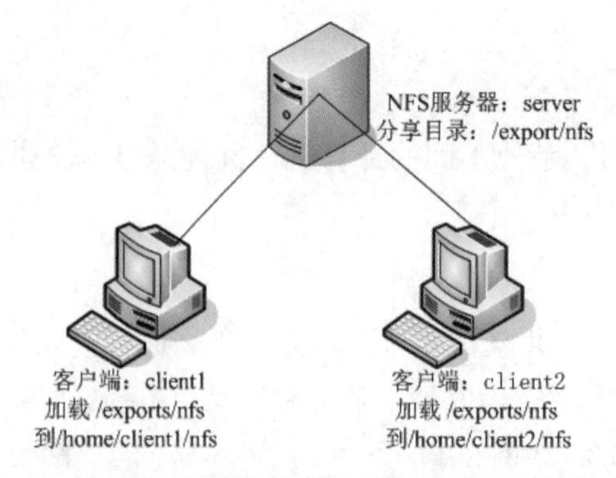


图 8-1　客户端可以将服务器上的分享目录直接加载到本地

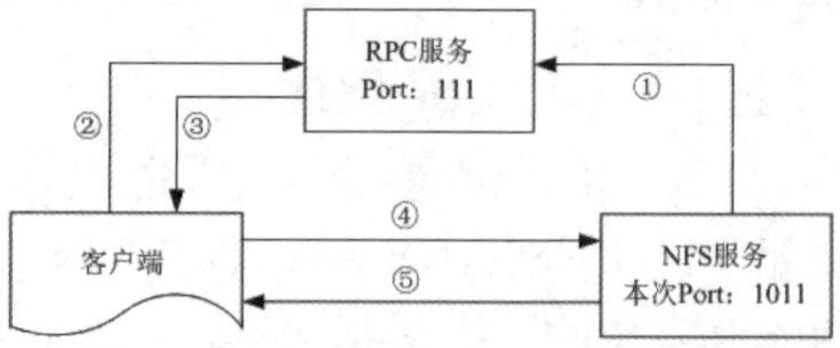

图 8-2　NFS 和 RPC 合作为客户端提供服务

如图 8-2 所示，常规的 NFS 服务流程如下：

① NFS 启动时，自动选择工作端口小于 1024 的 1011 端口，并向 RPC（工作于 111 端口）汇报，RPC 记录在案。

② 客户端需要 NFS 提供服务时，首先向 111 端口的 RPC 查询 NFS 工作在哪个端口。

③ RPC 回答客户端，它工作在 1011 端口。

④ 于是，客户端直接访问 NFS 服务器的 1011 端口，请求服务。

⑤ NFS服务经过权限认证，允许客户端访问自己的数据。

**注意**：因为NFS需要向RPC服务器注册，所以RPC服务必须优先NFS服务启用，并且RPC服务重新启动后，要重新启动NFS服务，让它重新向RPC服务注册，这样NFS服务才能正常工作。

### 8.1.2 NFS服务的组件

Linux下的NFS服务主要由以下6个部分组成。其中，只有前面3个是必需的，后面3个是可选的。

1. rpc. nfsd

这个守护进程的主要作用就是判断、检查客户端是否具备登录主机的权限，负责处理NFS请求。

2. rpc. mounted

这个守护进程的主要作用就是管理NFS的文件系统。当客户端顺利地通过rpc.nfsd登录主机后，在开始使用NFS主机提供的文件之前，它会检查客户端的权限（根据/etc/exports来对比客户端的权限）。通过这一关之后，客户端才可以顺利地访问NFS服务器上的资源。

3. rpcbind

主要功能是进行端口映射工作。当客户端尝试连接并使用RPC服务器提供的服务（如NFS服务）时，rpcbind会将所管理的与服务对应的端口号提供给客户端，从而使客户端可以通过该端口向服务器请求服务。在RHEL7.4中rpcbind默认已安装并且已经正常启动。

**注意**：虽然rpcbind只用于RPC，但它对NFS服务来说是必不可少的。如果rpcbind没有运行，NFS客户端就无法查找从NFS服务器中共享的目录。

4. rpc. locked

rpc.stated守护进程使用本进程来处理崩溃系统的锁定恢复。为什么要锁定文件呢？因为既然NFS文件可以让众多的用户同时使用，那么客户端同时使用一个文件时，有可能造成一些问题。此时，rpc.locked就可以帮助解决这个难题。

5. rpc. stated

这个守护进程负责处理客户与服务器之间的文件锁定问题，确定文件的一致性（与rpc.locked有关）。当因为多个客户端同时使用一个文件造成文件破坏时，rpc.stated可以用来检测该文件并尝试恢复。

6. rpc. quotad

这个守护进程提供了NFS和配额管理程序之间的接口。不管客户端是否通过NFS对数据进行处理，都会受配额限制。

## 8.2 项目设计及准备

在VMWare虚拟机中启动两台Linux系统：一台作为NFS服务器，主机名为RHEL7-1，规划好IP地址，比如192.168.10.1；另一台作为NFS客户端，主机名为Client，同样规划好IP地址，比如192.168.10.20。配置NFS服务器，使得客户机client可以浏览NFS服务器中特定目录下的内容。nfs服务器和客户端的IP地址可以根据表8-1来设置。

表 8-1 nfs 服务器和 Windows 客户端使用的操作系统以及 IP 地址

| 主机名称 | 操作系统 | IP 地址 | 网络连接方式 |
|---|---|---|---|
| nfs 共享服务器：RHEL7-1 | RHEL7 | 192.168.10.1 | VMnet1 |
| Linux 客户端：Client | RHEL7 | 192.168.10.20 | VMnet1 |

## 8.3 安装、启动和停止 NFS 服务器

要使用 NFS 服务，首先需要安装 NFS 服务组件，在 Red Hat Enterprise Linux 7 中，在默认情况下，NFS 服务会被自动安装到计算机中。

如果不确定是否安装了 NFS 服务，那就先检查计算机中是否已经安装了 NFS 支持套件。如果没有安装，再安装相应的组件。

### 1. 所需要的套件

对于 Red Hat Enterprise Linux 7 来说，要启用 NFS 服务器，至少需要两个套件，它们分别是：

（1）rpcbind

NFS 服务要正常运行，就必须借助 RPC 服务的帮助，做好端口映射工作，而这个工作就是由 rpcbind 负责的。

（2）nfs-utils

nfs-utils 是提供 rpc.nfsd 和 rpc.mounted 这两个守护进程与其他相关文档、执行文件的套件。这是 NFS 服务的主要套件。

### 2. 安装 NFS 服务

建议在安装 NFS 服务之前，使用如下命令检测系统是否安装了 NFS 相关软件包：

```
[root@RHEL7-1 ~]# rpm  -qa|grep  nfs-utils
[root@RHEL7-1 ~]# rpm  -qa|grep  rpcbind
```

如果系统还没有安装 NFS 软件包，可以使用 yum 命令安装所需软件包。

① 使用 yum 命令安装 NFS 服务。

```
[root@RHEL7-1 ~]# yum clean all                          //安装前先清除缓存
[root@rhel7-1 ~]# yum  install  rpcbind -y
[root@rhel7-1 ~]# yum  install  nfs-utils -y
```

② 所有软件包安装完毕之后，可以使用 rpm 命令再一次进行查询：

```
[root@RHEL7-1 ~]# rpm -qa|grep nfs
nfs-utils-1.3.0-0.48.el7.x86_64
libnfsidmap-0.25-17.el7.x86_64
[root@RHEL7-1 ~]# rpm -qa|grep rpc
rpcbind-0.2.0-42.el7.x86_64
xmlrpc-c-1.32.5-1905.svn2451.el7.x86_64
xmlrpc-c-client-1.32.5-1905.svn2451.el7.x86_64
libtirpc-0.2.4-0.10.el7.x86_64
```

### 3. 启动 NFS 服务

查询 NFS 的各个程序是否在正常运行，命令如下：

```
[root@RHEL7-1 ~]# rpcinfo  -p
```

如果没有看到 nfs 和 mounted 选项，则说明 NFS 服务没有运行，需要启动。使用以下命令可以启动 NFS 服务。

```
[root@RHEL7-1 ~]# systemctl start  rpcbind
[root@RHEL7-1 ~]# systemctl start  nfs
[root@RHEL7-1 ~]# systemctl start  nfs-server
[root@RHEL7-1 ~]# systemctl enable  nfs-server
Created symlink from /etc/systemd/system/multi-user.target.wants/nfs-server.
service to /usr/lib/systemd/system/nfs-server.service.
[root@RHEL7-1 ~]# systemctl enable  rpcbind
```

## 8.4 配置 NFS 服务

NFS 服务的配置，主要就是创建并维护 /etc/exports 文件。这个文件定义了服务器上的哪几个部分与网络上的其他计算机共享，以及共享的规则都有哪些等。

1. exports 文件的格式

我们现在来看看应该如何设定 /etc/exports 这个文件。某些 Linux 发行套件并不会主动提供 /etc/exports 文件（比如 Red Hat Enterprise Linux 7 就没有），此时就需要手动创建了。

```
[root@RHEL7-1 ~]# mkdir /tmp1
[root@RHEL7-1 ~]# vim  /etc/exports
/tmp1          192.168.10.20/24(ro)         localhost(rw)      *(ro,sync)
#共享目录       [第一台主机(权限)]             [可用主机名]  [其他主机(可用通配符)]
```

**注意：**

① /tmp 分别共享给 3 个不同的主机或域。

② 主机后面以小括号“( )”设置权限参数，若权限参数不止一个时，则以逗号“,”分开，且主机名与小括号是连在一起的。

③ # 开始的一行表示注释。

在设置 /etc/exports 文件时需要特别注意“空格”的使用，因为在此配置文件中，除了分开共享目录和共享主机以及分隔多台共享主机外，其余的情形下都不可使用空格。例如，以下的两个范例就分别表示不同的意义：

```
/home  Client(rw)
/home  Client  (rw)
```

在以上的第一行中，客户端 Client 对 /home 目录具有读取和写入权限，而第二行中 Client 对 /home 目录只具有读取权限（这是系统对所有客户端的默认值）。而除 Client 之外的其他客户端对 /home 目录具有读取和写入权限。

2. 主机名规则

这个文件设置很简单，每一行最前面是要共享出来的目录，然后这个目录可以依照不同的权限共享给不同的主机。

至于主机名称的设定，主要有以下两种方式：

① 可以使用完整的 IP 地址或者网段，例如，192.168.0.3、192.168.0.0/24 或 192.168.0.0/255.255.255.0。

② 可以使用主机名称，这个主机名称要在 /etc/hosts 内或者使用 DNS，只要能被找到就行（重点是可以找到 IP 地址）。如果是主机名称，那么它可以支持通配符，例如 * 或？。

3. 权限规则

至于权限方面（就是小括号内的参数），常见的参数则有以下几种：

① rw：read-write，可读 / 写的权限。

② ro：read-only，只读权限。

③ sync：数据同步写入内存与硬盘当中。

④ async：数据会先暂存于内存当中，而非直接写入硬盘。

⑤ no_root_squash：登录 NFS 主机使用共享目录的用户，如果是 root，那么对于这个共享的目录来说，它就具有 root 的权限。这个设置"极不安全"，不建议使用。

⑥ root_squash：在登录 NFS 主机使用共享目录的用户如果是 root，那么这个用户的权限将被压缩成匿名用户，通常它的 UID 与 GID 都会变成 nobody（nfsnobody）这个系统账号的身份。

⑦ all_squash：不论登录 NFS 的用户身份如何，它的身份都会被压缩成匿名用户，即 nobody（nfsnobody）。

⑧ anonuid：anon 是指 anonymous( 匿名者 )，前面关于术语 squash 提到的匿名用户的 UID 设定值，通常为 nobody（nfsnobody），但是用户可以自行设定这个 UID 值。当然，这个 UID 必须要存在于 /etc/passwd 当中。

⑨ anongid：同 anonuid，变成 Group ID 即可。

## 8.5 了解 NFS 服务的文件存取权限

由于 NFS 服务本身并不具备用户身份验证功能，那么当客户端访问时，服务器该如何识别用户呢？主要有以下标准。

1. root 账户

如果客户端是以 root 账户去访问 NFS 服务器资源，基于安全方面的考虑，服务器会主动将客户端改成匿名用户。所以，root 账户只能访问服务器上的匿名资源。

2. NFS 服务器上有客户端账号

客户端是根据用户和组（UID、GID）来访问 NFS 服务器资源时，如果 NFS 服务器上有对应的用户名和组，就访问与客户端同名的资源。

3. NFS 服务器上没有客户端账号

此时，客户端只能访问匿名资源。

## 8.6 在客户端挂载 NFS 文件系统

Linux 下有多个好用的命令行工具，用于查看、连接、卸载、使用 NFS 服务器上的共享资源。

### 1. 配置 NFS 客户端

配置 NFS 客户端的一般步骤如下：

① 安装 nfs-utils 软件包。

② 识别要访问的远程共享。

```
showmount  -e  NFS服务器IP
```

③ 确定挂载点。

```
mkdir  /mnt/nfstest
```

④ 使用命令挂载 NFS 共享。

```
mount  -t  nfs  NFS服务器IP:/gongxiang  /mnt/nfstest
```

⑤ 修改 fstab 文件实现 NFS 共享永久挂载。

```
vim  /etc/fstab
```

### 2. 查看 NFS 服务器信息

在 Red Hat Enterprise Linux 7 下查看 NFS 服务器上的共享资源使用的命令为 showmount，它的语法格式如下：

```
[root@RHEL7-1 ~]# showmount  [-adehv]  [ServerName]
```

参数说明：

- -a：查看服务器上的输出目录和所有连接客户端信息。显示格式为“host：dir"。
- -d：只显示被客户端使用的输出目录信息。
- -e：显示服务器上所有的输出目录（共享资源）。

比如，如果服务器的 IP 地址为 192.168.10.1，如果想查看该服务器上的 NFS 共享资源，则可以执行以下命令：

```
[root@RHEL7-1 ~]# showmount  -e  192.168.10.1
```

**思考**：如果出现以下错误信息，应该如何处理？

```
[root@RHEL6 mnt]# showmount 192.168.10.1 -e
clnt_create: RPC: Port mapper failure - Unable to receive: errno 113 (No
route to host)
```

**注意**：出现错误的原因是 NFS 服务器的防火墙阻止了客户端访问 NFS 服务器。由于 NFS 使用许多端口，即使开放了 NFS4 服务，仍然可能有问题，用户可以把防火墙禁用。

禁用防火墙的命令如下：

```
[root@RHEL7-1 ~]# systemctl stop firewalld
```

### 3. 在客户端加载 NFS 服务器共享目录

在 RHEL7 中加载 NFS 服务器上的共享目录的命令为 mount（就是那个可以加载其他文件系统的 mount）。

```
[root@Client ～]# mount  -t  nfs  服务器名称或地址：输出目录  挂载目录
```

比如，要加载 192.168.10.1 这台服务器上的 /tmp1 目录，则需要依次执行以下操作。

（1）创建本地目录

首先在客户端创建一个本地目录，用来加载 NFS 服务器上的输出目录。

```
[root@Client ~]# mkdir  /mnt/nfs
```

（2）加载服务器目录

再使用相应的 mount 命令加载。

```
[root@Client ~]# mount  -t  nfs  192.168.10.1:/tmp1  /mnt/nfs
```

4. 卸载 NFS 服务器共享目录

要卸载刚才加载的 NFS 共享目录，则执行以下命令：

```
[root@Client ~]# umount   /mnt/nfs
```

5. 在客户端启动时自动挂载 NFS

RHEL7 下的自动加载文件系统都是在 /etc/fstab 中定义的，NFS 文件系统也支持自动加载。

（1）编辑 fstab

用文本编辑器打开 /etc/fstab，在其中添加如下一行：

```
192.168.10.1:/tmp1       /mnt/nfs     nfs      default  0  0
```

（2）使设置生效

执行以下命令重新加载 fstab 文件中定义的文件系统。

```
[root@Client~]# mount    -a
```

## ◎ 练 习 题

### 一、填空题

1. Linux 和 Windows 之间可以通过______进行文件共享，UNIX/Linux 操作系统之间通过______进行文件共享。

2. NFS 的英文全称是______，中文名称是______。

3. RPC 的英文全称是______，中文名称是______。RPC 最主要的功能就是记录每个 NFS 功能所对应的端口，它工作在固定端口______。

4. Linux 下的 NFS 服务主要由 6 部分组成，其中______、______、______是 NFS 必需的。

5. ______守护进程的主要作用就是判断、检查客户端是否具备登录主机的权限，负责处理 NFS 请求。

6. ______是提供 rpc.nfsd 和 rpc.mounted 这两个守护进程与其他相关文档、执行文件的套件。

7. 在 Red Hat Enterprise Linux 7 下查看 NFS 服务器上的共享资源使用的命令为______，它的语法格式是______。

8. Red Hat Enterprise Linux 7 下的自动加载文件系统是在______中定义的。

### 二、选择题

1. NFS 工作站要 mount 远程 NFS 服务器上的一个目录时，以下（　　）是服务器端必需的。

A. rpcbind 必须启动　　　　B. NFS 服务必须启动

C．共享目录必须加在 /etc/exports 文件里　　D．以上全部都需要

2. 完成加载NFS 服务器svr.jnrp.edu.cn的/home/nfs共享目录到本机/home2的命令是(　　)。

A．mount -t nfs svr.jnrp.edu.cn:/home/nfs /home2

B．mount -t -s nfs svr.jnrp.edu.cn./home/nfs /home2

C．nfsmount svr.jnrp.edu.cn:/home/nfs /home2

D．nfsmount -s svr.jnrp.edu.cn /home/nfs /home2

3. 用来通过 NFS 使磁盘资源被其他系统使用的命令是（　　）。

A．share　　B．mount　　C．export　　D．exportfs

4. 以下 NFS 系统中关于用户 ID 映射描述正确的是（　　）。

A．服务器上的 root 用户默认值和客户端的一样

B．root 被映射到 nfsnobody 用户

C．root 不被映射到 nfsnobody 用户

D．默认情况下，anonuid 不需要密码

5. 设某公司有 10 台 Linux servers，想用 NFS 在 Linux servers 之间共享文件，应该修改的文件是（　　）。

A．/etc/exports　　B．/etc/crontab

C．/etc/named.conf　　D．/etc/smb.conf

6. 查看 NFS 服务器 192.168.12.1 中共享目录的命令是（　　）。

A．show –e 192.168.12.1

B．show //192.168.12.1

C．showmount –e 192.168.12.1

D．showmount –l 192.168.12.1

7. 装载 NFS 服务器 192.168.12.1 的共享目录 /tmp 到本地目录 /mnt/shere 的命令是（　　）。

A．mount 192.168.12.1/tmp /mnt/shere

B．mount –t nfs 192.168.12.1/tmp /mnt/shere

C．mount –t nfs 192.168.12.1:/tmp /mnt/shere

D．mount –t nfs //192.168.12.1/tmp /mnt/shere

三、简答题

1. 简述 NFS 服务的工作流程。

2. 简述 NFS 服务的作用。

3. 简述 NFS 服务各组件及其功能。

## ◎ 项目实录　配置与管理 NFS 服务器

### 一、视频位置

实训前请扫二维码观看：实训项目 配置与管理 NFS 服务器。

视频 8-2 实训项目 配置与管理 NFS 服务器

### 二、项目目的

- 掌握 Linux 系统之间资源共享和互访方法。
- 掌握企业 NFS 服务器和客户端的安装与配置方法。

### 三、项目背景

某企业的销售部有一个局域网，域名为 xs.mq.cn。网络拓扑图如图 8-3 所示。网内有一台 Linux 的共享资源服务器 shareserver，域名为 shareserver.xs.mq.cn。现要在 shareserver 上配置 NFS

服务器，使销售部内的所有主机都可以访问 shareserver 服务器中的 /share 共享目录中的内容，但不允许客户机更改共享资源的内容。同时，让主机 China 在每次系统启动时自动挂载 shareserver 的 /share 目录中的内容到 china3 的 /share1 目录下。

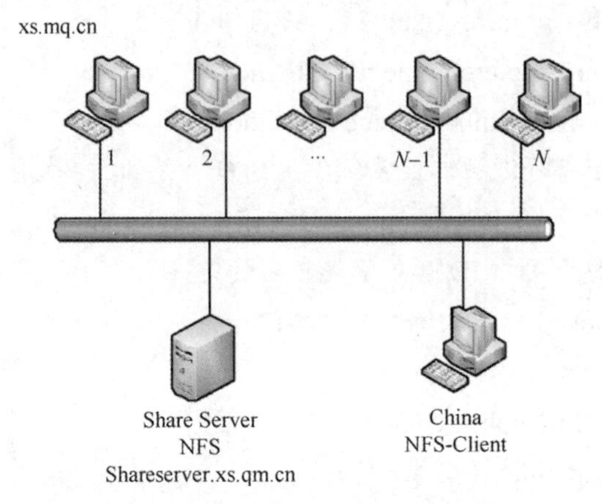


图 8–3　NFS 服务器搭建网络拓扑

四、深度思考

在观看录像时思考以下几个问题：

① hostname 的作用是什么？其他为主机命名的方法还有哪些？哪些是临时生效的？

② 配置共享目录时使用了什么通配符？

③ 同步与异步选项如何应用？作用是什么？

④ 在录像中为了给其他用户赋予读写权限，使用了什么命令？

⑤ 命令“showmount”与“mount”在什么情况下使用？本项目使用它完成什么功能？

⑥ 如何实现 NFS 共享目录的自动挂载？本项目是如何实现自动挂载的？

五、做一做

根据视频内容，将项目完整地完成。

## ◎ 实训　NFS 服务器配置

一、实训目的

① 掌握 Linux 系统之间资源共享和互访方法。

② 掌握 NFS 服务器和客户端的安装与配置。

二、实训内容

练习 NFS 服务器的安装、配置、启动与测试。

三、实训练习

(1) 任务一

在 Vmware 虚拟机中启动两台 Linux 系统，一台作为 NFS 服务器，本例中给出的 IP 地址为 192.168.203.1；一台作为 NFS 客户端，本例中给出的 IP 地址为 192.168.203.2。配置一个 NFS 服务器，使得客户机可以浏览 NFS 服务器中 /home/ftp 目录下的内容，但不可以修改。

- NFS 服务器的配置：
  - ➢ 检测 NFS 所需的软件包是否安装，如果没有安装利用 rpm –ivh 命令进行安装。
  - ➢ 修改配置文件 /etc/exports，添加行：/home/ftp　192.168.203.2（ro）
  - ➢ 修改后，存盘退出。
  - ➢ 启动 NFS 服务。

➢ 检查 NFS 服务器的状态，看是否正常启动。

- NFS 客户端的配置：

➢ 将 NFS 服务器（192.168.203.1）上的 /home/ftp 目录安装到本地机 192.168.203.2 的 /home/test 目录下。

➢ 利用 showmount 命令显示 NFS 服务器上输出到客户端的共享目录。

➢ 挂载成功后可以利用 ls 等命令操作 /home/test 目录，实际操作的为 192.168.203.1 服务器上 /home/ftp 目录下的内容。

➢ 卸载共享目录。

（2）任务二

有一个局域网，域名为 computer.jnrp.cn，网内两台主机 client1 和 server1。现要在 server1 上配置 NFS 服务器，使本域内的所有主机访问 NFS 服务器的 /home 目录。同时，让主机 client1 在每次系统启动时挂装 server1 的 /home 目录到 client1 的 /home1 目录下。

配置 server1NFS 服务器：

- 编辑 /etc/exports 文件，添加行：/home　*.computer.jnrp.cn（ro）
- 保存退出。
- 启动 NFS 服务。
- 配置 NFS 客户端 client1。
- 建立安装点 /home1。
- 将服务器 server1 中的 /home 目录安装到 client1 的 /home1 目录下。
- 修改 /etc/fstab 文件使得系统自动完成文件系统挂载的任务。

## 四、实训报告

完成实训报告。

# 第9章

# 配置与管理 Samba 服务器

利用 Samba 服务可以实现 Linux 系统和 Microsoft 公司的 Windows 系统之间的资源共享。本章主要介绍 Linux 系统中 Samba 服务器的配置，以实现文件和打印共享。

**学习要点**

- Samba 简介及配置文件。
- Samba 文件和打印共享的设置。
- Linux 和 Windows 资源共享。

## 9.1 Samba 简介

视频 9-1
管理与维护 Samba 服务器

Samba 是一套让 Linux 系统能够应用 Microsoft 网络通信协议的软件，它使执行 Linux 系统的计算机能与执行 Windows 系统的计算机进行文件与打印共享。Samba 使用一组基于 TCP/IP 的 SMB 协议，通过网络共享文件及打印机，这组协议的功能类似于 NFS 和 lpd（Linux 标准打印服务器）。支持此协议的操作系统包括 Windows、Linux 和 OS/2。Samba 服务在 Linux 和 Windows 系统共存的网络环境中尤为有用。

和 NFS 服务不同的是，NFS 服务只用于 Linux 系统之间的文件共享，而 Samba 可以实现 Linux 系统之间及 Linux 和 Windows 系统之间的文件和打印共享。SMB 协议使 Linux 系统的计算机在 Windows 上的网上邻居中看起来如同一台 Windows 计算机。

1. SMB 协议

SMB（Server Message Block）通信协议可以看作局域网上共享文件和打印机的一种协议。它是微软和英特尔在 1987 年制定的协议，主要是作为 Microsoft 网络的通信协议，而 Samba 则是将 SMB 协议搬到 UNIX 系统上来使用。通过 NetBIOS over TCP/IP 使用 Samba 不但能与局域网络主机共享资源，也能与全世界的计算机共享资源。因为互联网上千千万万的主机所使用的通信协议就是 TCP/IP。SMB 是在会话层和表示层及小部分应用层的协议，SMB 使用了 NetBIOS 的应用程序接口 API。另外，它是一个开放性的协议，允许协议扩展，这使得它变得庞大而复杂，大约有 65 个最上层的作业，而每个作业都超过 120 个函数。

2. Samba 软件

Samba 是用来实现 SMB 协议的一种软件，由澳大利亚的 Andew Tridgell 开发，是一套让 UNIX 系统能够应用 Microsoft 网络通信协议的软件。它使执行 UNIX 系统的机器能与执行 Windows 系统的计算机共享资源。Samba 属于 GNU Public License（GPL）软件，因此可以合法而免费地使用。作为类 UNIX 系统，Linux 系统也可以运行这套软件。

Samba 的运行包含两个后台守护进程：nmbd 和 smbd，它们是 Samba 的核心。在 Samba 服务器启动到停止运行期间持续运行。nmbd 监听 137 和 138 UDP 端口，smbd 监听 139 TCP 端口。nmbd 守护进程使其他计算机可以浏览 Linux 服务器，smbd 守护进程在 SMB 服务请求到达时对它们进行处理，并且为被使用或共享的资源进行协调。在请求访问打印机时，smbd 把要打印的信息存储到打印队列中；在请求访问一个文件时，smbd 把数据发送到内核，最后把它存到磁盘上。smbd 和 nmbd 使用的配置信息全部保存在 /etc/samba/smb.conf 文件中。

3. Samba 的功能

目前，Samba 的主要功能如下：

① 提供 Windows 风格的文件和打印机共享。Windows 操作系统可以利用 Samba 共享 Linux 等其他操作系统上的资源，外表看起来和共享 Windows 的资源没有区别。

② 解析 NetBIOS 名字。在 Windows 网络中为了能够利用网上资源，同时使自己的资源也能被别人所利用，各个主机都定期向网上广播自己的身份信息。而负责收集这些信息并为其他主机提供检索的服务器称为浏览服务器。Samba 可以有效地完成这项功能。在跨越网关的时候 Samba 还可以作为 WINS 服务器使用。

③ 提供 SMB 客户功能。利用 Samba 提供的 smbclient 程序可以在 Linux 上像使用 FTP 一样访问 Windows 的资源。

④ 提供一个命令行工具，利用该工具可以有限制地支持 Windows 的某些管理功能。

⑤ 支持 SWAT（Samba Web Administration Tool）和 SSL（Secure Socket Layer）。

## 9.2 配置 Samba 服务

建议在安装 Samba 服务之前，使用 rpm -qa |grep samba 命令检测系统是否安装了 Samba 相关性软件包：

```
[root@RHEL7-1 ~]#rpm -qa |grep samba
```

### 9.2.1 安装并启动 Samba 服务

如果系统还没有安装 Samba 软件包，可以使用 yum 命令安装所需软件包。

① 挂载 ISO 安装镜像。

```
[root@RHEL7-1 ~]# mkdir /iso
[root@RHEL7-1 ~]# mount /dev/cdrom /iso
mount: /dev/sr0 is write-protected, mounting read-only
```

② 制作用于安装的 yum 源文件。

dvd.repo 文件的内容如下：

```
# /etc/yum.repos.d/dvd.repo
# or for ONLY the media repo, do this:
# yum --disablerepo=\* --enablerepo=c6-media [command]
[dvd]
name=dvd
baseurl=file:///iso          //特别注意本地源文件的表示，3个“/”。
gpgcheck=0
enabled=1
```

③ 使用 yum 命令查看 Samba 软件包的信息。

```
[root@RHEL7-1 ~]# yum  info samba
```

④ 使用 yum 命令安装 Samba 服务。

```
[root@RHEL7-1 ~]# yum clean all                    //安装前先清除缓存
[root@RHEL7-1 ~]# yum  install  samba  -y
```

⑤ 所有软件包安装完毕之后，可以使用 rpm 命令再一次进行查询。

```
[root@RHEL7-1 ~]# rpm -qa | grep samba
samba-common-tools-4.6.2-8.el7.x86_64
samba-common-4.6.2-8.el7.noarch
samba-common-libs-4.6.2-8.el7.x86_64
samba-client-libs-4.6.2-8.el7.x86_64
samba-libs-4.6.2-8.el7.x86_64
samba-4.6.2-8.el7.x86_64
```

⑥ 启动与停止 Samba 服务，设置开机启动。

```
[root@RHEL7-1 ~]# systemctl start smb
[root@RHEL7-1 ~]# systemctl enable smb
Created symlink from /etc/systemd/system/multi-user.target.wants/smb.service
to /usr/lib/systemd/system/smb.service.
[root@RHEL7-1 ~]# systemctl restart smb
[root@RHEL7-1 ~]# systemctl stop smb
[root@RHEL7-1 ~]# systemctl start smb
[root@RHEL7-1 ~]# systemctl  reload smb
```

**注意：**Linux 服务中，当更改配置文件后，一定要记得重启服务，让服务重新加载配置文件，这样新的配置才可以生效。

### 9.2.2 主要配置文件 smb.conf

Samba 的配置文件一般就放在 /etc/samba 目录中，主配置文件名为 smb.conf。

1. Samba 服务程序中的参数以及作用

使用 ll 命令查看 smb.conf 文件属性，并使用命令 vim /etc/samba/smb.conf 查看文件的详细内容，如图 9-1 所示。

RHEL7 的 smb.conf 配置文件已经很简缩，只有 36 行左右。为了更清楚地了解配置文件建议研读 smb.smf.example，Samba 开发组按照功能不同，对 smb.conf 文件进行了分段划分，条理非常清楚。表 9-1 列出了主配置文件的参数以及相应的注释说明。

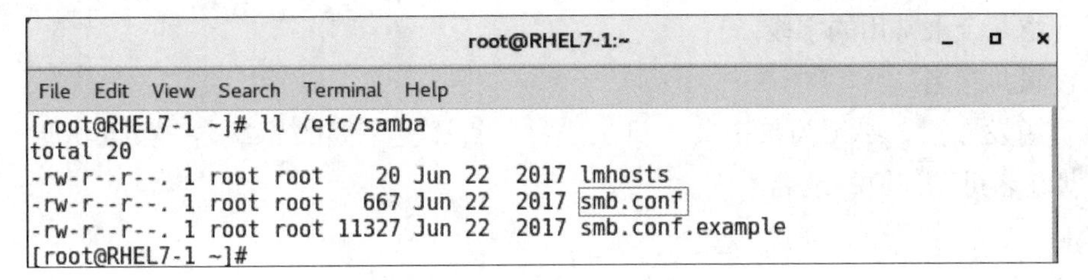

图 9–1　查看 smb.conf 配置文件

表 9–1　Samba 服务程序中的参数以及作用

| [global] | 参　数 | 作　用 |
|---|---|---|
| | workgroup = MYGROUP | 工作组名称，比如：workgroup=SmileGroup |
| | server string = Samba Server Version %v | 服务器描述，参数 %v 为显示 SMB 版本号 |
| | log file = /var/log/samba/log.%m | 定义日志文件的存放位置与名称，参数 %m 为来访的主机名 |
| | max log size = 50 | 定义日志文件的最大容量为 50 KB |
| | security = user | 安全验证的方式，总共有 4 种，比如：security=user |
| | #share | 来访主机无须验证口令；比较方便，但安全性很差 |
| | #user | 需验证来访主机提供的口令后才可以访问；提升了安全性，系统默认方式 |
| | #server | 使用独立的远程主机验证来访主机提供的口令（集中管理账户） |
| | #domain | 使用域控制器进行身份验证 |
| | passdb backend = tdbsam | 定义用户后台的类型，共有 3 种 |
| | #smbpasswd | 使用 smbpasswd 命令为系统用户设置 Samba 服务程序的密码 |
| | #tdbsam | 创建数据库文件并使用 pdbedit 命令建立 Samba 服务程序的用户 |
| | #ldapsam | 基于 LDAP 服务进行账户验证 |
| | load printers = yes | 设置在 Samba 服务启动时是否共享打印机设备 |
| | cups options = raw | 打印机的选项 |
| [homes] | | 共享参数 |
| | comment = Home Directories | 描述信息 |
| | browseable = no | 指定共享信息是否在“网上邻居”中可见 |
| | writable = yes | 定义是否可以执行写入操作，与 read only 相反 |
| [printers] | | 打印机共享参数 |

**技巧**：为了方便配置，建议先备份 smb.conf，一旦发现错误可以随时从备份文件中恢复主配置文件。另外，强烈建议，开始新实训时，使用备份的主配置文件制作干净的主配置文件，进行重新配置，避免上一实训的配置影响下一实训的结果。备份操作如下：

```
[root@RHEL7-1 ~]# cd /etc/samba
[root@RHEL7-1 samba]# ls
[root@RHEL7-1 samba]# cp smb.conf  smb.conf.bak
```

2. Share Definitions 共享服务的定义

Share Definitions 设置对象为共享目录和打印机，如果想发布共享资源，需要对 Share Definitions 部分进行配置。Share Definitions 字段非常丰富，设置灵活。

下面介绍几个最常用的字段。

（1）设置共享名

共享资源发布后，必须为每个共享目录或打印机设置不同的共享名，供网络用户访问时使用，并且共享名可以与原目录名不同。

共享名设置非常简单，格式为：

```
[共享名]
```

（2）共享资源描述

网络中存在各种共享资源，为了方便用户识别，可以为其添加备注信息，以方便用户查看时知道共享资源的内容是什么。

格式：

```
comment = 备注信息
```

（3）共享路径

共享资源的原始完整路径，可以使用 path 字段进行发布，务必正确指定。

格式：

```
path = 绝对地址路径
```

（4）设置匿名访问

设置是否允许对共享资源进行匿名访问，可以更改 public 字段。

格式：

```
public = yes      #允许匿名访问
public = no       #禁止匿名访问
```

**【例 9-1】** samba 服务器中有个目录为 /share，需要发布该目录成为共享目录，定义共享名为 public，要求：允许浏览、允许只读、允许匿名访问。设置如下所示。

```
[public]
        comment = public
        path = /share
        browseable = yes
        read only = yes
        public = yes
```

（5）设置访问用户

如果共享资源存在重要数据，需要对访问用户审核，可以使用 valid users 字段进行设置。

格式：

```
valid users = 用户名
valid users = @组名
```

**【例 9-2】** samba 服务器 /share/tech 目录存放了公司技术部数据，只允许技术部员工和经理访问，技术部组为 tech，经理账号为 manger。

```
[tech]
     comment=tecch
     path=/share/tech
```

```
    valid users=@tech,manger
```

(6) 设置目录只读

共享目录如果限制用户的读写操作，可以通过 read only 实现。

格式：

```
read only = yes     #只读
read only = no      #读写
```

(7) 设置过滤主机

注意网络地址的写法。

格式：

```
hosts allow = 192.168.10.   server.abc.com
```

#表示允许来自 192.168.10.0 或 server.abc.com 访问 samba 服务器资源。

```
hosts deny = 192.168.2.
```

#表示不允许来自 192.168.2.0 网络的主机访问当前 samba 服务器资源。

**【例 9-3】** Samba 服务器公共目录 /public 存放大量共享数据，为保证目录安全，仅允许 192.168.10.0 网络的主机访问，并且只允许读取，禁止写入。

```
[public]
        comment=public
        path=/public
        public=yes
        read only=yes
        hosts allow = 192.168.10.
```

(8) 设置目录可写

如果共享目录允许用户写操作，可以使用 writable 或 write list 两个字段进行设置。

writable 格式：

```
writable = yes      #读写
writable = no       #只读
```

write list 格式：

```
write list = 用户名
write list = @组名
```

**注意**：[homes] 为特殊共享目录，表示用户主目录。[printers] 表示共享打印机。

### 9.2.3 samba 服务日志文件

日志文件对于 Samba 非常重要，它存储着客户端访问 Samba 服务器的信息，以及 Samba 服务的错误提示信息等，可以通过分析日志，帮助解决客户端访问和服务器维护等问题。

在 /etc/samba/smb.conf 文件中，log file 为设置 samba 日志的字段。如下所示：

```
log file = /var/log/samba/log.%m
```

samba 服务的日志文件默认存放在 /var/log/samba/ 中，其中 samba 会为每个连接到 samba 服务器的计算机分别建立日志文件。使用 ls -a /var/log/samba 命令查看日志的所有文件。

当客户端通过网络访问 Samba 服务器后，会自动添加客户端的相关日志。所以，Linux 管理员可以根据这些文件来查看用户的访问情况和服务器的运行情况。另外，当 Samba 服务器工作异常时，也可以通过 /var/log/samba/ 下的日志进行分析。

### 9.2.4 Samba 服务密码文件

samba 服务器发布共享资源后，客户端访问 Samba 服务器，需要提交用户名和密码进行身份验证，验证合格后才可以登录。Samba 服务为了实现客户身份验证功能，将用户名和密码信息存放在 /etc/samba/smbpasswd 中，在客户端访问时，将用户提交的资料与 smbpasswd 存放的信息进行比对，如果相同，并且 samba 服务器其他安全设置允许，那么客户端与 Samba 服务器连接才能建立成功。

那如何建立 Samba 账号呢？首先，Samba 账号并不能直接建立，需要先建立 Linux 同名的系统账号。例如，如果要建立一个名为 yy 的 Samba 账号，那 Linux 系统中必须提前存在一个同名的 yy 系统账号。

samba 中添加账号命令为 smbpasswd，命令格式：

```
smbpasswd  -a  用户名
```

【例 9-4】在 samba 服务器中添加 samba 账号 reading。

① 建立 Linux 系统账号 reading。

```
[root@RHEL7-1 ~]# useradd  reading
[root@RHEL7-1 ~]# passwd  reading
```

② 添加 reading 用户的 samba 账户。

```
[root@RHEL7-1 ~]# smbpasswd  -a  reading
```

samba 账号添加完毕。如果在添加 Samba 账号时输入完两次密码后出现错误信息：Failed to modify password entry for user amy，则是因为 Linux 本地用户里没有 reading 这个用户，在 Linux 系统里面添加即可。

**提示：**务必要注意在建立 samba 账号之前，一定要先建立一个与 samba 账号同名的系统账号。

经过上面的设置，再次访问 samba 共享文件时就可以使用 reading 账号访问了。

## 9.3 user 服务器实例解析

RHEL7 系统中，Samba 服务程序默认使用的是用户口令认证模式（user）。这种认证模式可以确保仅让有密码且受信任的用户访问共享资源，而且验证过程也十分简单。

【例 9-5】如果公司有多个部门，因工作需要，就必须分门别类地建立相应部门的目录。要求将销售部的资料存放在 Samba 服务器的 /companydata/sales/ 目录下集中管理，以便销售人员浏览，并且该目录只允许销售部员工访问。Samba 共享服务器和客户端的 IP 地址可以根据表 9-2 来设置。

表9-2 Samba服务器和Windows客户端使用的操作系统以及IP地址

| 主机名称 | 操作系统 | IP地址 | 网络连接方式 |
|---|---|---|---|
| Samba共享服务器：RHEL7-1 | RHEL7 | 192.168.10.1 | VMnet1 |
| Linux客户端：RHEL7-2 | RHEL7 | 192.168.10.20 | VMnet1 |
| Windows客户端：Win7-1 | Windows 7 | 192.168.10.30 | VMnet1 |

**需求分析**：在/companydata/sales/目录中存放有销售部的重要数据，为了保证其他部门无法查看其内容，需要将全局配置中security设置为user安全级别，这样就启用了Samba服务器的身份验证机制，然后在共享目录/companydata/sales下设置valid users字段，配置只允许销售部员工能够访问这个共享目录。

1. 在RHEL7-1上配置Samba共享服务器，前面已安装Samba服务器并启动

① 建立共享目录，并在其下建立测试文件。

```
[root@RHEL7-1 ~]# mkdir  /companydata
[root@RHEL7-1 ~]# mkdir  /companydata/sales
[root@RHEL7-1 ~]# touch  /companydata/sales/test_share.tar
```

② 添加销售部用户和组并添加相应Samba账号。

使用groupadd命令添加sales组，然后执行useradd命令和passwd命令添加销售部员工的账号及密码。此处单独增加一个test_user1账号，不属于sales组，供测试用。

```
[root@RHEL7-1 ~]# groupadd  sales                    #建立销售组sales
[root@RHEL7-1 ~]# useradd  -g  sales  sale1          #建立用户sale1，添加到sales组
[root@RHEL7-1 ~]# useradd  -g  sales  sale2          #建立用户sale2，添加到sales组
[root@RHEL7-1 ~]# useradd  test_user1                #供测试用
[root@RHEL7-1 ~]# passwd  sale1                      #设置用户sale1密码
[root@RHEL7-1 ~]# passwd  sale2                      #设置用户sale2密码
[root@RHEL7-1 ~]# passwd  test_user1                 #设置用户test_user1密码
```

接下来为销售部成员添加相应Samba账号。

```
[root@RHEL7-1 ~]# smbpasswd  -a  sale1
[root@RHEL7-1 ~]# smbpasswd  -a  sale2
```

③ 修改Samba主配置文件smb.conf。

```
[global]
     workgroup = Workgroup
     server string = File Server
     security = user                          #设置user安全级别模式，默认值
     passdb backend = tdbsam
     printing = cups
     printcap name = cups
     load printers = yes
     cups options = raw
[sales]                                       #设置共享目录的共享名为sales
     comment=sales
     path=/companydata/sales                  #设置共享目录的绝对路径
     writable = yes
     browseable = yes
```

```
    valid users = @sales                         #设置可以访问的用户为sales组
```

④ 设置共享目录的本地系统权限。将属主、属组分别改为sale1和sales。

```
[root@RHEL7-1 ~]# chmod  777  /companydata/sales -R
[root@RHEL7-1 ~]# chown  sale1:sales  /companydata/sales  -R
[root@RHEL7-1 ~]# chown  sale2:sales  /companydata/sales  -R
```

-R参数是递归用的，一定要加上。请读者再次复习前面学习的权限相关内容，特别是chown、chmod等命令。

⑤ 更改共享目录的context值，或者禁掉SELinux。

```
[root@RHEL7-1 ~]# chcon -t samba_share_t /companydata/sales  -R
```

或者

```
[root@RHEL7-1 ~]# getenforce
Enforcing
[root@RHEL7-1 ~]# setenforce Permissive
```

⑥ 让防火墙放行，这一步很重要。

```
[root@RHEL7-1 ~]# systemctl restart firewalld
[root@RHEL7-1 ~]# systemctl enable firewalld
[root@RHEL7-1 ~]# firewall-cmd --permanent --add-service=samba
[root@RHEL7-1 ~]# firewall-cmd -reload            //重新加载防火墙
[root@RHEL7-1 ~]# firewall-cmd --list-all
public (active)
  target: default
  icmp-block-inversion: no
  interfaces: ens33
  sources:
  services: ssh dhcpv6-client http squid samba  //已经加入防火墙的允许服务
  ports:
  protocols:
  masquerade: no
  forward-ports:
  source-ports:
  icmp-blocks:
  rich rules:
```

⑦ 重新加载samba服务。

```
[root@RHEL7-1 ~]# systemctl restart smb
//或者
[root@RHEL7-1 ~]# systemctl reload smb
```

⑧ 测试。

一是在windows 7中利用资源管理器进行测试，二是利用Linux客户端。

**特别提示：**

① Samba服务器在将本地文件系统共享给Samba客户端时，涉及本地文件系统权限和Samba共享权限。当客户端访问共享资源时，最终的权限取这两种权限中最严格的。

② 后面的实例中，不再单独设置本地权限。如果对权限不是很熟悉，请参考相关内容。

2. 在Windows客户端访问samba共享

无论Samba共享服务是部署Windows系统上还是部署在Linux系统上，通过Windows系统进行访问时，其步骤和方法都是一样的。下面假设Samba共享服务部署在Linux系统上，并通过Windows系统来访问Samba服务。

① 依次选择“开始”→“运行”命令，使用UNC路径直接进行访问。例如：\\192.168.10.1。打开“Windows安全”对话框，如图9-2所示。输入sale1或sale2及其密码，登录后可以正常访问。

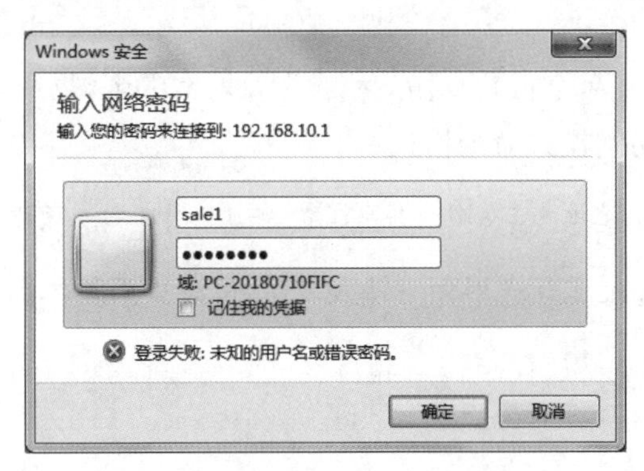


图9-2 “Windows安全”对话框

**思考**：注销Windows7客户端，使用test_user用户和密码登录会出现什么情况?

② 映射网络驱动器访问samba服务器共享目录。双击打开“我的电脑”，再依次选择“工具”→“映射网络驱动器”命令，在“映射网络驱动器”对话框中选择Z驱动器，并输入tech共享目录的地址，如\\192.168.10.1\sales。单击“完成”按钮，在接下来的对话框中输入可以访问sales共享目录的samba账号和密码。

③ 再次打开“我的电脑”，驱动器Z就是共享目录sales，可以很方便地访问了。

3. Linux客户端访问Samba共享

Samba服务程序还可以实现Linux系统之间的文件共享。可设置Samba服务程序所在主机（即Samba共享服务器）和Linux客户端使用的IP地址，然后在客户端安装samba服务和支持文件共享服务的软件包（cifs-utils）。

（1）在RHEL7-2上安装samba-client和cifs-utils

```
[root@rhel7-2 ~]# mount /dev/cdrom /iso
mount: /dev/sr0 is write-protected, mounting read-only
[root@rhel7-2 ~]# vim  /etc/yum.repos.d/dvd.repo
[root@rhel7-2 ~]# yum install samba-client -y
[root@rhel7-2 ~]# yum install cifs-utils -y
```

（2）Linux客户端使用smbclient命令访问服务器

① smbclient可以列出目标主机共享目录列表。smbclient命令格式：

```
smbclient -L 目标IP地址或主机名 -U 登录用户名%密码
```

当查看RHEL7-1（192.168.10.1）主机的共享目录列表时，提示输入密码，这时候可以不输入密码，而直接按【Enter】键，这样表示匿名登录，然后就会显示匿名用户可以看到的共享目录列表。

```
[root@RHEL7-2 ~]# smbclient  -L  192.168.10.1
```

若想使用 samba 账号查看 samba 服务器端共享的目录，可以加上 -U 参数，后面跟上用户名 % 密码。下面的命令显示只有 sale1 账号(其密码为 12345678)才有权限浏览和访问的 sales 共享目录：

```
[root@RHEL7-2 ~]# smbclient  -L  192.168.10.1  -U  sale2%12345678
```

**注意**：不同用户使用 smbclient 浏览的结果可能是不一样的，这要根据服务器设置的访问控制权限而定。

② 还可以使用 smbclient 命令行共享访问模式浏览共享的资料。

smbclient 命令行共享访问模式命令格式：

```
smbclient  //目标IP地址或主机名/共享目录  -U  用户名%密码
```

下面命令运行后，将进入交互式界面（输入“?”可以查看具体命令）。

```
[root@rhel7-2 ~]# smbclient  //192.168.10.1/sales  -U  sale2%12345678
Domain=[RHEL7-1] OS=[Windows 6.1] Server=[Samba 4.6.2]
smb: \> ls
  .                            D       0  Mon Jul 16 21:14:52 2018
  ..                           D       0  Mon Jul 16 18:38:40 2018
  test_share.tar               A       0  Mon Jul 16 18:39:03 2018

        9754624 blocks of size 1024. 9647416 blocks available
smb: \> mkdir testdir                    //新建一个目录进行测试
smb: \> ls
  .                            D       0  Mon Jul 16 21:15:13 2018
  ..                           D       0  Mon Jul 16 18:38:40 2018
  test_share.tar               A       0  Mon Jul 16 18:39:03 2018
  testdir                      D       0  Mon Jul 16 21:15:13 2018

        9754624 blocks of size 1024. 9647416 blocks available
smb: \> exit
[root@rhel7-2 ~]#
```

使用 test_user1 登录会是什么结果？请试一试。另外，smbclient 登录 samba 服务器后，可以使用 help 查询所支持的命令。

（3）Linux 客户端使用 mount 命令挂载共享目录

mount 命令挂载共享目录格式：

```
mount -t cifs //目标IP地址或主机名/共享目录名称 挂载点 -o username=用户名
```

下面的命令结果为挂载 192.168.10.1 主机上的共享目录 sales 到 /mnt/sambadata 目录下，cifs 是 samba 所使用的文件系统。

```
    [root@RHEL7-2 ~]# mkdir -p /mnt/sambadata
    [root@rhel7-2 ~]# mount -t cifs //192.168.10.1/sales /mnt/sambadata/ -o
username=sale1
    Password for sale1@//192.168.10.1/sales:  ********
    //输入sale1的samba用户密码，不是系统用户密码
```

```
[root@rhel7-2 sambadata]# cd /mnt/sambadata
[root@rhel7-2 sambadata]# touch testf1;ls
testdir  testf1  test_share.tar
```

**特别提示**：如果配置匿名访问，则需要配置 samba 的全局参数，添加 map to guest = bad user 一行。RHEL7 中 smb 版本包不再支持 security = share 语句。

## 9.4 share 服务器实例解析

上面已经对 Samba 的相关配置文件简单介绍，现在通过一个实例来掌握如何搭建 Samba 服务器。

**【例 9-6】** 某公司需要添加 Samba 服务器作为文件服务器，工作组名为 Workgroup，发布共享目录 /share，共享名为 public，这个共享目录允许所有公司员工访问。

**分析**：这个案例属于 Samba 的基本配置，可以使用 share 安全级别模式。既然允许所有员工访问，则需要为每个用户建立一个 Samba 账号，那么如果公司拥有大量用户呢？如 1 000 个用户，100 000 个用户，一个个设置会非常麻烦。可以通过配置 security=share 来让所有用户登录时采用匿名账户 nobody 访问，这样实现起来非常简单。

① 在 RHEL7-1 上建立 share 目录，并在其下建立测试文件。

```
[root@RHEL7-1~]# mkdir  /share
[root@RHEL7-1~]# touch  /share/test_share.tar
```

② 修改 Samba 主配置文件 smb.conf。

```
[root@RHEL7-1~]# vim  /etc/Samba/smb.conf
```

修改配置文件，并保存结果。

```
[global]
        workgroup = Workgroup           #设置 Samba 服务器工作组名为 Workgroup
        server string = File Server     #添加 Samba 服务器注释信息为 File Server
        security = user
        map to guest = bad user         #允许用户匿名访问
        passdb backend = tdbsam
 [public]                               #设置共享目录的共享名为 public
        comment=public
        path=/share                     #设置共享目录的绝对路径为 /share
        guest ok=yes                    #允许匿名用户访问
        browseable=yes                  #在客户端显示共享的目录
        public=yes                      #最后设置允许匿名访问
        read only = YES
```

③ 让防火墙放行 samba 服务。在任务 17-2 中已的详细设置，不再赘述。

**注意**：以下的实例不再考虑防火墙和 SELinux 的设置，但不意味着防火墙和 SELinux 不用设置。

④ 更改共享目录的 context 值

```
[root@RHEL7-1~]# chcon -t samba_share_t /share
```

**提示**：可以使用 getenforce 命令查看 SELinux 防火墙是否被强制实施（默认），如果不被强制实施，step3 和 step4 可以省略。使用命令 setenforce 1 可以设置强制实施防火墙，使用命令 setenforce 0 可以取消强制实施防火墙。（注意是数字 1 和数字 0）。

⑤ 重新加载配置。

Linux 为了使新配置生效，需要重新加载配置，可以使用 restart 重新启动服务或者使用 reload 重新加载配置。

```
[root@RHEL7-1 ~]# systemctl restart smb
//或者
[root@RHEL7-1 ~]# systemctl reload smb
```

**注意**：重启 Samba 服务虽然可以让配置生效，但是 restart 是先关闭 Samba 服务再开启服务，这样如果在公司网络运营过程中会对客户端员工的访问造成影响。建议使用 reload 命令重新加载配置文件使其生效，这样不需要中断服务就可以重新加载配置。

Samba 服务器通过以上设置，用户就可以不需要输入账号和密码直接登录 Samba 服务器并访问 public 共享目录了。在 Windows 客户端可以用 UNC 路径测试，方法是在 win7-1 资源管理器地址栏输入 \\192.168.10.1。

**注意**：完成实训后记得恢复到正常默认，即删除或注释掉 map to guest = bad user 。

## 9.5 用户账号映射

Samba 的用户账号信息是保存在 smbpasswd 文件中，而且可以访问 Samba 服务器的账号也必须对应一个同名的系统账号。基于这一点，对于一些 hacker 来说，只要知道 Samba 服务器的 Samba 账号，就等于是知道了 Linux 系统账号，只要暴力破解其 Samba 账号密码加以利用就可以攻击 Samba 服务器。为了保障 Samba 服务器的安全，可以使用用户账号映射。那么什么是账号映射呢？

要实现用户账号映射功能需要建立一个账号映射关系表，里面记录了 Samba 账号和虚拟账号的对应关系，客户端访问 Samba 服务器时就使用虚拟账号来登录。

**【例 9-7】**将例 11-5 的 sale1 账号分别映射为 suser1 和 myuser1，将 sale2 账号映射为 suser2。（仅对与上面例子中不同的地方进行设置，相同的设置不再赘述。）

① 编辑主配置文件 /etc/samba/smb.conf。

在 [global] 下添加一行字段 username map = /etc/samba/smbusers 开启用户账号映射功能。

② 编辑 /etc/samba/smbusers。

smbusers 文件保存账号映射关系，其有固定格式如下：

```
Samba 账号 = 虚拟账号（映射账号）
```

就本例而言，应加入下面的行：

```
sale1=suser1  myuser1
sale2=suser2
```

账号 sale1 就是我们上面建立的 Samba 账号（同时也是 Linux 系统账号），suser1 及 myuser1 就是映射账号名（虚拟账号），在访问共享目录时只要输入 suser1 或 myuser1 就可以成功访问了，但是实际上访问 Samba 服务器的还是 sale1 账号，这样一来就解决了安全问题。同样，suser2 是 sale2 的虚拟账号。

③ 重启 Samba 服务。

```
[root@RHEL7-1 ~]# systemctl restart  smb
```

④ 验证效果。

先注销 Windows7，然后在 Windows7 客户端的资源管理器地址栏输入 \\192.168.10.1（Samba 服务器的地址是 192.168.10.1），在弹出的对话框中输入定义的映射账号 myuser1，注意不是输入账号 sale1，如图 9-3 和图 9-4 所示。测试说明：映射账号 myuser1 的密码和 sale1 账号一样，并且可以通过映射账号浏览共享目录。

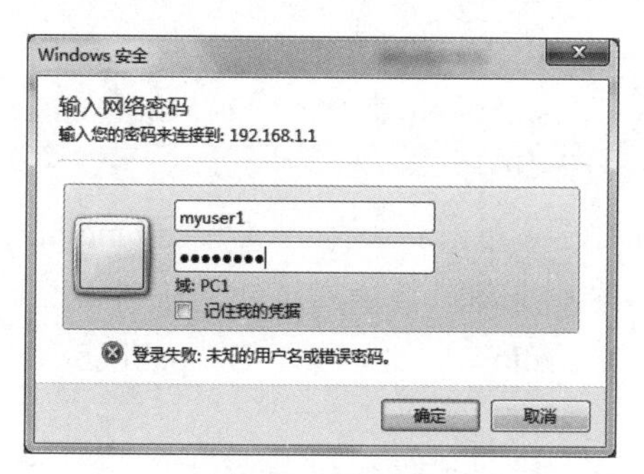


图 9-3　输入映射账号及密码

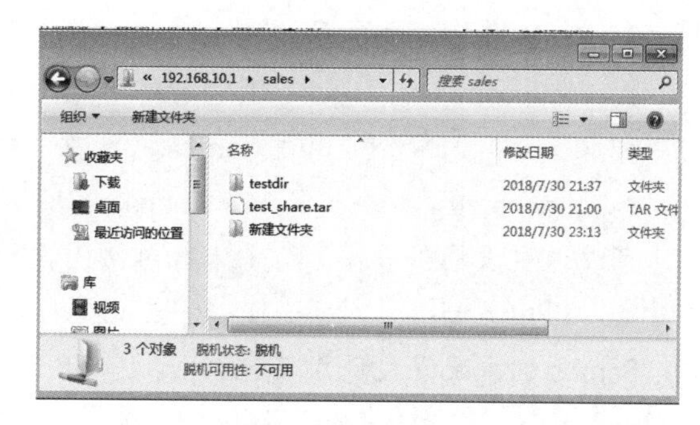


图 9-4　访问 Samba 服务器上的共享资源

**注意**：强烈建议不要将 Samba 用户的密码与本地系统用户的密码设置成一样，这样可以避免非法用户使用 Samba 账号登录 Linux 系统。

**特别提醒**：完成实训后记得恢复到正常默认，即删除或注释掉 username map = /etc/samba/smbusers。

## ◎ 练　习　题

### 一、填空题

1. Samba 服务功能强大，使用________协议，英文全称是________。
2. SMB 经过开发，可以直接运行于 TCP/IP 上，使用 TCP 的________端口。
3. Samba 服务由两个进程组成，分别是________和________。
4. Samba 服务软件包包括________、________、________和________（不要求版本号）。
5. Samba 的配置文件一般就放在________目录中，主配置文件名为________。
6. Samba 服务器有________、________、________、________和________5 种安全模式，默认级别是________。

### 二、选择题

1. 用 Samba 共享了目录，但是在 Windows 网络邻居中却看不到它，应该在 /etc/Samba/

smb.conf 中进行（　　）设置才能正确工作。

A. AllowWindowsClients=yes　　B. Hidden=no

C. Browseable=yes　　D. 以上都不是

2. 卸载 Samba-3.0.33-3.7.el5.i386.rpm 的命令是（　　）。

A. rpm -D Samba-3.0.33-3.7.el5　　B. rpm -i Samba-3.0.33-3.7.el5

C. rpm -e Samba-3.0.33-3.7.el5　　D. rpm -d Samba-3.0.33-3.7.el5

3. 可以允许 198.168.0.0/24 访问 Samba 服务器的命令是（　　）。

A. hosts enable = 198.168.0.　　B. hosts allow = 198.168.0.

C. hosts accept = 198.168.0.　　D. hosts accept = 198.168.0.0/24

4. 启动 Samba 服务，必须运行的端口监控程序是（　　）。

A. nmbd　　B. lmbd　　C. mmbd　　D. smbd

5. 下面所列出的服务器类型中可以使用户在异构网络操作系统之间进行文件系统共享的是（　　）。

A. FTP　　B. Samba　　C. DHCP　　D. Squid

6. Samba 服务密码文件是（　　）。

A. smb.conf　　B. Samba.conf　　C. smbpasswd　　D. smbclient

7. 利用（　　）命令可以对 Samba 的配置文件进行语法测试。

A. smbclient　　B. smbpasswd　　C. testparm　　D. smbmount

8. 可以通过设置条目（　　）来控制访问 Samba 共享服务器的合法主机名。

A. allow hosts　　B. valid hosts　　C. allow　　D. publicS

9. Samba 的主配置文件中不包括（　　）。

A. global 参数　　B. directory shares 部分

C. printers shares 部分　　D. applications shares 部分

### 三、简答题

1. 简述 Samba 服务器的应用环境。
2. 简述 Samba 的工作流程。
3. 简述基本的 Samba 服务器搭建流程的 4 个主要步骤。

## ◎ 项目实录　配置与管理 Samba 服务器

视频 9-2
**实训项目 配置与管理 Samba 服务器**

### 一、视频位置

实训前请扫二维码观看：实训项目 配置与管理 Samba 服务器。

### 二、项目目的

- 掌握 Linux 与 Windows 的资源共享和互访方法。
- 掌握 Samba 服务器的安装和配置方法。
- 了解使用 Samba 共享用户认证和文件系统。

### 三、项目背景

某公司有 system、develop、productdesign 和 test 等 4 个小组，个人办公机操作系统为 Windows 7/10，少数开发人员采用 Linux 操作系统，服务器操作系统为 RHEL7，需要设计一套建立在 RHEL7 之上的安全文件共享方案。每个用户都有自己的网络磁盘，develop 组到 test 组有共用的网络硬盘，所有用户（包括匿名用户）有一个只读共享资料库；所有用户（包括匿名用户）要有一个存放临时文件的文件夹。网络拓扑如图 9-5 所示。

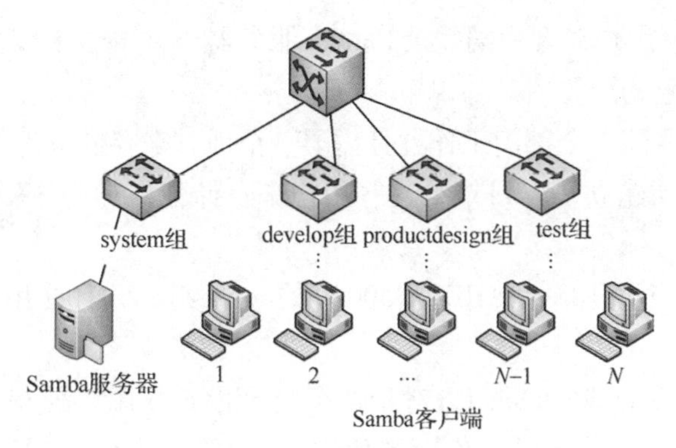


图 9-5　Samba 服务器搭建网络拓扑

四、项目目标

① System 组具有管理所有 Samba 空间的权限。

② 各部门的私有空间：各小组拥有自己的空间，除了小组成员及 system 组有权限以外，其他用户不可访问（包括列表、读和写）。

③ 资料库：所有用户（包括匿名用户）都具有读权限而不具有写入数据的权限。

④ develop 组与 test 组的共享空间，develop 组与 test 组之外的用户不能访问。

⑤ 公共临时空间：让所有用户可以读取、写入、删除。

五、深度思考

在观看视频时思考以下几个问题：

① 用 mkdir 命令建立共享目录，可以同时建立多少个目录?

② chown、chmod、setfacl 这些命令如何熟练应用?

③ 组账户、用户账户、Samba 账户等的建立过程是怎样的?

④ useradd 的各类选项 -g、-G、-d、-s、-M 的含义分别是什么?

⑤ 权限 700 和 755 是什么含义?

⑥ 注意不同用户登录后权限的变化。

六、做一做

根据视频内容，将项目完整无缺地完成。

## ◎ 实训　Samba 服务器的配置

一、实训目的

掌握 Samba 服务器的安装、配置与调试。

二、实训内容

练习利用 Samba 服务实现文件共享及权限设置。

三、实训练习

（1）Samba 的默认用户连接的配置

- 安装 Samba 软件包并且启动 SMB 服务。使用如下的命令确定 Samba 是在正常工作的工作：smbclient –L localhost –N。
- 利用 useradd 命令添加 karl、joe、mary 和 jen 共 4 个用户，但是并不给他们设定密码。这些用户仅能够通过 Samba 服务访问服务器。为了使得他们在 shadow 中不含有密码，这些用户的 Shell 应该设定为 /sbin/nologin。
- 利用 smbpasswd 命令为上述 4 个用户添加 Samba 访问密码。
- 利用 chmod 和 chown 命令进行本地文件和目录的权限和属组的设定。

- 利用 karl 和 mary 用户在客户端登录 Samba 服务器，并试着上传文件。观察实验现象。

（2）组目录访问权限的配置

上述 4 个用户同时在同一个部门工作并且需要一个地方来存储部门的文件，这就需要将 4 个用户添加到同一个组中，建立一个目录给这些用户来存储他们的内容，并且配置 Samba 服务器来共享目录。

- 利用 groupadd 命令添加一个 GID 为 30000 的 legal 组，并且使用 usermod 命令将上面的 4 个用户加到组里去。
- 建立一个目录 /home/depts/legal。对于这个目录设定权限，使得 legal 组中的用户可以在这个目录中添加、删除文件，然而其他的人不可以。设定 SGID 和粘滞位使得所有在这个目录中建立的文件都拥有 legal 组的权限，并且组中其他的人不能够删除该用户建立的文件。
- 在 /etc/samba/smb.conf 中建立一个名为 [legal] 的 Samba 共享。只有 legal 组中的用户才能够访问该共享。
- 利用 chmod 和 chown 命令进行本地文件和目录的权限和属组的设定。并且确保在 [legal] 中存放的新建文件的权限为 0600。
- 重新启动 smb 服务进行测试。

## 四、实训报告

按要求完成实训报告。

# 第10章

# 配置与管理DHCP服务器

DHCP服务器是常见的网络服务器。本章将详细讲解在Linux操作平台下DHCP服务器的配置。

学习要点

- 了解DHCP服务的工作原理。
- 熟练掌握Linux下DHCP服务器的配置。

## 10.1 DHCP服务概述

DHCP（Dynamic Host Configuration Protocol，动态主机配置协议）是一种简化主机IP地址分配管理的TCP/IP标准协议，是通过服务器集中管理网络上使用的IP地址及其他相关配置信息，以减少管理IP地址配置的复杂性。

视频10-1
配置DHCP服务器

### 10.1.1 DHCP服务简介

在使用TCP/IP协议的网络上，每一台计算机都拥有唯一的IP地址。使用IP地址（及其子网掩码）来鉴别它所在的主机和子网。如采用静态IP地址的分配方法，当计算机从一个子网移动到另一个子网的时候，必须改变该计算机的IP地址，这将增加网络管理员的负担。而DHCP服务可以将DHCP服务器中的IP地址数据库中的IP地址动态地分配给局域网中的客户机，从而减轻网络管理员的负担。

在使用DHCP服务分配IP地址时，网络中至少有一台服务器上安装了DHCP服务，其他要使用DHCP功能的客户机必须设置成通过DHCP获得IP地址。客户机在向服务器请求一个IP地址时，如果还有IP地址没有被使用，则在数据库中登记该IP地址已被该客户机使用，然后回应这个IP地址及相关的选项给客户机。图10-1是一个支持DHCP服务的示意图。

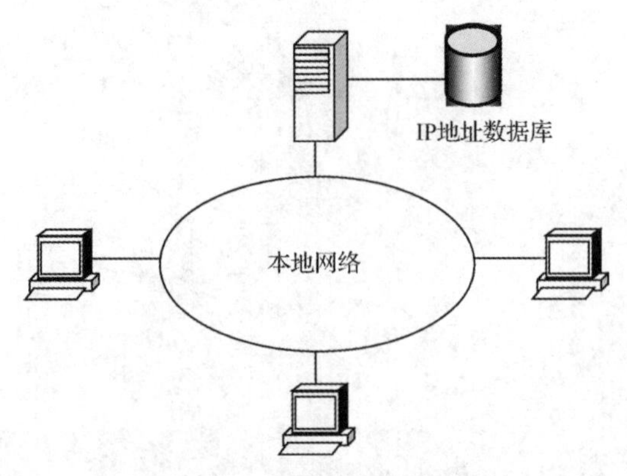


图 10-1 DHCP 服务示意图

### 10.1.2 DHCP 服务工作原理

1. DHCP 客户首次获得 IP 租约

DHCP 客户首次获得 IP 地址租约，需要经过以下 4 个阶段与 DHCP 服务器建立联系，如图 10-2 所示。

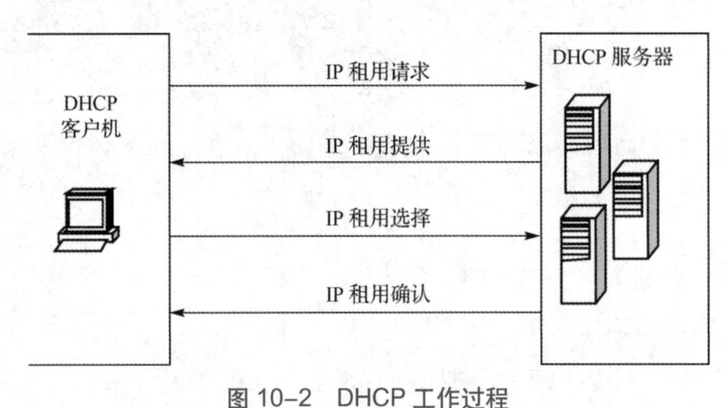


图 10-2 DHCP 工作过程

（1）IP 租用请求

该过程也称 IPDISCOVER。当发现以下情况中的任意一种时，即启动 IP 地址租用请求。

① 当客户端第一次以 DHCP 客户端的身份启动，也就是它第一次向 DHCP 服务器请求 TCP/IP 配置时。

② 该 DHCP 客户端所租用的 IP 地址已被 DHCP 服务器收回，并已提供给其他 DHCP 客户端使用，而该 DHCP 客户端重新申请新的 IP 租约时。

③ DHCP 客户端自己释放掉原先所租用的 IP 地址，并且要求租用一个新的 IP 地址时。

④ 客户端从固定 IP 地址方式转向使用 DHCP 方式时。

在 DHCP 发现过程中，DHCP 客户端发出 TCP/IP 配置请求时，DHCP 客户端使用 0.0.0.0 作为自己的 IP 地址，255.255.255.255 作为服务器的 IP 地址，然后以 UDP 的方式在 67 或 68 端口广播出一个 DHCPDISCOVER 信息，该信息含有 DHCP 客户端网卡的 MAC 地址和计算机的 NetBIOS 名称。当第一个 DHCPDISCOVER 信息发送出去后，DHCP 客户端将等待 1 s 的时间。如果在此期间内没有 DHCP 服务器对此做出响应，DHCP 客户端将分别在第 9 秒、第 13 秒和第 16 秒时重复发送一次 DHCPDISCOVER 信息。如果仍然没有得到 DHCP 服务器的应答，DHCP 客户端就会在以后每隔 5 min 广播一次 DHCP 发现信息，直到得到一个应答为止。

（2）IP 租用提供

当网络中的任何一个 DHCP 服务器在收到 DHCP 客户端的 DHCPDISCOVER 信息后，对自身进行检查，如果该 DHCP 服务器能够提供空闲的 IP 地址，就从该 DHCP 服务器的 IP 地址池中随机选取一个没有出租的 IP 地址，然后利用广播的方式提供给 DHCP 客户端。在还没有将该 IP 地址正式租用给 DHCP 客户端之前，这个 IP 地址会暂时“隔离”起来，以免再分配给其他 DHCP 客户端。提供应答信息是 DHCP 服务器的第一个响应，它包含了 IP 地址、子网掩码、租用期和提供响应的 DHCP 服务器的 IP 地址。

（3）IP 租用选择

当 DHCP 客户端收到第一个由 DHCP 服务器提供的应答信息后，就以广播的方式发送一个 DHCP 请求信息给网络中所有的 DHCP 服务器。在 DHCP 请求信息中包含已选择的 DHCP 服务器返回的 IP 地址。

（4）IP 租用确认

一旦被选择的 DHCP 服务器接收到 DHCP 客户端的 DHCP 请求后，就将已保留的这个 IP 地址标识为已租用，然后也以广播方式发送一个 DHCPACK 信息给 DHCP 客户端。该 DHCP 客户端在接收 DHCP 确认信息后，就完成了获得 IP 地址的整个过程。

2. DHCP 客户更新 IP 地址租约

取得 IP 租约后，DHCP 客户机必须定期更新租约，否则当租约到期，就不能再使用此 IP 地址，按照 RFC 默认规定，每当租用时间超过租约的 50% 和 87.5% 时，客户机就必须发出 DHCPREQUEST 信息包，向 DHCP 服务器请求更新租约。在更新租约时，DHCP 客户机是以单点发送方式发送 DHCPREQUEST 信息包，不再进行广播。

具体过程如下：

① 当 DHCP 客户端的 IP 地址使用时间达到租期的 50% 时，它就会向 DHCP 服务器发送一个新的 DHCPREQUEST，若服务器在接收到该信息后并没有可拒绝该请求的理由时，便会发送一个 DHCPACK 信息。当 DHCP 客户端收到该应答信息后，就重新开始一个租用周期。如果没收到该服务器的回复，客户机继续使用现有的 IP 地址，因为当前租期还有 50%。

② 如果在租期过去 50% 时未能成功更新，则客户机将在当前租期的 87.5% 时再次向为其提供 IP 地址的 DHCP 服务器联系。如果联系不成功，则重新开始 IP 租用过程。

③ 如果 DHCP 客户机重新启动，它将尝试更新上次关机时拥有的 IP 租用。如果更新未能成功，客户机将尝试联系现有 IP 租用中列出的默认网关。如果联系成功且租用尚未到期，客户机则认为自己仍然位于与它获得现有 IP 租用时相同的子网上（没有被移走）继续使用现有 IP 地址。如果未能与默认网关联系成功，客户机则认为自己已经被移到不同的子网上，则 DHCP 客户机将失去 TCP/IP 网络功能。此后，DHCP 客户机将每隔 5 min 尝试一次重新开始新一轮的 IP 租用过程。

## 10.2 项目设计及准备

### 10.2.1 项目设计

部署 DHCP 之前应该先进行规划，明确哪些 IP 地址用于自动分配给客户端（即作用域中应包含的 IP 地址），哪些 IP 地址用于手工指定给特定的服务器。比如，在项目中 IP 地址要求如下：

① 适用的网络是 192.168.10.0/24，网关为 192.168.10.254。

② 192.168.10.1~192.168.10.30 网段地址是服务器的固定地址。

③ 客户端可以使用的地址段为 192.168.10.31~192.168.10.200，但 192.168.10.105、192.168.10.107 为保留地址。

**注意**：用于手工配置的 IP 地址，一定要排除掉保留地址，或者采用地址池之外的可用 IP 地址，否则会造成 IP 地址冲突。

### 10.2.2 项目需求准备

部署 DHCP 服务应满足下列需求。

① 安装 Linux 企业服务器版，用作 DHCP 服务器。

② DHCP 服务器的 IP 地址、子网掩码、DNS 服务器等 TCP/IP 参数必须手工指定，否则将不能为客户端分配 IP 地址。

③ DHCP 服务器必须要拥有一组有效的 IP 地址，以便自动分配给客户端。

④ 如果不特别指出，所有 Linux 的虚拟机网络连接方式都选择：自定义，VMnet1（仅主机模式），如图 10-3 所示。

图 10-3 Linux 虚拟机的网络连接方式

## 10.3 安装 DHCP 服务器

在服务器 RHEL7-1 上安装 DHCP 服务器。

首先检测下系统是否已经安装了 DHCP 相关软件。

```
[root@RHEL7-1 ~]# rpm  -qa | grep   dhcp
```

如果系统还没有安装 dhcp 软件包，可以使用 yum 命令安装所需软件包。

① 挂载 ISO 安装镜像。

```
//挂载光盘到 /iso 下
[root@RHEL7-1 ~]# mkdir  /iso
[root@RHEL7-1 ~]# mount  /dev/cdrom  /iso
```

② 制作用于安装的 yum 源文件。

```
[root@RHEL7-1 ~]# vim  /etc/yum.repos.d/dvd.repo
```

dvd.repo 文件的内容如下（后面不再赘述）：

```
# /etc/yum.repos.d/dvd.repo
# or for ONLY the media repo, do this:
# yum --disablerepo=\* --enablerepo=c6-media [command]
[dvd]
name=dvd
# 特别注意本地源文件的表示，3 个 "/"
baseurl=file:///iso
gpgcheck=0
enabled=1
```

③ 使用 yum 命令查看 dhcp 软件包的信息。

```
[root@RHEL7-1 ~]# yum  info dhcp
```

④ 使用 yum 命令安装 dhcp 服务。

```
[root@RHEL7-1 ~]# yum clean all                              // 安装前先清除缓存
[root@RHEL7-1 ~]# yum  install  dhcp  -y
```

软件包安装完毕之后，可以使用 rpm 命令再一次进行查询：

```
[root@RHEL7-1 iso]# rpm -qa | grep dhcp
dhcp-4.1.1-34.P1.el6.x86_64
dhcp-common-4.1.1-34.P1.el6.x86_64
```

## 10.4 熟悉 DHCP 主配置文件

基本的 DHCP 服务器搭建流程如下：

① 编辑主配置文件 /etc/dhcp/dhcpd.conf，指定 IP 作用域（指定一个或多个 IP 地址范围）。

② 建立租约数据库文件。

③ 重新加载配置文件或重新启动 dhcpd 服务使配置生效。

DHCP 工作流程如图 10-4 所示。

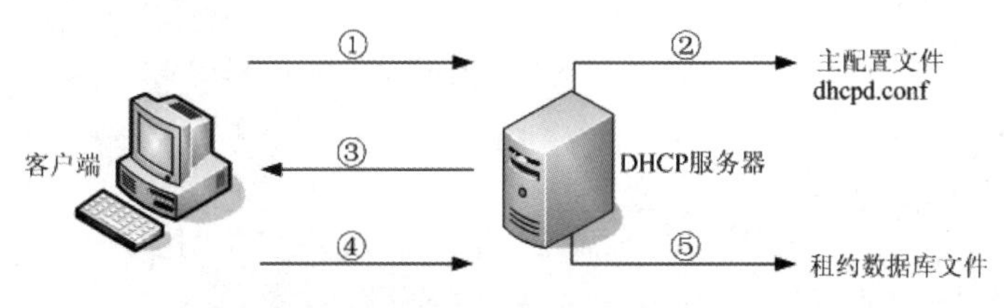


图 10-4　DHCP 工作流程

① 客户端发送广播向服务器申请 IP 地址。

② 服务器收到请求后查看主配置文件 dhcpd.conf，先根据客户端的 MAC 地址查看是否为客户端设置了固定 IP 地址。

③ 如果为客户端设置了固定 IP 地址则将该 IP 地址发送给客户端。如果没有设置固定 IP 地址，则将地址池中的 IP 地址发送给客户端。

④ 客户端收到服务器回应后，客户端给予服务器回应，告诉服务器已经使用了分配的IP地址。

⑤ 服务器将相关租约信息存入数据库。

1. 主配置文件 dhcpd.conf

(1) 复制样例文件到主配置文件

默认主配置文件（/etc/dhcp/dhcpd.conf）没有任何实质内容，打开查阅，发现里面有一句话：see /usr/share/doc/dhcp*/dhcpd.conf.example。以样例文件为例讲解主配置文件。

(2) dhcpd.conf 主配置文件组成部分

- parameters（参数）
- declarations（声明）
- option（选项）

(3) dhcpd.conf 主配置文件整体框架

dhcpd.conf 包括全局配置和局部配置。

全局配置可以包含参数或选项，该部分对整个 DHCP 服务器生效。

局部配置通常由声明部分来表示，该部分仅对局部生效，比如只对某个 IP 作用域生效。

dhcpd.conf 文件格式：

```
#全局配置
参数或选项；              #全局生效
#局部配置
声明 {
      参数或选项；        #局部生效
}
```

dhcp 范本配置文件内容包含了部分参数、声明以及选项的用法，其中注释部分可以放在任何位置，并以“#”号开头，当一行内容结束时，以“;”号结束，大括号所在行除外。

可以看出整个配置文件分成全局和局部两个部分。但是并不容易看出哪些属于参数，哪些属于声明和选项。

2. 常用参数介绍

参数主要用于设置服务器和客户端的动作或者是否执行某些任务，比如设置 IP 地址租约时间、是否检查客户端所用的 IP 地址等，如表 10-1 所示。

表 10-1 dhcpd 服务程序配置文件中使用的常见参数以及作用

| 参　数 | 作　用 |
| --- | --- |
| ddns-update-style [ 类型 ] | 定义 DNS 服务动态更新的类型，类型包括 none（不支持动态更新）、interim（互动更新模式）与 ad-hoc（特殊更新模式） |
| [allow \| ignore] client-updates | 允许 / 忽略客户端更新 DNS 记录 |
| default-lease-time 600 | 默认超时时间，单位是秒 |
| max-lease-time 7200 | 最大超时时间，单位是秒 |
| option domain-name-servers 192.168.10.1 | 定义 DNS 服务器地址 |
| option domain-name "domain.org" | 定义 DNS 域名 |
| range 192.168.10.10 192.168.10.100 | 定义用于分配的 IP 地址池 |
| option subnet-mask 255.255.255.0 | 定义客户端的子网掩码 |
| option routers 192.168.10.254 | 定义客户端的网关地址 |
| broadcase-address 192.168.10.255 | 定义客户端的广播地址 |
| ntp-server 192.168.10.1 | 定义客户端的网络时间服务器（NTP） |

续表

| 参　数 | 作　用 |
| --- | --- |
| nis-servers 192.168.10.1 | 定义客户端的 NIS 域服务器的地址 |
| Hardware 00:0c:29:03:34:02 | 指定网卡接口的类型与 MAC 地址 |
| server-name mydhcp.smile.com | 向 DHCP 客户端通知 DHCP 服务器的主机名 |
| fixed-address 192.168.10.105 | 将某个固定的 IP 地址分配给指定主机 |
| time-offset [ 偏移误差 ] | 指定客户端与格林尼治时间的偏移差 |

### 3. 常用声明介绍

声明一般用来指定 IP 作用域、定义为客户端分配的 IP 地址池等。

声明格式如下：

```
声明 {
      选项或参数;
}
```

常见声明的使用如下：

（1）subnet 网络号 netmask 子网掩码 {...}

作用：定义作用域，指定子网。

```
subnet  192.168.10.0   netmask   255.255.255.0  {
      ...
}
```

**注意**：网络号必须与 DHCP 服务器的至少一个网络号相同。

（2）range dynamic-bootp 起始 IP 地址 结束 IP 地址

作用：指定动态 IP 地址范围。

```
range dynamic-bootp   192.168.10.100   192.168.10.200
```

**注意**：可以在 subnet 声明中指定多个 range，但多个 range 所定义的 IP 范围不能重复。

### 4. 常用选项介绍

选项通常用来配置 DHCP 客户端的可选参数，比如定义客户端的 DNS 地址、默认网关等。选项内容都是以 option 关键字开始的。

常见选项使用如下：

（1）option routers IP 地址

作用：为客户端指定默认网关。

```
option routers   192.168.10.254
```

（2）option subnet-mask 子网掩码

作用：设置客户端的子网掩码。

```
option subnet-mask   255.255.255.0
```

（3）option domain-name-servers IP 地址

作用：为客户端指定 DNS 服务器地址。

```
option  domain-name-servers   192.168.10.1
```

**注意**：（1）（2）（3）选项可以用在全局配置中，也可以用在局部配置中。

5. IP 地址绑定

在 DHCP 中的 IP 地址绑定用于给客户端分配固定 IP 地址。比如服务器需要使用固定 IP 地址就可以使用 IP 地址绑定，通过 MAC 地址与 IP 地址的对应关系为指定的物理地址计算机分配固定 IP 地址。

整个配置过程需要用到 host 声明和 hardware、fixed- address 参数。

（1）host　主机名 {...}

作用：用于定义保留地址。例如：

```
host  computer1
```

**注意**：该项通常搭配 subnet 声明使用。

（2）hardware 类型硬件地址

作用：定义网络接口类型和硬件地址。常用类型为以太网（ethernet），地址为 MAC 地址。例如：

```
hardware  ethernet  3a:b5:cd:32:65:12
```

（3）fixed-address　IP 地址

作用：定义 DHCP 客户端指定的 IP 地址。

例如：

```
fixed-address   192.168.10.105
```

**注意**：（2）（3）项只能应用于 host 声明中。

6. 租约数据库文件

租约数据库文件用于保存一系列的租约声明，其中包含客户端的主机名、MAC 地址、分配到的 IP 地址，以及 IP 地址的有效期等相关信息。这个数据库文件是可编辑的 ASCII 格式文本文件。每当发生租约变化的时候，都会在文件结尾添加新的租约记录。

DHCP 刚安装好后租约数据库文件 dhcpd.leases 是个空文件。

当 DHCP 服务正常运行后就可以使用 cat 命令查看租约数据库文件内容了。

```
cat   /var/lib/dhcpd/dhcpd.leases
```

## 10.5 配置 DHCP 应用案例

现在完成一个简单的应用案例。

1. 案例需求

技术部有 60 台计算机，各计算机的 IP 地址要求如下：

① DHCP 服务器和 DNS 服务器的地址都是 192.168.10.1/24，有效 IP 地址段为 192.168.10.1~192.168.10.254，子网掩码是 255.255.255.0，网关为 192.168.10.254。

② 192.168.10.1~192.168.10.30 网段地址是服务器的固定地址。

③ 客户端可以使用的地址段为 192.168.10.31~192.168.10.200，但 192.168.10.105、192.168.10.107 为保留地址。其中 192.168.10.105 保留给 Client2。

④ 客户端 Client1 模拟所有的其他客户端，采用自动获取方式配置 IP 等地址信息。

2. 网络环境搭建

Linux 服务器和客户端的地址及 MAC 信息如表 10–2 所示（可以使用 VM 的克隆技术快速安装需要的 Linux 客户端）。

表 10–2 Linux 服务器和客户端的地址及 MAC 信息

| 主机名称 | 操作系统 | IP 地址 | MAC 地址 |
| --- | --- | --- | --- |
| DHCP 服务器：RHEL7-1 | RHEL7 | 192.168.10.1 | 00:0c:29:2b:88:d8 |
| Linux 客户端：Client1 | RHEL7 | 自动获取 | 00:0c:29:64:08:86 |
| Linux 客户端：Client2 | RHEL7 | 保留地址 | 00:0c:29:03:34:02 |

3 台安装好 RHEL7.4 的计算机，连网方式都设为 host only（VMnet1），一台作为服务器，两台作为客户端使用。

3. 服务器端配置

① 定制全局配置和局部配置，局部配置需要把 192.168.10.0/24 网段声明出来，然后在该声明中指定一个 IP 地址池，范围为 192.168.10.31~192.168.10.200，但要去掉 192.168.10.105 和 192.168.10.107，其他分配给客户端使用。

② 要保证使用固定 IP 地址，就要在 subnet 声明中嵌套 host 声明，目的是要单独为 Client2 设置固定 IP 地址，并在 host 声明中加入 IP 地址和 MAC 地址绑定的选项以申请固定 IP 地址。全部配置文件内容如下：

```
ddns-update-style none;
log-facility local7;
subnet 192.168.10.0 netmask 255.255.255.0 {
  range 192.168.10.31 192.168.10.104;
  range 192.168.10.106 192.168.10.106;
  range 192.168.10.108 192.168.10.200;
  option domain-name-servers 192.168.10.1;
  option domain-name “myDHCP.smile.com”;
  option routers 192.168.10.254;
  option broadcast-address 192.168.10.255;
  default-lease-time 600;
  max-lease-time 7200;
}
host Client2{
      hardware ethernet 00:0c:29:03:34:02;
      fixed-address 192.168.10.105;
}
```

③ 配置完成保存并退出，重启 dhcpd 服务，并设置开机自动启动。

```
[root@RHEL7-1 ~]# systemctl restart dhcpd
[root@RHEL7-1 ~]# systemctl enable dhcpd
Created symlink from /etc/systemd/system/multi-user.target.wants/dhcpd.
```

```
service to /usr/lib/systemd/system/dhcpd.service.
```

**特别注意**：如果启动 DHCP 失败，可以使用 dhcpd 命令进行排错。一般启动失败的原因如下：

① 配置文件有问题。

- 内容不符合语法结构，例如少个分号。
- 声明的子网和子网掩码不符合。

② 主机 IP 地址和声明的子网不在同一网段。

③ 主机没有配置 IP 地址。

④ 配置文件路径出问题，比如在 RHEL6 以下的版本中，配置文件保存在了 /etc/dhcpd.conf，但是在 rhel6 及以上版本中，却保存在了 /etc/dhcp/dhcpd.conf。

4. 在客户端 Client1 上进行测试

如果在真实网络中，应该不会出问题。但如果用的是 VMWare 12 或其他类似版本，虚拟机中的 Windows 客户端可能会获取到 192.168.79.0 网络中的一个地址，与预期目标相背。这种情况，需要关闭 VMnet8 和 VMnet1 的 DHCP 服务功能。解决方法如下（本项目的服务器和客户机的网络连接都使用 VMnet1）：

在 VMWare 主窗口中，依次打开"编辑"→"虚拟网络编辑器"，打开"虚拟网络编辑器"窗口，选中 VMnet1 或 VMnet8，去掉对应的 DHCP 服务启用选项，如图 10-5 所示。

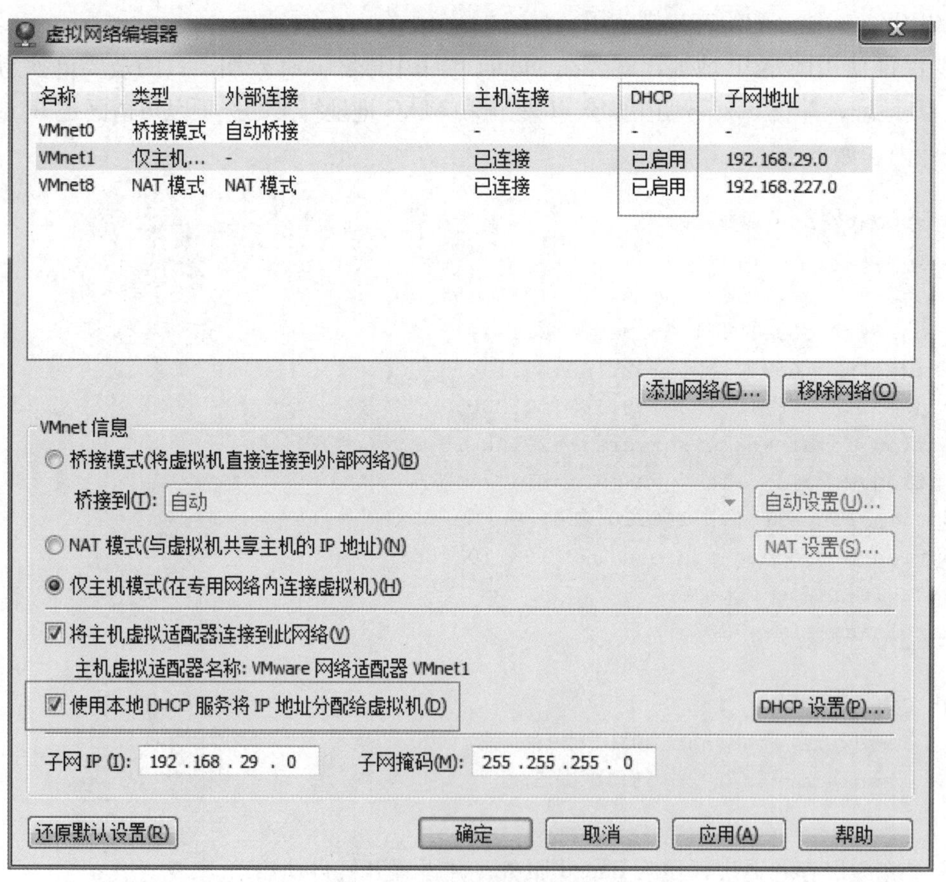


图 10-5 虚拟网络编辑器

① 以 root 用户身份登录名为 Client1 的 Linux 计算机，依次单击 Applications → System Tools → Settings → Network，打开 Network 对话框，如图 10-6 所示。

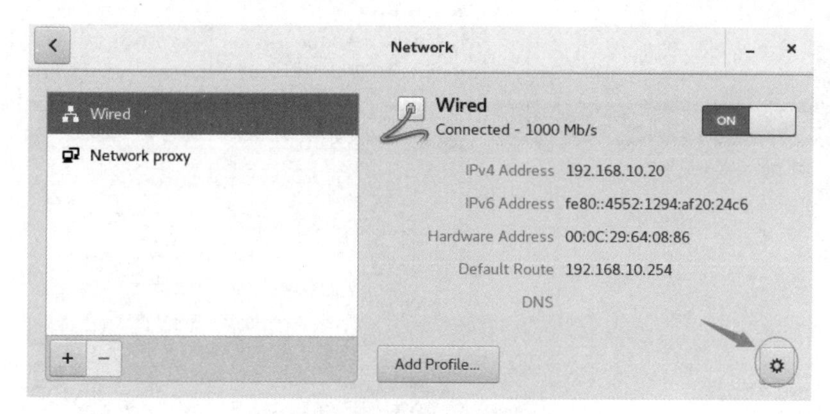


图 10-6 Network 对话框

②单击图 10-6 中的“齿轮”按钮，在弹出的 Wired 对话框中单击 IPv4，并将 Addresses 选项配置为 Automatic(DHCP)，最后单击 Apply 按钮，如图 10-7 所示。

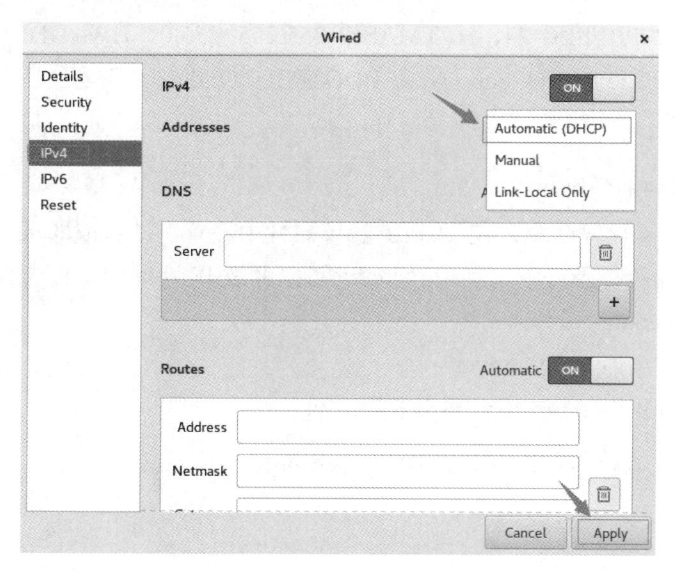


图 10-7 设置 Automatic(DHCP)

③ 在图 10-7 中先选择 OFF 关闭 Wired，再选择 ON 打开 Wired。这时会看到图 10-8 所示的结果：Client1 成功获取到了 DHCP 服务器地址池的一个地址。

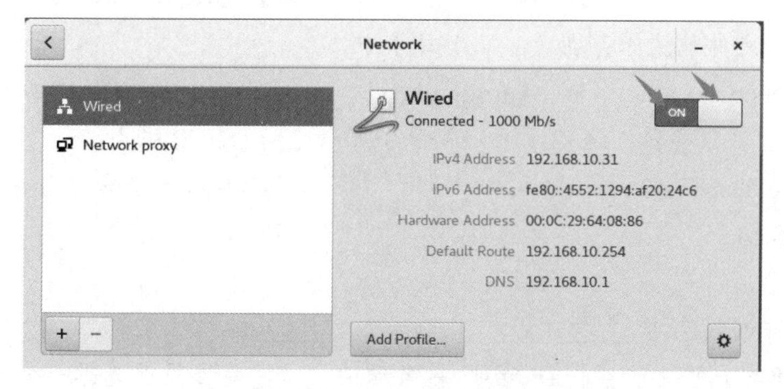


图 10-8 成功获取 IP 地址

5. 在客户端 Client2 上进行测试

同样以 root 用户身份登录名为 Client2 的 Linux 计算机，按“在客户端 Client1 上进行测试”的方法，设置 Client2 自动获取 IP 地址，最后的结果如图 10-9 所示。

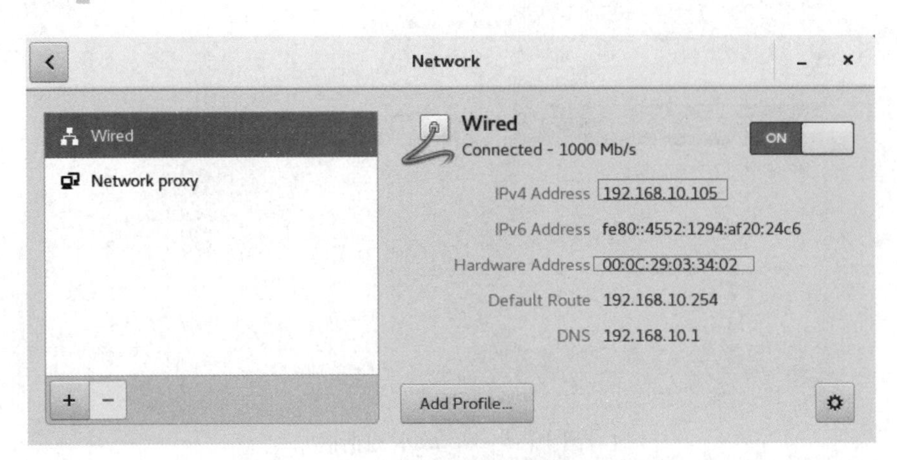


图 10-9　客户端 Client2 成功获取 IP 地址

**注意**：利用网络卡配置文件也可设置使用 DHCP 服务器获取 IP 地址。在该配置文件中，IPADDR=192.168.1.1、PREFIX=24、NETMASK=255.255. 255.0、HWADDR=00:0C:29:A2:BA:98 等条目删除，将 BOOTPROTO=none 改为 BOOTPROTO=dhcp。设置完成后，一定要重启 NetworkManager 服务。

6. Windows 客户端配置

① Windows 客户端比较简单，在 TCP/IP 协议属性中设置自动获取即可。

② 在 Windows 命令提示符下，利用 ipconfig 可以释放 IP 地址后，重新获取 IP 地址。

释放 IP 地址：ipconfig　/release

重新申请 IP 地址：ipconfig　/renew

7. 在服务器 RHEL7-1 端查看租约数据库文件

```
[root@RHEL7-1 ~]# cat   /var/lib/dhcpd/dhcpd.leases
```

## ◎ 练　习　题

### 一、选择题

1. TCP/IP 中，(　　) 协议是用来进行 IP 地址自动分配的。

　A. ARP　　B. NFS　　C. DHCP　　D. DDNS

2. DHCP 租约文件默认保存在 (　　) 目录中。

　A. /etc/dhcpd　　B. /var/log/dhcpd　　C. /var/log/dhcp　　D. /var/lib/dhcp

3. 配置完 DHCP 服务器，运行 (　　) 命令可以启动 DHCP 服务。

　A. service dhcpd start　　B. /etc/rc.d/init.d/dhcpd start

　C. start dhcpd　　D. dhcpd on

### 二、填空题

1. DHCP 工作过程包括______、______、______、______ 4 种报文。

2. 如果 DHCP 客户端无法获得 IP 地址，将自动从______地址段中选择一个作为自己的地址。

3. 在 Windows 环境下，使用______命令可以查看 IP 地址配置，使用______命令可以释放 IP 地址，使用______命令可以续租 IP 地址。

4. DHCP 是一个简化主机 IP 地址分配管理的 TCP/IP 标准协议，英文全称是______，中文名称为______。

5. 当客户端注意到它的租用期到了______以上时，就要更新该租用期。这时它发送一个______信息包给它所获得原始信息的服务器。

6. 当租用期达到期满时间的近______时，客户端如果在前一次请求中没能更新租用期的话，它会再次试图更新租用期。

7. 配置 Linux 客户端需要修改网卡配置文件，将 BOOTPROTO 项设置为______。

三、实践题

架设一台 DHCP 服务器，并按照下面的要求进行配置：

① 为 192.168.203.0/24 建立一个 IP 作用域，并将 192.168.203.60~192.168.203.200 范围内的 IP 地址动态分配给客户机。

② 假设子网的 DNS 服务器的 IP 地址为 192.168.0.9，网关为 192.168.203.254，所在的域为 jnrp.edu.cn，将这些参数指定给客户机使用。

## ◎ 项目实录 配置与管理 DHCP 服务器

视频 10-2
实训项目 配置与管理 DHCP 服务器

### 一、视频位置

实训前请扫二维码观看：实训项目 配置与管理 DHCP 服务器。

### 二、项目目的

- 掌握 Linux 下 DHCP 服务器的安装和配置方法。
- 掌握 Linux 下 DHCP 客户端的配置。
- 了解超级作用域。
- 了解 DHCP 中继代理。

### 三、项目背景

① 某企业计划构建一台 DHCP 服务器来解决 IP 地址动态分配的问题，要求能够分配 IP 地址以及网关、DNS 等其他网络属性信息。同时要求 DHCP 服务器为 DNS、Web、Samba 服务器分配固定 IP 地址。该公司网络拓扑图如图 10-10 所示。

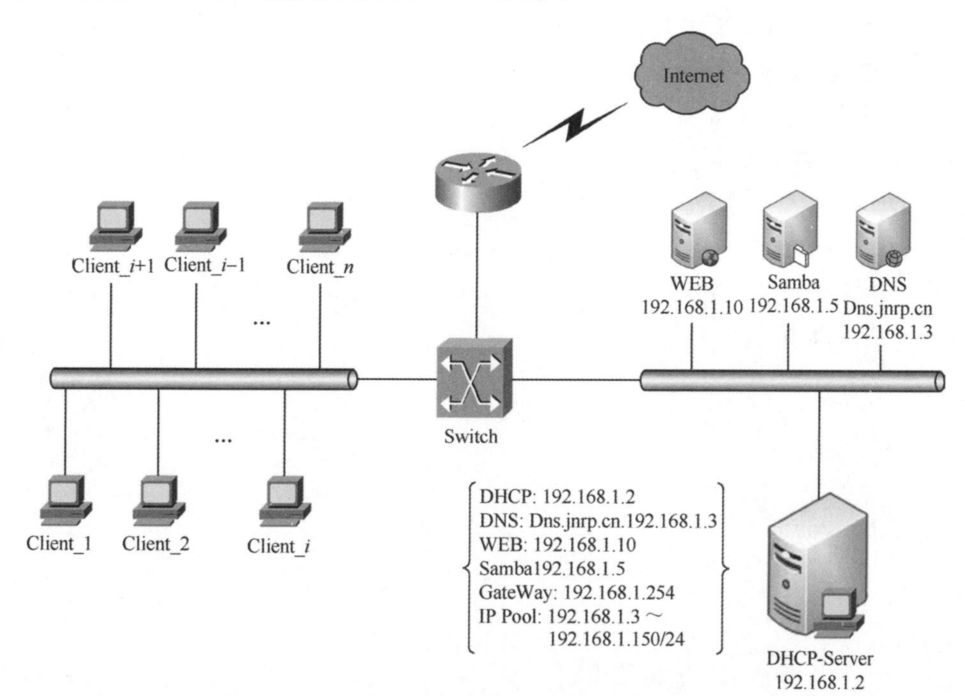


图 10-10 DHCP 服务器搭建网络拓扑

② 企业 DHCP 服务器 IP 地址为 192.168.1.2。DNS 服务器的域名为 dns.jnrp.cn，IP 地址为 192.168.1.3；Web 服务器 IP 地址为 192.168.1.10；Samba 服务器 IP 地址为 192.168.1.5；网关地址为 192.168.1.254；地址范围为 192.168.1.3 到 192.168.1.150，掩码为 255.255.255.0。

四、深度思考

在观看视频时思考以下几个问题。

① DHCP 软件包中哪些是必需的？哪些是可选的？

② DHCP 服务器的范本文件如何获得？

③ 如何设置保留地址？进行 host 声明的设置时有何要求？

④ 超级作用域的作用是什么？

⑤ 配置中继代理要注意哪些问题？

五、做一做

根据项目要求及录像内容，将项目完整无误地完成。

## ◎ 实训　DHCP 服务器配置

一、实训目的

掌握 Linux 下 DHCP 服务器配置。

二、实训内容

练习 DHCP 服务器及 DHCP 中继代理的安装与配置。

三、实训练习

（1）DHCP 服务器的配置

配置 DHCP 服务器，为子网 A 内的客户机提供 DHCP 服务。具体参数如下：

- IP 地址段：192.168.11.101 ～ 192.168.11.200。
- 子网掩码：255.255.255.0。
- 网关地址：192.168.11.254。
- 域名服务器：192.168.10.1。
- 子网所属域的名称：sample.edu.cn。
- 默认租约有效期：1 天。
- 最大租约有效期：3 天。

（2）在 DHCP 客户端测试。

在客户进行测试。

四、实训报告

按要求完成实训报告。

# 第11章

# 配置与管理DNS服务器

DNS服务器是常见的网络服务器。本章将详细讲解在Linux操作平台下DNS服务器的配置。

学习要点

- 了解DNS服务的工作原理。
- 熟练掌握Linux下DNS服务器的配置。

## 11.1 DNS服务

DNS（Domain Name Service，域名服务）是Internet/Intranet中最基础也是非常重要的一项服务，它提供了网络访问中域名和IP地址的相互转换。

视频11-1 配置DNS服务器

### 11.1.1 DNS概述

在TCP/IP网络中，每台主机必须有一个唯一的IP地址，当某台主机要访问另外一台主机上的资源时，必须指定另一台主机的IP地址，通过IP地址找到这台主机后才能访问这台主机。但是，当网络的规模较大时，使用IP地址就不太方便了，所以，便出现了主机名（hostname）与IP地址之间的一种对应解决方案，可以通过使用形象易记的主机名而非IP地址进行网络的访问，这比单纯使用IP地址要方便得多。其实，在这种解决方案中使用了解析的概念和原理，单独通过主机名是无法建立网络连接的，只有通过解析的过程，在主机名和IP地址之间建立映射关系后，才可以通过主机名间接地通过IP地址建立网络连接。

主机名与IP地址之间的映射关系，在小型网络中多使用Hosts文件来完成，后来，随着网络规模的增大，为了满足不同组织的要求，以实现一个可伸缩、可自定义的命名方案的需要，InterNIC制定了一套称为域名系统（DNS）的分层名字解析方案，当DNS用户提出IP地址查询请求时，可以由DNS服务器中的数据库提供所需的数据，完成域名和IP地址的相互转换。DNS技术目前已广泛应用于Internet中。

组成DNS系统的核心是DNS服务器，它是回答域名服务查询的计算机，它为连接Intranet

和 Internet 的用户提供并管理 DNS 服务，维护 DNS 名字数据并处理 DNS 客户端主机名的查询。DNS 服务器保存了包含主机名和相应 IP 地址的数据库。

DNS 服务器分为 3 类：

① 主 DNS 服务器（Master 或 Primary）。主 DNS 服务器负责维护所管辖域的域名服务信息。它从域管理员构造的本地磁盘文件中加载域信息，该文件（区文件）包含着该服务器具有管理权的一部分域结构的最精确信息。配置主域服务器需要一整套的配置文件，包括主配置文件（/etc/named.conf）、正向域的区文件、反向域的区文件、高速缓存初始化文件（/var/named/named.ca）和回送文件（/var/named/named.local）。

② 辅助 DNS 服务器（Slave 或 Secondary）。辅助 DNS 服务器用于分担主 DNS 服务器的查询负载。区文件是从主服务器中转移出来的，并作为本地磁盘文件存储在辅助服务器中。这种转移称为“区文件转移”。在辅助 DNS 服务器中有一个所有域信息的完整复制，可以权威地回答对该域的查询请求。配置辅助 DNS 服务器不需要生成本地区文件，因为可以从主服务器下载该区文件。因而只需配置主配置文件、高速缓存文件和回送文件就可以了。

③ 惟高速缓存 DNS 服务器（Caching-only DNS server）。供本地网络上的客户机用来进行域名转换。它通过查询其他 DNS 服务器并将获得的信息存放在它的高速缓存中，为客户机查询信息提供服务。惟高速缓存 DNS 服务器不是权威性的服务器，因为它提供的所有信息都是间接信息。

### 11.1.2 DNS 查询模式

按照 DNS 搜索区域的类型，DNS 的区域分为正向搜索区域和反向搜索区域。正向搜索是 DNS 服务的主要功能，它根据计算机的 DNS 名称（域名），解析出相应的 IP 地址；而反向搜索是根据计算机的 IP 地址解析出它的 DNS 名称（域名）。

1. 正向查询

正向查询就是根据域名，搜索出对应的 IP 地址。其查询方法为：当 DNS 客户机（也可以是 DNS 服务器）向首选 DNS 服务器发出查询请求后，如果首选 DNS 服务器数据库中没有与查询请求所对应的数据，则会将查询请求转发给另一台 DNS 服务器，依此类推，直到找到与查询请求对应的数据为止，如果最后一台 DNS 服务器中也没有所需的数据，则通知 DNS 客户机查询失败。

2. 反向查询

反向查询与正向查询正好相反，它是利用 IP 地址查询出对应的域名。

### 11.1.3 DNS 域名空间结构

在域名系统中，每台计算机的域名由一系列用点分开的字母数字段组成。例如，某台计算机的 FQDN（Fully Qualified Domain Name 全称域名，完全合格域名）为 www.12306.cn，其域名为 12306.cn；另一台计算机的 FQDN 为 www.tsinghua.edu.cn，其域名为 tsinghua.edu.cn。域名是有层次的，域名中最重要的部分位于右边。FQDN 中最左边的部分是单台计算机的主机名或主机别名。

DNS 域名空间的分层结构如图 11-1 所示。

整个 DNS 域名空间结构如同一棵倒挂的树，层次结构非常清晰。根域位于顶部，紧接在根域下面的是顶级域，每个顶级域又可以进一步划分为不同的二级域，二级域再划分出子域，子域下面可以是主机也可以再划分子域，直到最后的主机。在 Internet 中的域是由 InterNIC 负责管理的，域名的服务则由 DNS 来实现。

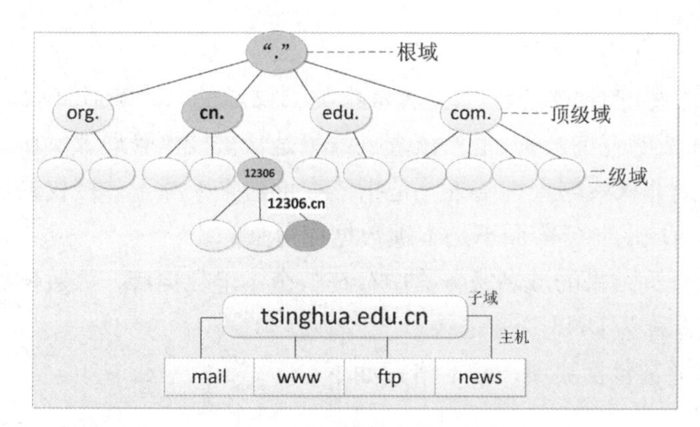


图 11-1　DNS 域名空间结构

## 11.1.4　DNS 域名解析过程

DNS 解析过程如图 11-2 所示。

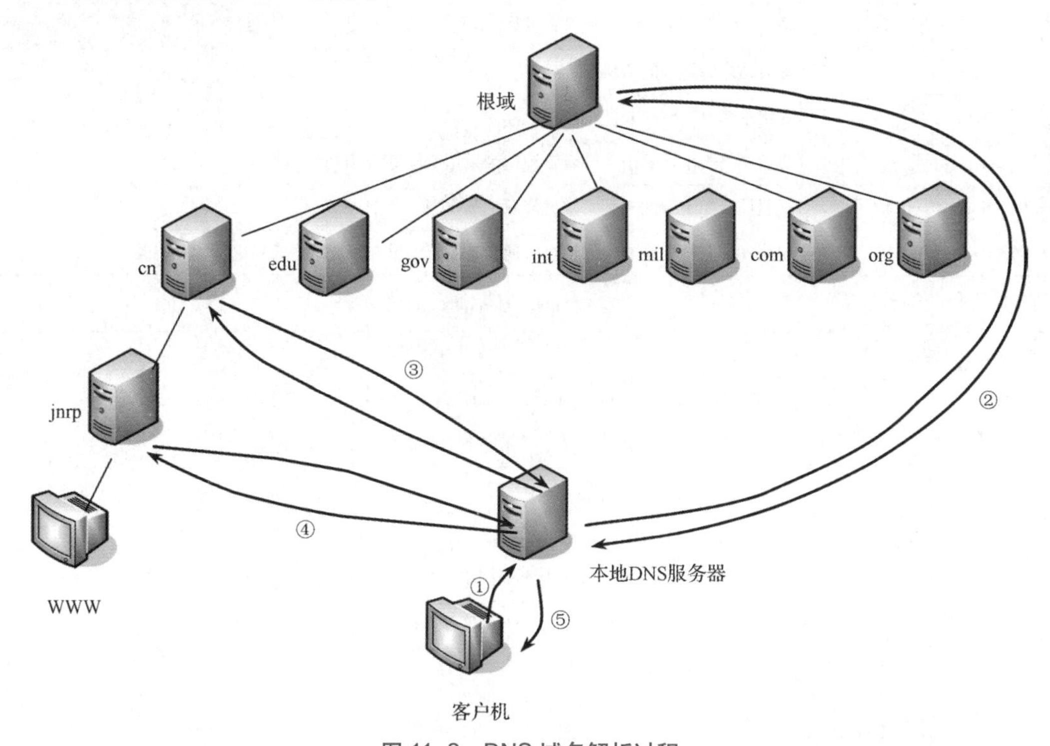


图 11-2　DNS 域名解析过程

① 客户机提出域名解析请求，并将该请求发送给本地的域名服务器。

② 当本地的域名服务器收到请求后，先查询本地的缓存，如果有该记录项，则本地的域名服务器就直接把查询的结果返回。

③ 如果本地的缓存中没有该记录，则本地域名服务器直接把请求发给根域名服务器，然后根域名服务器返回给本地域名服务器一个所查询域（根的子域）的主域名服务器的地址。

④ 本地服务器再向上一步返回的域名服务器发送请求，然后接收请求的服务器查询自己的缓存，如果没有该记录，则返回相关的下级的域名服务器的地址。

⑤ 重复④，直到找到正确的记录。

⑥ 本地域名服务器把返回的结果保存到缓存，以备下一次使用，同时还将结果返回给客户机。

### 11.1.5 DNS 常见资源记录

从 DNS 服务器返回的查询结果可以分为两类：权威的（authoritative）和非权威的（non-authoritative）。所谓权威的查询结果，是指该查询结果是从被授权管理该区域的域名服务器的数据库中查询而来的。所谓非权威的查询结果，是指该查询结果来源于非授权的域名服务器，是该域名服务器通过查询其他域名服务器而不是本地数据库得来的。

在能够返回权威查询结果的域名服务器中存在一个本地数据库，该数据库中存储与域名解析相关的条目，这些条目称为 DNS 资源记录。

资源记录的内容通常包括 5 项，基本格式如下：

```
Domain      TTL      Class      Record Type      Record Data
```

其各项的含义如表 11-1 所示。

表 11-1　资源记录条目中各项含义

| 项　目 | 含　义 |
|---|---|
| 域名（Domain） | 拥有该资源记录的 DNS 域名 |
| 存活期（TTL） | 该记录的有效时间长度 |
| 类别（Class） | 说明网络类型，目前大部分资源记录采用 IN，表示 Internet |
| 记录类型（Record Type） | 说明该资源记录的类型，常见资源记录类型如表 11-2 所示 |
| 记录数据（Record Data） | 说明和该资源记录有关的信息，通常是解析结果，该数据格式和记录类型有关 |

表 11-2　DNS 资源记录类型

| 资源记录类型 | 说　明 |
|---|---|
| A | 主机资源记录，建立域名到 IP 地址的映射 |
| CNAME | 别名资源记录，为其他资源记录指定名称的替补 |
| SOA | 起始授权机构 |
| NS | 名称服务器，指定授权的名称服务器 |
| PTR | 指针资源记录，用来实现反向查询，建立 IP 地址到域名的映射 |
| MX | 邮件交换记录，指定用来交换或者转发邮件信息的服务器 |
| HINFO | 主机信息记录，指明 CPU 与 OS |

### 11.1.6 /etc/hosts 文件

hosts 文件是 Linux 系统中一个负责 IP 地址与域名快速解析的文件，以 ASCII 格式保存在 /etc 目录下，文件名为 hosts。hosts 文件包含了 IP 地址和主机名之间的映射，还包括主机名的别名。在没有域名服务器的情况下，系统上的所有网络程序都通过查询该文件来解析对应于某个主机名的 IP 地址，否则就需要使用 DNS 服务程序来解决。通常可以将常用的域名和 IP 地址映射加入 hosts 文件中，实现快速方便的访问。hosts 文件的格式如下：

```
IP 地址      主机名 / 域名
```

**【例 11-1】** 假设要添加域名为 www.tsinghua.edu.cn，IP 地址为 166.111.4.100；news.baidu.com，IP 地址为 112.34.111.125。则可在 hosts 文件中添加如下记录：

```
www.tsinghua.edu.cn                    166.111.4.100
news.baidu.com                         112.34.111.125
```

## 11.2 项目设计及准备

### 11.2.1 项目设计

为了保证校园网中的计算机能够安全可靠地通过域名访问本地网络以及Internet资源，需要在网络中部署主DNS服务器、辅助DNS服务器、缓存DNS服务器。

### 11.2.2 项目准备

一共需要4台计算机，其中3台是Linux计算机，1台是Windows 7计算机，如表11-3所示。

表11-3 Linux服务器和客户端信息

| 主机名称 | 操作系统 | IP | 角色 |
| --- | --- | --- | --- |
| RHEL7-1 | RHEL7 | 192.168.10.1/24 | 主DNS服务器；VMnet1 |
| RHEL7-2 | RHEL7 | 192.68.10.2/24 | 辅助DNS、缓存DNS、转发DNS等；VMnet1 |
| Client1 | RHEL7 | 192.168.10.20/24 | Linux客户端；VMnet1 |
| Win7-1 | Windows 7 | 192.168.10.40/24 | Windows客户端；VMnet1 |

**注意**：DNS服务器的IP地址必须是静态的。

## 11.3 安装、启动DNS服务

Linux下架设DNS服务器通常使用BIND（Berkeley Internet Name Domain）程序来实现，其守护进程是named。下面在RHEL7-1和RHEL7-2上进行。

1. bind软件包简介

BIND是一款实现DNS服务器的开放源码软件。BIND原本是美国DARPA资助研究伯克里大学（Berkeley）开设的一个研究生课题，经过多年的变化发展已经成为世界上使用最为广泛的DNS服务器软件，目前Internet上绝大多数的DNS服务器都是用BIND来架设的。BIND能够运行在当前大多数的操作系统平台上。

2. 安装bind软件包

使用yum命令安装bind服务（光盘挂载、yum源的制作请参考前面相关内容）。

需要特别注意的是，挂载光盘前要确认光盘镜像已经映射到虚拟机的桌面，否则请先右击桌面右下角的光盘图标，在弹出的快捷菜单中，选择“设置”命令，正确设置ISO镜像的正确位置。然后再次右击桌面右下角的光盘，在弹出的快捷菜单中选择“连接”命令。

```
[root@RHEL7-1 ~]# mkdir /iso
[root@RHEL7-1 ~]# mount  /dev/cdrom /iso
[root@RHEL7-1 ~]# yum clean all                    //安装前先清除缓存
[root@RHEL7-1 ~]# yum  install  bind  bind-chroot -y
```

安装完后再次查询，可以发现已安装成功。

```
[root@RHEL7-1 ~]# rpm -qa|grep bind
```

3. DNS服务的启动、停止与重启，加入开机自启动

```
[root@RHEL7-1 ~]# systemctl   stop  named
[root@RHEL7-1 ~]# systemctl   start  named
```

```
[root@RHEL7-1 ~]# systemctl   restart  named
[root@RHEL7-1 ~]# systemctl   enable  named
```

## 11.4 掌握 BIND 配置文件

1. DNS 服务器配置流程

一个比较简单的 DNS 服务器设置流程主要分为以下 3 步：

① 建立配置文件 named.conf，该文件的最主要目的是设置 DNS 服务器能够管理哪些区域（Zone）以及这些区域所对应的区域文件名和存放路径。

② 建立区域文件，按照 named.conf 文件中指定的路径建立区域文件，该文件主要记录该区域内的资源记录。例如，www.tsinghua.edu.cn 对应的 IP 地址为 166.111.4.100。

③ 重新加载配置文件或重新启动 named 服务使用配置生效。

下面我们来看一个具体实例，如图 11-3 所示。

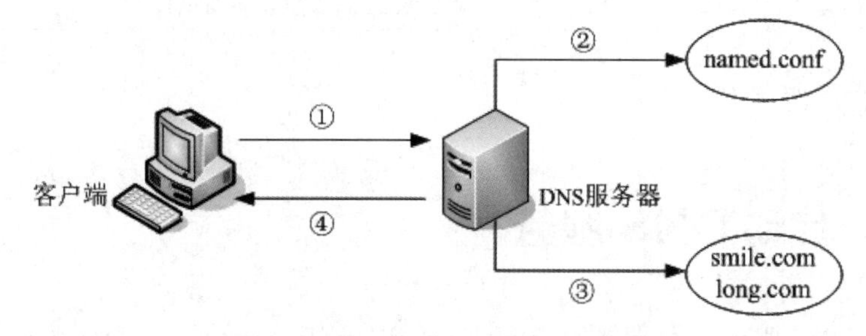


图 11-3　配置 DNS 服务器工作流程

① 客户端需要获得 www.smile.com 这台主机所对应的 IP 地址，将查询请求发送给 DNS 服务器。

② 服务器接收到请求后，查询主配置文件 named.conf，检查是否能够管理 smile.com 区域。而 named.conf 中记录着能够解析 smile.com 区域并提供 smile.com 区域文件所在路径及文件名。

③ 服务器根据 named.conf 文件中提供的路径和文件名找到 smile.com 区域所对应的配置文件，并从中找到 www.smile.com 主机所对应的 IP 地址。

④ 将查询结果反馈给客户端，完成整个查询过程。

一般的 DNS 配置文件分为全局配置文件、主配置文件和正反向解析区域声明文件。下面介绍各配置文件的配置方法。

2. 认识全局配置文件

全局配置文件位于 /etc 目录下。

```
[root@RHEL7-1 ~]# cat /etc/named.conf
…
options {
  listen-on port 53 { 127.0.0.1; };         //指定 BIND 侦听的 DNS 查询请求的本
                                            //机 IP 地址及端口
    listen-on-v6 port 53 { ::1; };          //限于 IPv6
    directory "/var/named";                 //指定区域配置文件所在的路径
    dump-file   "/var/named/data/cache_dump.db";
    statistics-file "/var/named/data/named_stats.txt";
    memstatistics-file "/var/named/data/named_mem_stats.txt";
```

```
    allow-query { localhost; };              //指定接收DNS查询请求的客户端
    recursion yes;
    dnssec-enable yes;
    dnssec-validation yes;                   //改为no可以忽略SELinux影响
    dnssec-lookaside auto;
    …
};
//以下用于指定BIND服务的日志参数

logging {
    channel default_debug {
        file "data/named.run" ;
        severity dynamic;
    };
};

zone "." IN {                           //用于指定根服务器的配置信息，一般不能改动
    type hint;
    file "named.ca";
};

include "/etc/named.zones";             //指定主配置文件，一定根据实际修改！！
include "/etc/named.root.key";
```

options配置段属于全局性的设置，常用配置项命令及功能如下：

- directory：用于指定named守护进程的工作目录，各区域正反向搜索解析文件和DNS根服务器地址列表文件（named.ca）应放在该配置项指定的目录中。
- allow-query{}与allow-query{localhost;}功能相同。另外，还可使用地址匹配符来表达允许的主机。例如，any可匹配所有的IP地址，none不匹配任何IP地址，localhost匹配本地主机使用的所有IP地址，localnets匹配同本地主机相连的网络中的所有主机。例如，若仅允许127.0.0.1和192.168.1.0/24网段的主机查询该DNS服务器，则命令为：allow-query {127.0.0.1;192.168.1.0/24}。
- listen-on：设置named守护进程监听的IP地址和端口。若未指定，默认监听DNS服务器的所有IP地址的53号端口。当服务器安装有多块网卡，有多个IP地址时，可通过该配置命令指定所要监听的IP地址。对于只有一个地址的服务器，不必设置。例如，若要设置DNS服务器监听192.168.1.2这个IP地址，端口使用标准的5353号，则配置命令为：listen-on port 5353 { 192.168.1.2;};
- forwarders{}：用于定义DNS转发器。当设置了转发器后，所有非本域的和在缓存中无法找到的域名查询，可由指定的DNS转发器来完成解析工作并做缓存。forward用于指定转发方式，仅在forwarders转发器列表不为空时有效，其用法为“forward first | only;”。forward first为默认方式，DNS服务器会将用户的域名查询请求先转发给forwarders设置的转发器，由转发器来完成域名的解析工作，若指定的转发器无法完成解析或无响应，则再由DNS服务器自身来完成域名的解析。若设置为“forward only ; ”，则DNS服务器仅将用户的域名查询请求转发给转发器，若指定的转发器无法完成域名解析或无响应，DNS服务器自身也不会试着对其进行域名解析。例如，某地区的DNS服务器为

61.128.192.68 和 61.128.128.68，若要将其设置为 DNS 服务器的转发器，则配置命令为

```
options{
        forwarders {61.128.192.68;61.128.128.68;};
        forward first;
};
```

3. 认识主配置文件

主配置文件位于 /etc 目录下，可将 named.rfc1912.zones 复制为全局配置文件中指定的主配置文件，本书中是 /etc/named.zones。

```
[root@RHEL7-1 ~]# cp -p /etc/named.rfc1912.zones  /etc/named.zones
[root@RHEL7-1 ~]# cat /etc/named.zones

zone "localhost.localdomain" IN {
   type master;                                   // 主要区域
   file "named.localhost";                        // 指定正向查询区域配置文件
   allow-update { none; };
};
…

zone "1.0.0.127.in-addr.arpa" IN {                // 反向解析区域
   type master;
   file "named.loopback";                         // 指定反向解析区域配置文件
   allow-update { none; };
};
…
```

（1）Zone 区域声明

① 主域名服务器的正向解析区域声明格式为（样本文件为 named.localhost）：

```
zone  "区域名称" IN {
    type master ;
    file  "实现正向解析的区域文件名";
    allow-update {none;};
};
```

② 从域名服务器的正向解析区域声明格式为：

```
zone  "区域名称" IN {
    type slave ;
    file  "实现正向解析的区域文件名";
    masters {主域名服务器的 IP 地址;};
};
```

反向解析区域的声明格式与正向相同，只是 file 所指定要读的文件不同，另外就是区域的名称不同。若要反向解析 x.y.z 网段的主机，则反向解析的区域名称应设置为 z.y.x.in-addr.arpa。（反向解析区域样本文件为 named.loopback）

（2）根区域文件 /var/named/named.ca

/var/named/named.ca 是一个非常重要的文件，该文件包含了 Internet 的顶级域名服务器的

名字和地址。利用该文件可以让 DNS 服务器找到根 DNS 服务器，并初始化 DNS 的缓冲区。当 DNS 服务器接到客户端主机的查询请求时，如果在 Cache 中找不到相应的数据，就会通过根服务器进行逐级查询。/var/named/named.ca 文件的主要内容如图 11–4 所示。

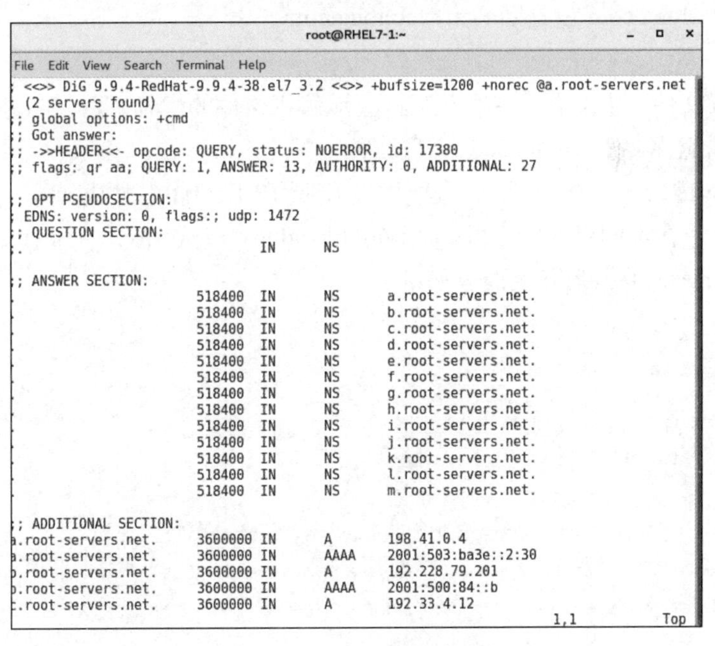


图 11–4　named.ca 文件

**说明：**

① 以“;”开始的行都是注释行。

② 其他每两行都和某个域名服务器有关，分别是 NS 和 A 资源记录。

行“. 518400 IN NS　A.ROOT-SERVERS.NET.”的含义是：“.”表示根域；518400 是存活期；IN 是资源记录的网络类型，表示 Internet 类型；NS 是资源记录类型；“A.ROOT-SERVERS.NET.”是主机域名。

行“A.ROOT-SERVERS.NET. 3600000 IN A 198.41.0.4”的含义是：A 资源记录用于指定根域服务器的 IP 地址。A.ROOT-SERVERS.NET. 是主机名；3600000 是存活期；A 是资源记录类型；最后对应的是 IP 地址。

③ 其他各行的含义与上面两项基本相同。

由于 named.ca 文件经常会随着根服务器的变化而发生变化，所以建议从国际互联网络信息中心（InterNIC）的 FTP 服务器下载最新的版本，下载地址为 ftp://ftp.internic.net/ domain/，文件名为 named.root。

## 11.5 配置主 DNS 服务器实例

本节将结合具体实例介绍缓存 DNS、主 DNS、辅助 DNS 等各种 DNS 服务器的配置。

1. 案例环境及需求

某校园网要架设一台 DNS 服务器负责 long.com 域的域名解析工作。DNS 服务器的 FQDN 为 dns.long.com，IP 地址为 192.168.10.1。要求为以下域名实现正反向域名解析服务：

```
dns.long.com                 192.168.10.1
mail.long.com    MX 记录     192.168.10.2
```

```
slave.long.com                    192.168.10.3
www.long.com                      192.168.10.20
ftp.long.com                      192.168.10.40
```

另外，为 www.long.com 设置别名为 web.long.com。

2. 配置过程

包括全局配置文件、主配置文件和正反向区域解析文件的配置。

（1）编辑全局配置文件 /etc/named.conf 文件

该文件在 /etc 目录下。把 options 选项中的侦听 IP 127.0.0.1 改成 any，把 dnssec-validation yes 改为 no；把允许查询网段 allow-query 后面的 localhost 改成 any。在 include 语句中指定主配置文件为 named.zones。修改后相关内容如下：

```
[root@RHEL7-1 ~]# vim /etc/named.conf

    listen-on port 53 { any; };
    listen-on-v6 port 53 { ::1; };
    directory        "/var/named";
    dump-file        "/var/named/data/cache_dump.db";
    statistics-file "/var/named/data/named_stats.txt";
    memstatistics-file "/var/named/data/named_mem_stats.txt";
    allow-query      { any; };
    recursion yes;
    dnssec-enable yes;
    dnssec-validation no;
    dnssec-lookaside auto;
    …
include "/etc/named.zones";                              //必须更改！！
include "/etc/named.root.key";
```

（2）配置主配置文件 named.zones

使用 vim /etc/named.zones 编辑增加以下内容：

```
[root@RHEL7-1 ~]# vim /etc/named.zones

zone "long.com" IN {
    type master;
    file "long.com.zone";
    allow-update { none; };
};

zone "10.168.192.in-addr.arpa" IN {
    type master;
    file "192.168.10.zone";
    allow-update { none; };
};
```

**技巧**：直接将 named.zones 的内容替代 named.conf 文件中的“include "/etc/named.zones";”语句，可以简化设置过程，不需要再单独编辑 name.zones 文件。本章后面及后面章节的内容就是以这种思路来完成DNS设置的，比如在第14章中的DNS设置。

type字段指定区域的类型，对于区域的管理至关重要，一共分为6种，如表11-4所示。

表11-4　指定区域类型

| 区域的类型 | 作　用 |
|---|---|
| master | 主DNS服务器，拥有区域数据文件，并对此区域提供管理数据 |
| slave | 辅助DNS服务器，拥有主DNS服务器的区域数据文件的副本，辅助DNS服务器会从主DNS服务器同步所有区域数据 |
| stub | stub区域和slave类似，但其只复制主DNS服务器上的NS记录而不像辅助DNS服务器会复制所有区域数据 |
| forward | 一个forward zone是每个域的配置转发的主要部分。一个zone语句中的type forward可以包括一个forward和/或forwarders子句，它会在区域名称给定的域中查询。如果没有forwarders语句或者forwarders是空表，那么这个域就不会有转发，消除了options语句中有关转发的配置 |
| hint | 根域名服务器的初始化组指定使用线索区域hint zone，当服务器启动时，它使用根线索来查找根域名服务器，并找到最近的根域名服务器列表。如果没有指定class IN的线索区域，服务器使用编译时默认的根服务器线索。不是IN的类别没有内置的默认线索服务器 |
| legation-only | 用于强制区域的delegation.ly状态 |

(3) 创建long.com.zone正向区域文件

位于/var/named目录下，为编辑方便可先将样本文件named.localhost复制到long.com.zone，再对long.com.zone编辑修改。

```
[root@RHEL7-1 ~]# cd /var/named
[root@RHEL7-1 named]# cp  -p named.localhost long.com.zone
[root@RHEL7-1 named]# vim /var/named/long.com.zone

$TTL 1D
@        IN SOA   @ root.long.com. (
                                        0       ; serial
                                        1D      ; refresh
                                        1H      ; retry
                                        1W      ; expire
                                        3H )    ; minimum

@           IN         NS               dns.long.com.
@           IN         MX        10     mail.long.com.

dns         IN         A                192.168.10.1
mail        IN         A                192.168.10.2
slave       IN         A                192.168.10.3
www         IN         A                192.168.10.20
ftp         IN         A                192.168.10.40
web         IN         CNAME            www.long.com.
```

(4) 创建192.168.10.zone反向区域文件

位于/var/named目录，为编辑方便可先将样本文件named.loopback复制到192.168.10.zone，再对192.168.10.zone编辑修改，编辑修改如下：

```
[root@RHEL7-1 named]# cp  -p named.loopback 192.168.10.zone
[root@RHEL7-1 named]# vim /var/named/192.168.10.zone
```

```
$TTL 1D
@         IN SOA   @    root.long.com. (
                                             0        ; serial
                                             1D       ; refresh
                                             1H       ; retry
                                             1W       ; expire
                                             3H )     ; minimum

@                IN NS                dns.long.com.
@                IN MX         10     mail.long.com.

1                IN PTR               dns.long.com.
2                IN PTR               mail.long.com.
3                IN PTR               slave.long.com.
20               IN PTR               www.long.com.
40               IN PTR               ftp.long.com.
```

在 RHEL7-1 上配置防火墙，设置主配置文件和区域文件的属组为 named，然后重启 DNS 服务，加入开机启动。

```
[root@RHEL7-1 ~]# firewall-cmd --permanent --add-service=dns
[root@RHEL7-1 ~]# firewall-cmd --reload
[root@RHEL7-1 ~]# chgrp   named   /etc/named.conf
[root@RHEL7-1 ~]# systemctl restart named
[root@RHEL7-1 ~]# systemctl enable named
```

特别说明如下：

① 主配置文件的名称一定要与 /etc/named.conf 文件中指定的文件名一致。本例中是 named.zones。

② 正反向区域文件的名称一定要与 /etc/named.zones 文件中 zone 区域声明中指定的文件名一致。本例中是 long.com.zone 和 192.168.10.zone。

③ 正反向区域文件的所有记录行都要顶头写，前面不要留有空格。否则可导致 DNS 服务不能正常工作。

④ 第一个有效行为 SOA 资源记录。该记录的格式如下：

```
@   IN SOA  origin. contact. (
                    1997022700      ; serial
                    28800           ; refresh
                    14400           ; retry
                    3600000         ; expiry
                    86400           ; minimum
)
```

- @是该域的替代符，例如 long.com.zone 文件中的 @ 代表 long.com。所以上面例子中 SOA 有效行（@ IN SOA @ root.long.com.）可以改为（@ IN SOA long.com. root.long.com.）。
- IN 表示网络类型。

- SOA表示资源记录类型。
- origin表示该域的主域名服务器的FQDN，用“.”结尾表示这是绝对名称。例如，long.com.zone文件中的origin为dns.long.com.。
- contact表示该域的管理员的电子邮件地址。它是正常E-mail地址的变通，将@变为“.”。例如，long.com.zone文件中的contact为mail.long.com.。
- serial为该文件的版本号，该数据是辅助域名服务器和主域名服务器进行时间同步的，每次修改数据库文件后，都应更新该序列号。习惯上用yyyymmddnn，即年月日后加两位数字，表示一日之中第几次修改。
- refresh为更新时间间隔。辅助DNS服务器根据此时间间隔周期性地检查主DNS服务器的序列号是否改变，如果改变则更新自己的数据库文件。
- retry为重试时间间隔。当辅助DNS服务器没有能够从主DNS服务器更新数据库文件时，在定义的重试时间间隔后重新尝试。
- expiry为过期时间。如果辅助DNS服务器在所定义的时间间隔内没有能够与主DNS服务器或另一台DNS服务器取得联系，则该辅助DNS服务器上的数据库文件被认为无效，不再响应查询请求。

⑤ TTL为最小时间间隔，单位是秒。对于没有特别指定存活周期的资源记录，默认取minimum的值为1天，即86 400 s。1D表示一天。

⑥ 行“@ IN NS dns.long.com.”说明该域的域名服务器，至少应该定义一个。

⑦ 行“@ IN MX 10 mail.long.com.”用于定义邮件交换器，其中10表示优先级别，数字越小，优先级别越高。

⑧ 类似于行“www IN A 192.168.10.1”是一系列的主机资源记录，表示主机名和IP地址的对应关系。

⑨ 行“web IN CNAME www.long.com.”定义的是别名资源记录，表示web.long. com.是www.long.com.的别名。

⑩ 类似于行“2 IN PTR mail.long.com.”是指针资源记录，表示IP地址与主机名称的对应关系。其中，PTR使用相对域名，如2表示2.10.168.192.in-addr.arpa，它表示IP地址为192.168.10.2。

3. 配置DNS客户端

DNS客户端的配置非常简单，假设本地首选DNS服务器的IP地址为192.168.10.1，备用DNS服务器的IP地址为192.168.10.3，DNS客户端的设置如下所示。

（1）配置Windows客户端

打开“Internet协议版本4（TCP/IP04）属性”对话框，输入首选和备用DNS服务器的IP地址，如图11-5所示。

（2）配置Linux客户端

在Linux系统中可以通过修改/etc/resolv.conf文件来设置DNS客户端，如下所示。

```
[root@Client2 ~]# vim /etc/resolv.conf
nameserver 192.168.10.1
nameserver 192.168.10.3
search  long.com
```

其中nameserver指明域名服务器的IP地址，可以设置多个DNS服务器，查询时按照文件中指定的顺序进行域名解析，只有当第一个DNS服务器没有响应时才向下面的DNS服务器发出域名解析请求。search 用于指明域名搜索顺序，当查询没有域名后缀的主机名时，将会自动附加由 search 指定的域名。

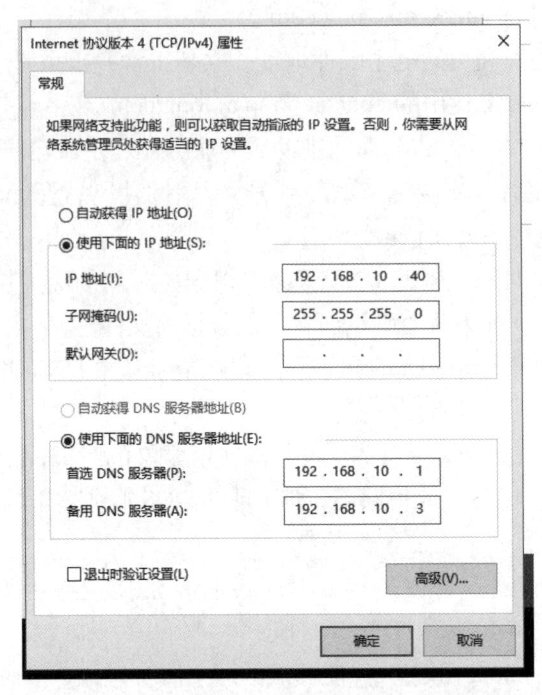


图 11–5　Windows 系统中 DNS 客户端配置

在 Linux 系统还可以通过系统菜单设置 DNS，相关内容前面已多次介绍，不再赘述。

4. 使用 nslookup 测试 DNS

BIND 软件包提供了 3 个 DNS 测试工具：nslookup、dig 和 host。其中 dig 和 host 是命令行工具，而 nslookup 命令既可以使用命令行模式也可以使用交互模式。下面在客户端 Client1（192.168.10.20）上进行测试，前提是必须保证与 RHEL7-1 服务器的通信畅通。

```
[root@Client1 ~]# vim /etc/resolv.conf
   nameserver 192.168.10.1
   nameserver 192.168.10.3
   search  long.com
[root@client1 ~]# nslookup          //运行 nslookup 命令
> server
Default server: 192.168.10.1
Address: 192.168.10.1#53
> www.long.com          //正向查询，查询域名 www.long.com 所对应的 IP 地址
Server:         192.168.10.1
Address: 192.168.10.1#53

Name:    www.long.com
Address: 192.168.10.20
> 192.168.10.2          //反向查询，查询 IP 地址 192.168.1.2 所对应的域名
Server:         192.168.10.1
Address: 192.168.10.1#53

2.10.168.192.in-addr.arpa    name = mail.long.com.
> set all               //显示当前设置的所有值
```

```
Default server: 192.168.10.1
Address: 192.168.10.1#53

Set options:
  novc          nodebug              nod2
  search        recurse
  timeout = 0          retry = 3     port = 53
  querytype = A        class = IN
  srchlist = long.com
//查询long.com域的NS资源记录配置
> set type=NS    //此行中type的取值还可以为SOA、MX、CNAME、A、PTR及any等
> long.com
Server:         192.168.10.1
Address: 192.168.10.1#53

long.com nameserver = dns.long.com.
> exit
[root@client1 ~]#
```

5. 特别说明

如果要求所有员工均可以访问外网地址，还需要设置根区域，并建立根区域所对应的区域文件。

下载 ftp://rs.internic.net/domain/named.root，这是域名解析根服务器的最新版本。下载完毕后，将该文件改名为 named.ca，然后复制到“/var/named”下。

## 11.6 DNS 测试

1. nslookup 命令

下面举例说明 nslookup 命令的使用方法。

```
//运行nslookup命令
[root@RHEL7-1 ~]# nslookup
//正向查询，查询域名www.long.com所对应的IP地址
> www.long.com
Server:       192.168.10.1
Address:      192.168.10.1#53

Name:    www.long.com
Address: 192.168.10.1
//反向查询，查询IP地址192.168.10.2所对应的域名
> 192.168.10.2
Server:       192.168.10.1
Address:      192.168.10.1#53

2.10.168.192.in-addr.arpa      name = dns.long.com.
//显示当前设置的所有值
> set all
```

```
Default server: 192.168.10.1
Address: 192.168.10.1#53
Default server: 192.168.10.3
Address: 192.168.10.3#53

Set options:
  novc                  nodebug               nod2
  search                recurse
  timeout=0             retry=2               port=53
  querytype=A           class=IN
  srchlist=
//查询long.com域的NS资源记录配置
> set type=NS    //此行中type的取值还可以为SOA、MX、CNAME、A、PTR及any等
> long.com
Server:        192.168.10.1
Address:       192.168.10.1#53
Long.com nameserver=dns.long.com.
```

### 2. dig 命令

dig（domain information groper）是一个灵活的命令行方式的域名查询工具，常用于从域名服务器获取特定的信息。例如，通过 dig 命令查看域名 www.long.com 的信息。

```
[root@RHEL7-1 ~]# dig www.long.com
```

### 3. host 命令

host 命令用来做简单的主机名的信息查询，在默认情况下，host 只在主机名和 IP 地址之间进行转换。下面是一些常见的 host 命令的使用方法。

```
//正向查询主机地址
[root@RHEL7-1 ~]# host dns.long.com
//反向查询IP地址对应的域名
[root@RHEL7-1 ~]# host 192.168.10.3
//查询不同类型的资源记录配置，-t参数后可以为SOA、MX、CNAME、A、PTR等
[root@RHEL7-1 ~]# host -t NS long.com
//列出整个long.com域的信息
[root@RHEL7-1 ~]# host -l long.com 192.168.1.2
//列出与指定的主机资源记录相关的详细信息
[root@RHEL7-1 ~]# host -a www.long.com
```

### 4. DNS 服务器配置中的常见错误

① 配置文件名写错。在这种情况下，运行 nslookup 命令不会出现命令提示符“>”。

② 主机域名后面没有点“.”。这是最常犯的错误。

③ /etc/resolv.conf 文件中的域名服务器的 IP 地址不正确。在这种情况下，nslookup 命令不出现命令提示符。

④ 回送地址的数据库文件有问题。同样 nslookup 命令不出现命令提示符。

⑤ 在 /etc/named.conf 文件中的 zone 区域声明中定义的文件名与 /var/named/chroot/var/named 目录下的区域数据库文件名不一致。

# ◎ 练 习 题

## 一、选择题

1. 在Linux环境下，能实现域名解析的功能软件模块是（　　）。

A. apache　　B. dhcpd　　C. BIND　　D. SQUID

2. www.jnrp.edu.cn是Internet中主机的（　　）。

A. 用户名　　B. 密码　　C. 别名

D. IP地址　　E. FQDN

3. 在DNS服务器配置文件中A类资源记录指（　　）。

A. 官方信息　　B. IP地址到名字的映射

C. 名字到IP地址的映射　　D. 一个name server的规范

4. 在Linux DNS系统中，根服务器提示文件是（　　）。

A. /etc/named.ca　　B. /var/named/named.ca

C. /var/named/named.local　　D. /etc/named.local

5. DNS指针记录的标志是（　　）。

A. A　　B. PTR　　C. CNAME　　D. NS

6. DNS服务使用的端口是（　　）。

A. TCP 53　　B. UDP 53

C. TCP 54　　D. UDP 54

7. 以下（　　）命令可以测试DNS服务器的工作情况。

A. ig　　B. host

C. nslookup　　D. named-checkzone

8. 下列（　　）命令可以启动DNS服务。

A. systemctl start named　　B. service named start

C. service dns start　　D. /etc/init.d/dns start

9. 指定域名服务器位置的文件是（　　）。

A. /etc/hosts　　B. /etc/networks

C. /etc/resolv.conf　　D. /.profile

## 二、填空题

1. 在Internet中计算机之间直接利用IP地址进行寻址，因而需要将用户提供的主机名转换成IP地址，这个过程称为______。

2. DNS提供了一个______的命名方案。

3. DNS顶级域名中表示商业组织的是______。

4. ______表示主机的资源记录，______表示别名的资源记录。

5. 写出可以用来检测DNS资源创建的是否正确的两个工具：______、______。

6. DNS服务器的查询模式有：______、______。

7. DNS服务器分为4类：______、______、______、______。

8. 一般在DNS服务器之间的查询请求属于______查询。

## ◎ 项目实录 配置与管理 DNS 服务器

视频 11-2
实训项目 配置与管理 DNS 服务器

### 一、视频位置

实训前请扫二维码观看：实训项目 配置与管理 DNS 服务器。

### 二、项目目的

- 掌握 Linux 系统中主 DNS 服务器的配置。
- 掌握 Linux 下辅助 DNS 服务器的配置。

### 三、项目背景

某企业有一个局域网（192.168.1.0/24），网络拓扑如图 11-6 所示。该企业中已经有自己的网页，员工希望通过域名来进行访问，同时员工也需要访问 Internet 上的网站。该企业已经申请了域名 jnrplinux.com，公司需要 Internet 上的用户通过域名访问公司的网页。为了保证可靠，不能因为 DNS 的故障，导致网页不能访问。

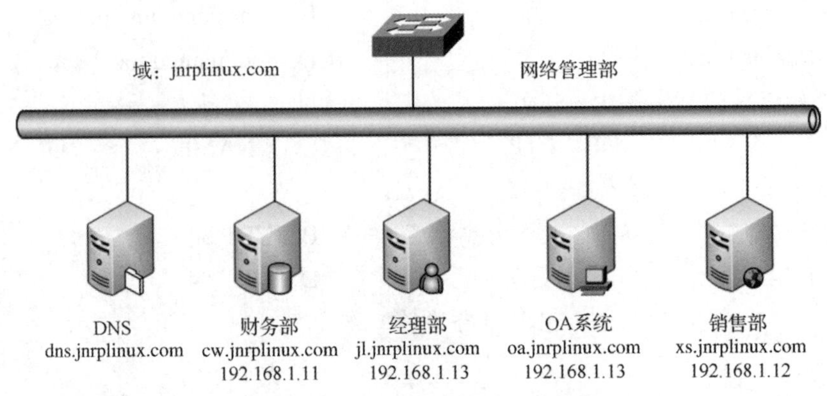


图 11-6 DNS 服务器搭建网络拓扑

要求在企业内部构建一台 DNS 服务器，为局域网中的计算机提供域名解析服务。DNS 服务器管理 jnrplinux.com 域的域名解析，DNS 服务器的域名为 dns.jnrplinux.com，IP 地址为 192.168.1.2。辅助 DNS 服务器的 IP 地址为 192.168.1.3。同时还必须为客户提供 Internet 上的主机的域名解析。要求分别能解析以下域名：财务部（cw.jnrplinux.com：192.168.1.11），销售部（xs.jnrplinux.com：192.168.1.12），经理部（jl.jnrplinux.com：192.168.1.13），OA 系统（oa. jnrplinux.com：192.168.1.13）。

### 四、项目内容

练习 Linux 系统下主及辅助 DNS 服务器的配置方法。

### 五、做一做

根据视频内容，将项目完整无缺地完成。

## ◎ 实训 DNS 服务器配置

### 一、实训目的

掌握 Linux 下主 DNS、辅助 DNS 和转发器 DNS 服务器的配置与调试方法。

### 二、实训环境

在 VMware 虚拟机中启动 3 台 Linux 服务器，IP 地址分别为 192.168.203.1、192.168.203.2 和 192.168.203.3。并且要求此 3 台服务器已安装了 DNS 服务所对应的软件包（包括 chroot）。

### 三、实训内容

练习主 DNS、辅助 DNS 和转发器 DNS 服务器的配置与管理方法。

## 四、实训练习

（1）配置主域名服务器

首先确认安装了 bind 相关软件。

- 生成全局配置文件 /etc/named.conf。
- 生成主配置文件 /etc/named.zones。

在 /etc/named.zones 主配置文件中添加如下内容：

```
zone "smile.com" {
    type master;
    file "smile.com.zone";
};
zone "203.168.192.in-addr.arpa" {
    type master;
    file "192.168.203.zone";
};
```

- 在 /var/named/ 目录下，创建 smile.com.zone 正向区域文件。

编辑修改 smile.com.zone，内容如下：

```
$TTL 1D
@  IN  SOA  www.smile.com.  mail.smile.com. (
                   2007101100
                   3H
                   15M
                   1W
                   1D
    )
@            IN    NS            www.smile.com.
@            IN    MX    10      www.smile.com.

www          IN    A             192.168.203.1
mail         IN    A             192.168.203.1
forward      IN    A             192.168.203.2
slave        IN    A             192.168.203.3
ftp          IN    A             192.168.203.101
www1         IN    CNAME         www.smile.com.
www2         IN    CNAME         www.smile.com.
www3         IN    CNAME         www.smile.com.
```

- 在 /var/named 下创建区域文件 192.168.203.zone，内容如下：

```
$TTL 1D

@  IN  SOA  www.smile.com.  mail.smile.com. (
                          2007101100
                          3H
                          15M
                          1W
                          1D
)
```

```
@       IN        NS          www.smile.com.
@       IN        MX     10   www.smile.com.
1       IN        PTR         www.smile.com.
1       IN        PTR         mail.smile.com.
2       IN        PTR         forward.smile.com.
3       IN        PTR         slave.smile.com.
101     IN        PTR         ftp.smile.com.
```

- 重新启动域名服务器。
- 测试域名服务器，并记录观测到的数据。

（2）配置惟高速缓存 DNS 服务器

在 IP 地址为 192.168.203.2 的 Linux 系统上配置惟高速缓存 DNS 服务器。

- 在 /etc/named.conf 中的 option 区域添加类似下面的内容：

```
forwarders {192.168.0.9; };
forward only;
```

- 启动 named 服务。
- 测试配置。

（3）配置辅助域名服务器

在 IP 地址为 192.168.203.3 的 Linux 系统上配置 smile.com 区域和 203.168.192.in-addr.arpa 区域的辅助域名服务器。

- 在 192.168.203.1（主 DNS 服务器）上配置主配置文件：

```
[root@RHEL7-1 ~]# vim /var/named/named.zones
zone "long.com" IN {
     type master;
     file "smile.com.zone";
     also-notify { 192.168.203.3;};
};
zone "203.168.192.in-addr.arpa" IN {
     type master;
     file "192.168.203.zone";
     also-notify { 192.168.203.3;};
};
```

zone 中添加 "also-notify { 辅助 DNS IP 地址 ; }" 或者在全局 options 中声明，可以使用 "notify yes；"，这样只要主服务器重启DNS服务就发送notify值，辅助服务器就会立即更新区域文件数据。

- 在 192.168.203.3（辅助 DNS 服务器）上安装 bind 软件包
- 在 192.168.203.3 上配置全局配置文件。

修改 /etc/named.conf。把 options 选项中的侦听 IP127.0.0.1 改成 any，把允许查询网段 allow-query 后面的 localhost 改成 any。在 view 选项中修改"指定提交 DNS 客户端的源 IP 地址范围"和"指定提交 DNS 客户端的目标 IP 地址范围" 为 any，同时指定主配置文件为 named.zones。具体配置参见主 DNS 服务器配置。

- 在 192.168.203.3 上编辑 DNS 服务器的主配置文件，添加如下区域声明：

```
[root@RHEL7-1 ~]# vim /var/named/chroot/etc/named.zones
zone "smile.com" IN {
```

```
        type slave;
        file "slaves/smile.com.zone";
        masters{ 192.168.203.1;};
};
zone "203.168.192.in-addr.arpa" IN {
        type slave;

        file "slaves/192.168.203.zone";
        masters{ 192.168.203.1;};
};
```

每行后面一定要添加“;”，否则启动服务失败。

必须指定 file "slaves/ 区域文件名称 " 的位置，此处所述 slaves 的位置为 /var/named/slaves。

重新启动 named 服务。

检查在 /var/named/slaves 目录下是否自动生成了 smile.com.zone 和 192.168.203.zone 文件。

## 五、实训报告

按要求完成实训报告。

# 第12章 配置与管理 Apache 服务器

利用 Apache 服务可以实现在 Linux 系统构建 Web 站点。本章主要介绍 Apache 服务的配置方法，以及虚拟主机、访问控制等的实现方法。

学习要点

- Apache 简介。
- Apache 服务的安装与启动。
- Apache 服务的主配置文件。
- 各种 Apache 服务器的配置。

## 12.1 安装 Apache 服务器

视频 12-1 管理与维护 Apache 服务器

Apache 主要具有如下特性：

① Apache 具有跨平台性，可以运行在 UNIX、Linux 和 Windows 等多种操作系统上。

② Apache 凭借其开放源代码的优势发展迅速，可以支持很多功能模块。借助这些功能模块，Apache 具有无限扩展功能的优点。

③ Apache 的工作性能和稳定性远远领先于其他同类产品。

### 12.1.1 项目准备

安装有企业服务器版 Linux 的 PC 一台、测试用计算机 2 台（Windows 7、Linux）。并且两台计算机都已连入局域网。该环境也可以用虚拟机实现。规划好各台主机的 IP 地址，如表 12-1 所示。

表 12-1 Linux 服务器和客户端信息

| 主机名称 | 操作系统 | IP | 角色 |
|---|---|---|---|
| RHEL7-1 | RHEL7 | 192.168.10.1/24 | Web 服务器；VMnet1 |
| Client1 | RHEL7 | 192.168.10.20/24 | Linux 客户端；VMnet1 |
| Win7-1 | Windows 7 | 192.168.10.40/24 | Windows 客户端；VMnet1 |

### 12.1.2　安装、启动与停止 Apache 服务

本节将介绍 Apache 服务的安装、启动与停止。

1. 安装 Apache 相关软件

```
[root@RHEL7-1 ~]# rpm -q httpd
[root@RHEL7-1 ~]# mkdir /iso
[root@RHEL7-1 ~]# mount /dev/cdrom /iso
[root@RHEL7-1 ~]# yum clean all                    //安装前先清除缓存
[root@RHEL7-1 ~]# yum install httpd -y
[root@RHEL7-1 ~]# yum install firefox -y           //安装浏览器
[root@RHEL7-1 ~]# rpm -qa|grep httpd               //检查安装组件是否成功
```

**提示**：一般情况下，firefox 默认已经安装，需要根据情况而定。

启动或重新启动、停止 Apache 服务，命令如下：

```
[root@RHEL7-1 ~]# systemctl start/restart/stop  httpd
```

2. 让防火墙放行，并设置 SELinux 为允许

需要注意的是，Red Hat Enterprise Linux 7 采用了 SELinux 这种增强的安全模式，在默认的配置下，只有 SSH 服务可以通过。像 Apache 这种服务，在安装、配置、启动完毕后，还需要为它放行才行。

① 使用防火墙命令，放行 http 服务。

```
[root@RHEL7-1 ~]# firewall-cmd --list-all
[root@RHEL7-1 ~]# firewall-cmd --permanent --add-service=http
success
[root@RHEL7-1 ~]# firewall-cmd --reload
success
[root@RHEL7-1 ~]# firewall-cmd --list-all
public (active)
  target: default
  icmp-block-inversion: no
  interfaces: ens33
  sources:
  services: ssh dhcpv6-client samba dns http
  …
```

② 更改当前的 SELinux 值，后面可以跟 Enforcing、Permissive 或者 1、0。

```
[root@RHEL7-1 ~]# setenforce 0
[root@RHEL7-1 ~]# getenforce
Permissive
```

**注意**：

① 利用 setenforce 设置 SELinux 值，重启系统后失效，如果再次使用 httpd，则仍需重新设置 SELinux，否则客户端无法访问 Web 服务器。

② 如果想长期有效，应编辑修改 /etc/sysconfig/selinux 文件，按需要赋予 SELINUX 相应的值（Enforcing|Permissive，或者 “0” | “1”）。

③本书多次提到防火墙和 SELinux，请读者一定注意，许多问题可能是防火墙和 SELinux 引起的，而对于系统重启后失效的情况也要了如指掌。

### 3. 测试 httpd 服务是否安装成功

安装完 Apache 服务器后，启动它，并设置开机自动加载 Apache 服务。

```
[root@RHEL7-1 ~]# systemctl start httpd
[root@RHEL7-1 ~]#  systemctl enable httpd
[root@RHEL7-1 ~]# firefox http://127.0.0.1
```

如果看到图 12-1 所示的提示信息，则表示 Apache 服务器已安装成功。也可以在 Applications 菜单中直接启动 firefox，然后输入在地址栏输入 http://127.0.0.1，测试是否成功安装。

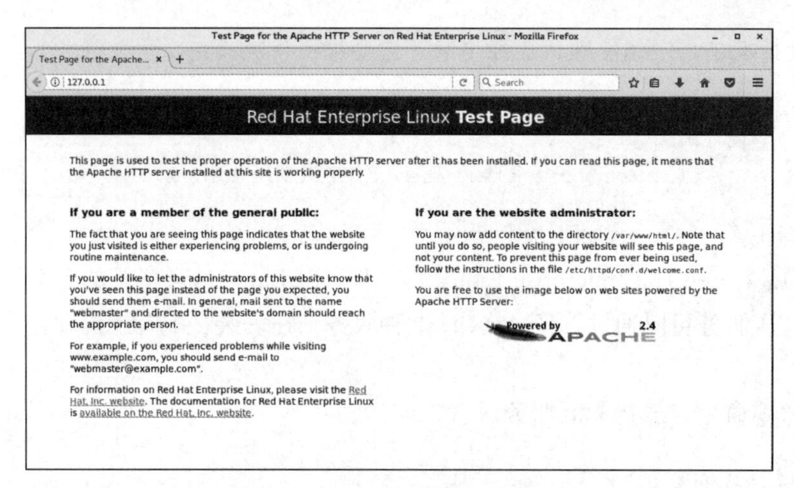


图 12-1　Apache 服务器运行正常

## 12.2 认识 Apache 服务器的配置文件

在 Linux 系统中配置服务，其实就是修改服务的配置文件，httpd 服务程序的主要配置文件及存放位置如表 12-2 所示。

表 12-2　Linux 系统中的配置文件

| 配置文件的名称 | 存 放 位 置 |
| --- | --- |
| 服务目录 | /etc/httpd |
| 主配置文件 | /etc/httpd/conf/httpd.conf |
| 网站数据目录 | /var/www/html |
| 访问日志 | /var/log/httpd/access_log |
| 错误日志 | /var/log/httpd/error_log |

Apache 服务器的主配置文件是 httpd.conf，该文件通常存放在 /etc/httpd/conf 目录下。文件看起来很复杂，其实很多是注释内容。本节先作大略介绍，后面的章节将给出实例，非常容易理解。

httpd.conf 文件不区分大小写，在该文件中以“#”开始的行为注释行。除了注释和空行外，服务器把其他的行认为是完整的或部分的指令。指令又分为类似于 Shell 的命令和伪 HTML 标记。指令的语法为“配置参数名称 参数值”。伪 HTML 标记的语法格式如下：

```
<Directory />
```

```
        Options FollowSymLinks
        AllowOverride None
    </Directory>
```

在 httpd 服务程序的主配置文件中，存在 3 种类型的信息：注释行信息、全局配置、区域配置。在 httpd 服务程序主配置文件中，最为常用的参数如表 12-3 所示。

表 12-3 配置 httpd 服务程序时最常用的参数以及用途描述

| 参 数 | 用 途 |
|---|---|
| ServerRoot | 服务目录 |
| ServerAdmin | 管理员邮箱 |
| User | 运行服务的用户 |
| Group | 运行服务的用户组 |
| ServerName | 网站服务器的域名 |
| DocumentRoot | 文档根目录（网站数据目录） |
| Directory | 网站数据目录的权限 |
| Listen | 监听的 IP 地址与端口号 |
| DirectoryIndex | 默认的索引页页面 |
| ErrorLog | 错误日志文件 |
| CustomLog | 访问日志文件 |
| Timeout | 网页超时时间，默认为 300 s |

从表 12-3 中可知，DocumentRoot 参数用于定义网站数据的保存路径，其参数的默认值是把网站数据存放到 /var/www/html 目录中；而当前网站普遍的首页面名称是 index.html，因此可以向 /var/www/html 目录中写入一个文件，替换掉 httpd 服务程序的默认首页面，该操作会立即生效（在本机上测试）。

```
[root@RHEL7-1 ~]# echo "Welcome To MyWeb" > /var/www/html/index.html
[root@RHEL7-1 ~]# firefox http://127.0.0.1
```

程序的首页面内容已经发生了改变，如图 12-2 所示。

**提示**：如果没有出现希望的画面，而是仍回到默认页面，那一定是 SELinux 的问题。请在终端命令行运行 setenforce 0 后再测试。详细解决方法参见下一节。

图 12-2 首页内容已发生改变

# 12.3 常规设置 Apache 服务器实例

本节从配置文档根目录和首页文件、配置用户个人主页和配置虚拟目录 3 个实例入手。通过实例来学习常规 Apache 服务器的配置。

## 12.3.1 配置文档根目录和首页文件实例

【例 12-1】默认情况下，网站的文档根目录保存在 /var/www/html 中，如果想把保存网站文档的根目录修改为 /home/wwwroot，并且将首页文件修改为 myweb.html，管理员 E-mail 地址为 root@long.com，网页的编码类型采用 GB2312，那么该如何操作呢？

（1）分析

文档根目录是一个较为重要的设置，一般来说，网站上的内容都保存在文档根目录中。在默认情形下，所有的请求都从这里开始，除了记号和别名将改指它处以外。而打开网站时所显示的页面即该网站的首页（主页）。首页的文件名是由 DirectoryIndex 字段来定义的。在默认情况下，Apache 的默认首页名称为 index.html。当然也可以根据实际情况进行更改。

（2）解决方案

① 在 RHEL7-1 上修改文档的根据目录为 /home/www, 并创建首页文件 myweb.html。

```
[root@RHEL7-1 ~]# mkdir /home/www
[root@RHEL7-1 ~]#echo "The Web's DocumentRoot Test" > /home/www/myweb.html
```

② 在 RHEL7-1 上，打开 httpd 服务程序的主配置文件，将约第 119 行用于定义网站数据保存路径的参数 DocumentRoot 修改为 /home/www，同时还需要将约第 124 行用于定义目录权限的参数 Directory 后面的路径也修改为 /home/www, 将第 164 行修改为 DirectoryIndex myweb.html index.html。配置文件修改完毕后即可保存并退出。

```
[root@RHEL7-1 ~]# vim /etc/httpd/conf/httpd.conf
………………省略部分输出信息………………
86 ServerAdmin  root@long.com
119 DocumentRoot "/home/www"
...
124 <Directory "/home/www">
125 AllowOverride None
126 # Allow open access:
127 Require all granted
128 </Directory>
………………省略部分输出信息………………

163 <IfModule dir_module>
164     DirectoryIndex index.html myweb.html
165 </IfModule>
………………省略部分输出信息………………
```

**特别注意**：更改了网站的主目录，一定修改相对应的目录权限，否则会出现灾难性后果。

③ 让防火墙放行 http 服务，重启 httpd 服务。

```
[root@RHEL7-1 ~]# firewall-cmd --permanent --add-service=http
[root@RHEL7-1 ~]# firewall-cmd --reload
[root@RHEL7-1 ~]# firewall-cmd --list-all
```

④ 在 Client1 测试（RHEL7-1 和 Client1 都是 VMnet1 连接，保证能够互相通信），结果显示默认首页面，如图 12-1 所示。

```
[root@client1 ~]# firefox http://192.168.10.1
```

⑤ 故障排除。

为什么看到了 httpd 服务程序的默认首页面？按理来说，只有在网站的首页面文件不存在或者用户权限不足时，才显示 httpd 服务程序的默认首页面。而在尝试访问 http://192.168.10.1/

myweb.html 页面时，竟然发现页面中显示“Forbidden,You don't have permission to access /myweb.html on this server.”，如图 12-3 所示。什么原因呢？是 SELinux 的问题！解决方法是在服务器端运行 setenforce 0，设置 SELinux 为允许：

```
[root@RHEL7-1 ~]# getenforce
Enforcing
[root@RHEL7-1 ~]# setenforce 0
[root@RHEL7-1 ~]# getenforce
Permissive
```

（3）更改当前的 SELinux 值

后面可以跟 Enforcing、Permissive 或者 1、0。

```
[root@RHEL7-1 ~]# setenforce 0
[root@RHEL7-1 ~]# getenforce
Permissive
```

**特别提示**：设置完成后再一次测试结果如图 12-4 所示。设置这个环节的目的是告诉读者，解决 SELinux 问题的重要性。强烈建议 SELinux 如果暂时不能很好掌握细节，在做实训时一定设置 setenforce 0。

图 12-3　在客户端测试失败

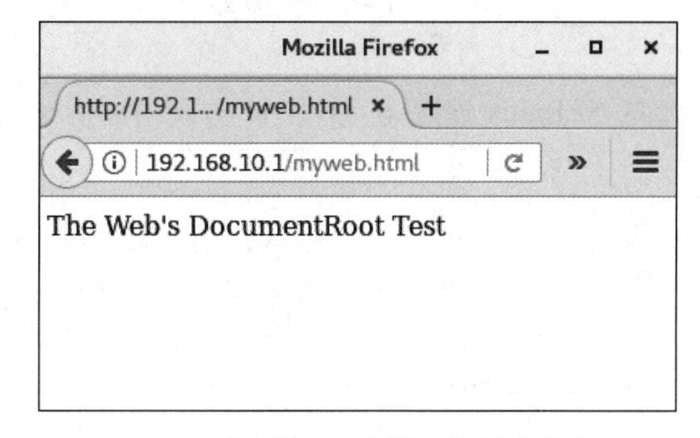


图 12-4　在客户端测试成功

## 12.3.2　配置用户个人主页实例

现在许多网站（例如，www.163.com）都允许用户拥有自己的主页空间，而用户可以很容易地管理自己的主页空间。Apache 可以实现用户的个人主页。客户端在浏览器中浏览个人主页的 URL 地址格式一般为：

```
http://域名/~username
```

其中，“~username”在利用 Linux 系统中的 Apache 服务器来实现时，是 Linux 系统的合法用户名（该用户必须在 Linux 系统中存在）。

**【例 12-2】**在 IP 地址为 192.168.10.1 的 Apache 服务器中，为系统中的 long 用户设置个人主页空间。该用户的家目录为 /home/long，个人主页空间所在的目录为 public_html。

实现步骤如下：

① 修改用户的家目录权限，使其他用户具有读取和执行的权限。

```
[root@RHEL7-1 ~]# useradd long
[root@RHEL7-1 ~]# passwd long
```

```
[root@RHEL7-1 ~]# chmod  705  /home/long
```

② 创建存放用户个人主页空间的目录。

```
[root@RHEL7-1 ~]# mkdir  /home/long/public_html
```

③ 创建个人主页空间的默认首页文件。

```
[root@RHEL7-1 ~]# cd  /home/long/public_html
[root@RHEL7-1 public_html]# echo "this is long's web。">>index.html
[root@RHEL7-1 public_html]#  cd
```

④ 在 httpd 服务程序中，默认没有开启个人用户主页功能。为此，需要编辑配置文件：/etc/httpd/conf.d/userdir.conf，然后在第 17 行的 UserDir disabled 参数前面加上井号（#），表示让 httpd 服务程序开启个人用户主页功能；同时再把第 24 行的 UserDir public_html 参数前面的井号（#）去掉（UserDir 参数表示网站数据在用户家目录中的保存目录名称，即 public_html 目录）。修改完毕后保存退出。（在 vim 编辑状态记得使用“：set nu”，显示行号）

```
[root@RHEL7-1 ~]# vim /etc/httpd/conf.d/userdir.conf
  ……………<省略>……………
 17 # UserDir disabled
  ……………<省略>……………
 24   UserDir public_html
 ……………<省略>……………
```

⑤ SELinux 设置为允许，让防火墙放行 httpd 服务，重启 httpd 服务。

```
[root@RHEL7-1 ~]# setenforce 0
[root@RHEL7-1 ~]# firewall-cmd --permanent --add-service=http
[root@RHEL7-1 ~]# firewall-cmd --reload
[root@RHEL7-1 ~]# firewall-cmd --list-allt
[root@RHEL7-1 ~]# systemctl restart httpd
```

⑥ 在客户端的浏览器中输入 http://192.168.10.1/~long，看到的个人空间的访问效果如图 12-5 所示。

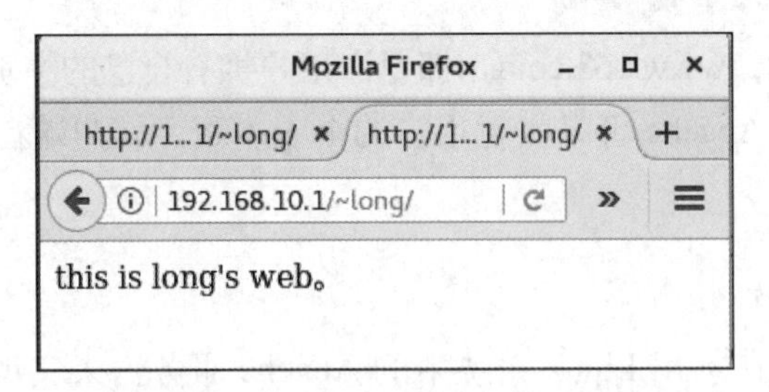


图 12-5　用户个人空间的访问效果

**思考**：如果运行如下命令再在客户端测试，结果又会如何呢？试一试并思考原因。

```
[root@RHEL7-1 ~]# setenforce 1
[root@RHEL7-1 ~]# setsebool -P httpd_enable_homedirs=on
```

## 12.3.3　配置虚拟目录实例

要从 Web 站点主目录以外的其他目录发布站点，可以使用虚拟目录实现。虚拟目录是一个位于 Apache 服务器主目录之外的目录，它不包含在 Apache 服务器的主目录中，但在访问 Web 站点的用户看来，它与位于主目录中的子目录是一样的。每一个虚拟目录都有一个别名，客户端可以通过此别名来访问虚拟目录。

由于每个虚拟目录都可以分别设置不同的访问权限，因此非常适合于不同用户对不同目录拥有不同权限的情况。另外，只有知道虚拟目录名的用户才可以访问此虚拟目录，除此之外的其他用户将无法访问此虚拟目录。

在 Apache 服务器的主配置文件 httpd.conf 文件中，通过 Alias 指令设置虚拟目录。

**【例 12-3】** 在 IP 地址为 192.168.10.1 的 Apache 服务器中，创建名为 /test/ 的虚拟目录，它对应的物理路径是 /virdir/，并在客户端测试。

① 创建物理目录 /virdir/。

```
[root@RHEL7-1 ~]# mkdir  -p  /virdir/
```

② 创建虚拟目录中的默认首页文件。

```
[root@RHEL7-1 ~]# cd  /virdir/
[root@RHEL7-1 virdir]# echo "This is Virtual Directory sample。" >>index.html
```

③ 修改默认文件的权限，使其他用户具有读和执行权限。

```
[root@RHEL7-1 virdir]# chmod 705 /virdir/index.html
或者
[root@RHEL7-1 virdir]# chmod 705 /virdir   -R
[root@RHEL7-1 virdir]# cd
```

④ 修改 /etc/httpd/conf/httpd.conf 文件，添加下面的语句：

```
Alias  /test  "/virdir"
<Directory "/virdir">
   AllowOverride None
   Require all granted
</Directory>
```

⑤ SELinux 设置为允许，让防火墙放行 httpd 服务，重启 httpd 服务。

```
[root@RHEL7-1 ~]# setenforce 0
[root@RHEL7-1 ~]# firewall-cmd --permanent --add-service=http
[root@RHEL7-1 ~]# firewall-cmd --reload
[root@RHEL7-1 ~]# firewall-cmd --list-allt
[root@RHEL7-1 ~]# systemctl restart httpd
```

⑥ 在客户端 Client1 的浏览器中输入 http://192.168.10.1/test 后，看到的虚拟目录的访问效果如图 12-6 所示。

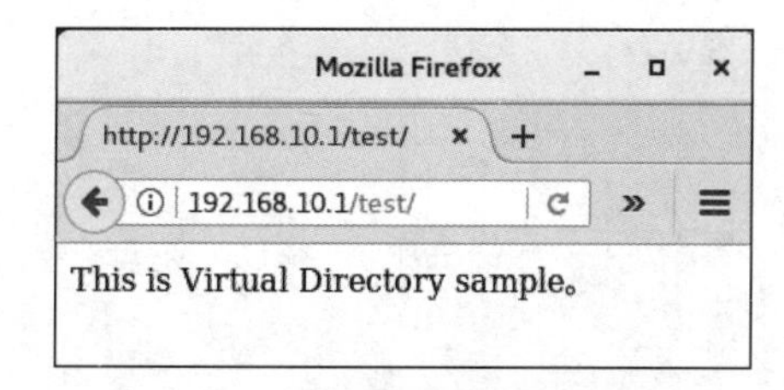


图 12-6　/test 虚拟目录的访问效果

# 12.4 配置虚拟主机

虚拟主机是在一台 Web 服务器上，可以为多个独立的 IP 地址、域名或端口号提供不同的 Web 站点。对于访问量不大的站点来说，这样做可以降低单个站点的运营成本。

## 12.4.1 配置基于 IP 地址的虚拟主机

基于 IP 地址的虚拟主机的配置需要在服务器上绑定多个 IP 地址，然后配置 Apache，把多个网站绑定在不同的 IP 地址上，访问服务器上不同的 IP 地址，就可以看到不同的网站。

【例 12-4】假设 Apache 服务器具有 192.168.10.1 和 192.168.10.2 两个 IP 地址（提前在服务器中配置这两个 IP 地址）。现需要利用这两个 IP 地址分别创建两个基于 IP 地址的虚拟主机，要求不同的虚拟主机对应的主目录不同，默认文档的内容也不同。配置步骤如下：

① 选择 Applications → System Tools → Settings → Network 命令，单击“设置”按钮，打开图 12-7 所示的 Wired 对话框，可以直接单击“+”按钮添加 IP 地址，完成后单击“Apply”按钮。这样可以在一块网卡上配置多个 IP 地址。当然也可以直接在多块网卡上配置多个 IP 地址。

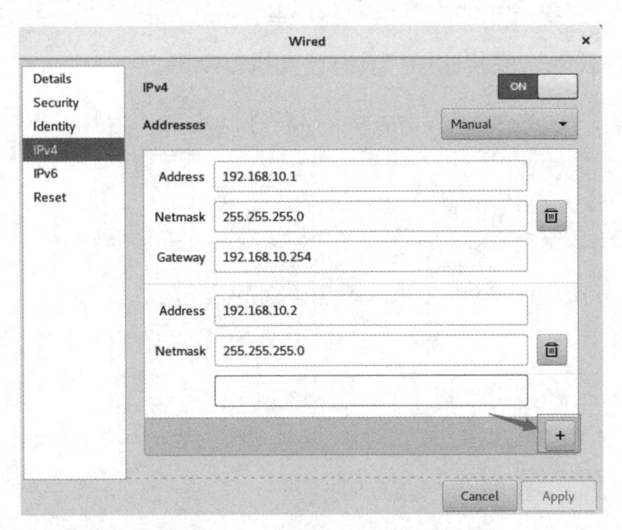


图 12-7　添加多个 IP 地址

② 分别创建 /var/www/ip1 和 /var/www/ip2 两个主目录和默认文件。

```
[root@RHEL7-1 ~]# mkdir  /var/www/ip1  /var/www/ip2
[root@RHEL7-1 ~]# echo "this is 192.168.10.1's web." >/var/www/ip1/index.html
[root@RHEL7-1 ~]# echo "this is 192.168.10.2's web." >/var/www/ip2/index.html
```

③ 添加 /etc/httpd/conf.d/vhost.conf 文件。该文件的内容如下：

```
#设置基于IP地址为192.168.10.1的虚拟主机
<Virtualhost 192.168.10.1>
    DocumentRoot  /var/www/ip1
</Virtualhost>

#设置基于IP地址为192.168.10.2的虚拟主机
<Virtualhost 192.168.10.2>
    DocumentRoot /var/www/ip2
</Virtualhost>
```

④ SELinux 设置为允许，让防火墙放行 httpd 服务，重启 httpd 服务（见前面操作）。

⑤ 在客户端浏览器中可以看到 http://192.168.10.1 和 http://192.168.10.2 两个网站的浏览效果如图 12-8 所示。

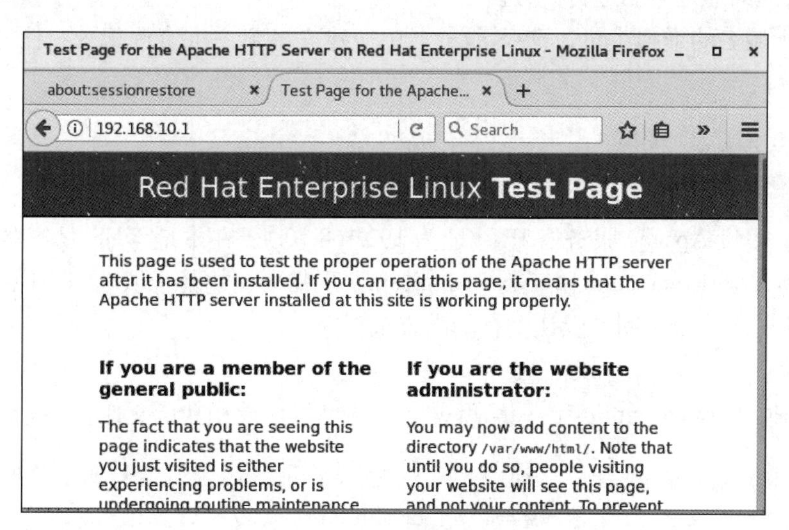


图 12-8 测试时出现默认页面

只有在网站的首页面文件不存在或者用户权限不足时，才显示 httpd 服务程序的默认首页面。在尝试访问 http://192.168.10.1/index.html 页面时，页面中显示“Forbidden,You don't have permission to access /index.html on this server.”，这是因为主配置文件里没设置目录权限所致。解决方法是在 /etc/httpd/conf/httpd.conf 中添加有关两个网站目录权限的内容（只设置 /var/www 目录权限也可以）：

```
<Directory "/var/www/ip1" >
    AllowOverride None
    Require all granted
</Directory>

<Directory "/var/www/ip2" >
    AllowOverride None
    Require all granted
</Directory>
```

**注意**：为了不使后面的实训受到前面虚拟主机设置的影响，完成一个实训后，请将配置文件中添加的内容删除，然后再继续下一个实训。

如果直接修改 /etc/httpd/conf.d/vhost.conf 文件，在原来的基础上增加下面的内容，可以吗？试一下。

```
#设置目录的访问权限，这一点特别容易忽视！！
<Directory /var/www>
    AllowOverride None
   Require all granted
</Directory>
```

### 12.4.2 配置基于域名的虚拟主机

基于域名的虚拟主机的配置只需服务器有一个 IP 地址即可，所有的虚拟主机共享同一个 IP，各虚拟主机之间通过域名进行区分。

要建立基于域名的虚拟主机，DNS 服务器中应建立多个主机资源记录，使它们解析到同一个 IP 地址。例如：

```
www.smile.com.        IN    A    192.168.10.1
www.long.com.         IN    A    192.168.10.1
```

**【例 12-5】**假设 Apache 服务器 IP 地址为 192.168.10.1。在本地 DNS 服务器中该 IP 地址对应的域名分别为 www1.long.com 和 www2.long.com。现需要创建基于域名的虚拟主机，要求不同的虚拟主机对应的主目录不同，默认文档的内容也不同。

配置步骤如下：

① 分别创建 /var/www/smile 和 /var/www/long 两个主目录和默认文件。

```
[root@RHEL7-1 ~]# mkdir   /var/www/www1   /var/www/www2
[root@RHEL7-1 ~]# echo "www1.long.com's web." >/var/www/www1/index.html
[root@RHEL7-1 ~]# echo "www2.long.com's web." >/var/www/www2/index.html
```

② 修改 httpd.conf 文件。添加目录权限内容如下：

```
<Directory "/var/www" >
    AllowOverride None
    Require all granted
</Directory>
```

③ 修改 /etc/httpd/conf.d/vhost.conf 文件。该文件的内容如下（原来内容清空）：

```
<Virtualhost 192.168.10.1>
    DocumentRoot  /var/www/www1
    ServerName  www1.long.com
</Virtualhost>

<Virtualhost 192.168.10.1>
    DocumentRoot /var/www/www2
    ServerName  www2.long.com
</Virtualhost>
```

④ SELinux 设置为允许，让防火墙放行 httpd 服务，重启 httpd 服务。在客户端 Client1 上测试。要确保 DNS 服务器解析正确、确保给 Client1 设置正确的 DNS 服务器地址（etc/resolv.conf）。

**注意**：在本例的配置中，DNS 的正确配置至关重要，一定确保 long. com 域名及主机的正确解析，否则无法成功。正向区域配置文件如下（详细内容请参考前面章节）：

```
[root@RHEL7-1 long]# vim /var/named/long.com.zone
$TTL 1D
@        IN SOA   dns.long.com. mail.long.com. (
                                              0        ; serial
                                              1D       ; refresh
                                              1H       ; retry
```

```
                                            1W      ; expire
                                            3H )    ; minimum

@                IN          NS             dns.long.com.
@                IN     MX   10             mail.long.com.

dns              IN     A                   192.168.10.1
www1             IN     A                   192.168.10.1
www2             IN     A                   192.168.10.1
```

**思考**：为了测试方便，在 Client1 上直接设置 /etc/hosts 如下内容，可否代替 DNS 服务器？

```
192.168.10.1  www1.long.com
192.168.10.1  www2.long.com
```

### 12.4.3　配置基于端口号的虚拟主机

基于端口号的虚拟主机的配置只需服务器有一个 IP 地址即可，所有的虚拟主机共享同一个 IP，各虚拟主机之间通过不同的端口号进行区分。在设置基于端口号的虚拟主机的配置时，需要利用 Listen 语句设置所监听的端口。

【例 12-6】假设 Apache 服务器 IP 地址为 192.168.10.1。现需要创建基于 8088 和 8089 两个不同端口号的虚拟主机，要求不同的虚拟主机对应的主目录不同，默认文档的内容也不同，如何配置？

配置步骤如下：

① 分别创建 /var/www/8088 和 /var/www/8089 两个主目录和默认文件。

```
[root@RHEL7-1 ~]# mkdir   /var/www/8088   /var/www/8089
[root@RHEL7-1 ~]# echo "8088 port's web." >/var/www/8088/index.html
[root@RHEL7-1 ~]# echo "8089 port's web.” >/var/www/8089/index.html
```

② 修改 /etc/httpd/conf/httpd.conf 文件。该文件的修改内容如下：

```
Listen 8088
Listen 8089
<Directory "/var/www" >
    AllowOverride None
    Require all granted
</Directory>
```

③ 修改 /etc/httpd/conf.d/vhost.conf 文件。该文件的内容如下（原来内容清空）：

```
<Virtualhost 192.168.10.1:8088>
     DocumentRoot /var/www/8088
</Virtualhost>

<Virtualhost 192.168.10.1:8089>
     DocumentRoot /var/www/8089
</Virtualhost>
```

④ 关闭防火墙和允许 SELinux，重启 httpd 服务。然后在客户端 Client1 上测试。测试结果报错，

如图 12-9 所示。

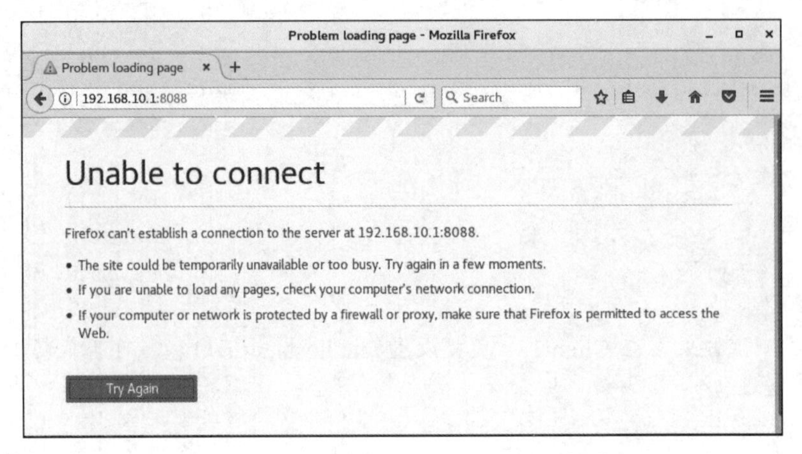


图 12-9　访问 192.168.10.1：8088 报错

⑤ 处理故障。这是因为 firewall 防火墙检测到 8088 和 8089 端口原本不属于 Apache 服务应该需要的资源，但现在却以 httpd 服务程序的名义监听使用了，所以防火墙会拒绝使用 Apache 服务使用这两个端口。可以使用 firewall-cmd 命令永久添加需要的端口到 public 区域，并重启防火墙。

```
[root@RHEL7-1 ~]# firewall-cmd --list-all
public (active)
  …
  services: ssh dhcpv6-client samba dns http
  ports:
  …
[root@RHEL7-1 ~]#firewall-cmd --zone=public --add-port=8088/tcp
success
[root@RHEL7-1 ~]# firewall-cmd --permanent --zone=public --add-port=8089/tcp
[root@RHEL7-1 ~]# firewall-cmd --permanent --zone=public --add-port=8088/tcp
[root@RHEL7-1 ~]# firewall-cmd --reload
[root@RHEL7-1 ~]# firewall-cmd --list-all
public (active)
  …
  services: ssh dhcpv6-client samba dns http
  ports: 8089/tcp 8088/tcp
  …
```

⑥ 再次在 Client1 上测试，结果如图 12-10 所示。

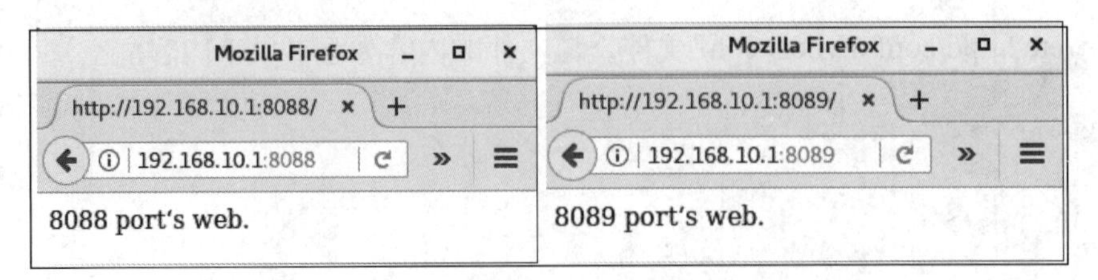


图 12-10　不同端口虚拟主机的测试结果

**技巧**：依次选择 Applications → Sundry → Firewall 命令，打开防火墙配置窗口，可以详细配置防火墙，包括配置 public 区域的 port（端口）等。读者不妨多操作试试，定会有惊喜。

# 12.5 配置用户身份认证

本节将通过一个实例来学习如何配置用户身份认证。

## 12.5.1 htaccess 文件控制存取

什么是 .htaccess 文件呢？简单地说，它是一个访问控制文件，用来配置相应目录的访问方法。不过，按照默认的配置是不会读取相应目录下的 .htaccess 文件来进行访问控制的。这是因为 AllowOverride 中配置为：

```
AllowOverride none
```

完全忽略了 .htaccess 文件。该如何打开它呢？很简单，将 none 改为 AuthConfig。

```
<Directory />
    Options FollowSymLinks
    AllowOverride AuthConfig
</Directory>
```

现在就可以在需要进行访问控制的目录下创建一个 .htaccess 文件了。需要注意的是，文件前有一个“.”，说明这是一个隐藏文件（该文件名也可以采用其他文件名，只需要在 httpd.conf 中进行设置就即可）。

另外，在 httpd.conf 的相应目录中的 AllowOverride 主要用于控制，htaccess 中允许进行的设置。其 Override 可不止一项，详细参数如表 12-4 所示。

表 12-4 AllowOverride 指令所使用的指令组

| 指 令 组 | 可 用 指 令 | 说 明 |
|---|---|---|
| AuthConfig | AuthDBMGroupFile, AuthDBMUserFile,AuthGroupFile, AuthName, AuthType, AuthUserFile, Require | 进行认证、授权以及安全的相关指令 |
| FileInfo | DefaultType, ErrorDocument, ForceType, LanguagePriority, SetHandler, SetInputFilter, SetOutputFilter | 控制文件处理方式的相关指令 |
| Indexes | AddDescription,AddIcon, AddIconByEncoding, DefaultIcon, AddIconByType, DirectoryIndex, ReadmeName FancyIndexing, HeaderName, IndexIgnore, IndexOptions | 控制目录列表方式的相关指令 |
| Limit | Allow,Deny,Order | 进行目录访问控制的相关指令 |
| Options | Options, XBitHack | 启用不能在主配置文件中使用的各种选项 |
| All | 全部指令组 | 可以使用以上所有指令 |
| None | 禁止使用所有指令 | 禁止处理 .htaccess 文件 |

假设在用户 clinuxer 的 Web 目录（public_html）下新建了一个 .htaccess 文件，该文件的绝对路径为 /home/clinuxer/public_html/.htaccess。其实 Apache 服务器并不会直接读取这个文件，而是从根目录下开始搜索 .htaccess 文件。

```
/.htaccess
/home/.htaccess
/home/clinuxer/.htaccess
/home/clinuxer/public_html/.htaccess
```

如果这个路径中有一个 .htaccess 文件，比如 /home/clinuxer/.htaccess，则 Apache 并不会去读 /home/clinuxer/public_html/.htaccess，而是 /home/clinuxer/.htaccess。

### 12.5.2 配置用户身份认证实例

Apache 中的用户身份认证，也可以采取“整体存取控制”或者“分布式存取控制”方式，其中用得最广泛的就是通过 .htaccess 来进行。

1. 创建用户名和密码

在 /usr/local/httpd/bin 目录下，有一个 htpasswd 可执行文件，它就是用来创建 .htaccess 文件身份认证所使用的密码的。它的语法格式如下：

```
[root@RHEL7-1 ~]# htpasswd  [-bcD]  [-mdps]  密码文件名字  用户名
```

参数说明：

- -b：用批处理方式创建用户。htpasswd 不会提示输入用户密码，不过由于要在命令行输入可见的密码，因此并不是很安全。
- -c：新创建（create）一个密码文件。
- -D：删除一个用户。
- -m：采用 MD5 编码加密。
- -d：采用 CRYPT 编码加密，这是预设的方式。
- -p：采用明文格式的密码。因为安全的原因，目前不推荐使用。
- -s：采用 SHA 编码加密。

【例 12-7】创建一个用于 .htaccess 密码认证的用户 yy1。

```
[root@RHEL7-1 ~]# htpasswd  -c  -mb  .htpasswd  yy1  P@ssw0rd
```

在当前目录下创建一个 .htpasswd 文件，并添加一个用户 yy1，密码为 P@ssw0rd。

2. 实例

【例 12-8】设置一个虚拟目录 /httest，用户必须输入用户名和密码才能访问。

① 创建一个新用户 smile，应该输入以下命令：

```
[root@RHEL7-1 ~]# mkdir   /virdir/test
[root@RHEL7-1 ~]# echo "Require valid_users's web." >/virdir/test/index.html
[root@RHEL7-1 ~]# cd  /virdir/test
[root@RHEL7-1 test]# /usr/bin/htpasswd  -c  /usr/local/.htpasswd  smile
```

之后会要求输入该用户的密码并确认，成功后会提示“Adding password for user smile”。如果还要在 .htpasswd 文件中添加其他用户，则直接使用以下命令（不带参数 -c）：

```
[root@RHEL7-1 test]# /usr/bin/htpasswd    /usr/local/.htpasswd  user2
```

② 在 httpd.conf 文件中设置该目录允许采用 .htaccess 进行用户身份认证。

加入如下内容（不要把注释写到配置文件，下同）：

```
Alias  /httest  "/virdir/test"
<Directory "/virdir/test">
    Options Indexes MultiViews FollowSymLinks              #允许列目录
    AllowOverride AuthConfig                               #启用用户身份认证
    Order deny,allow
    Allow from all                                         #允许所有用户访问
    AuthName    Test_Zone     #定义的认证名称，与后面的 .htpasswd 文件中的一致
</Directory>
```

如果修改了 Apache 的主配置文件 httpd.conf，则必须重启 Apache 才会使新配置生效。可以执行 systemctl restart httpd 命令重新启动它。

③ 在 /virdir/test 目录下新建一个 .htaccess 文件，内容如下：

```
[root@RHEL7-1 test]# cd  /virdir/test
[root@RHEL7-1 test]# touch  .htaccess        #创建 .htaccess
[root@RHEL7-1 test]# vim .htaccess           #编辑 .htaccess 文件并加入以下内容
AuthName "Test Zone"
    AuthType Basic
    AuthUserFile   /usr/local/.htpasswd      #指明存放授权访问的密码文件
    require   valid-user                     #指明只有密码文件的用户才是有效用户
```

**注意**：如果 .htpasswd 不在默认的搜索路径中，则应该在 AuthUserFile 中指定该文件的绝对路径。

④ 在客户端打开浏览器输入（http://192.168.10.1/httest），如图 12-11 和图 12-12 所示。访问 Apache 服务器上访问权限受限的目录时，就会出现认证窗口，只有输入正确的用户名和密码才能打开。

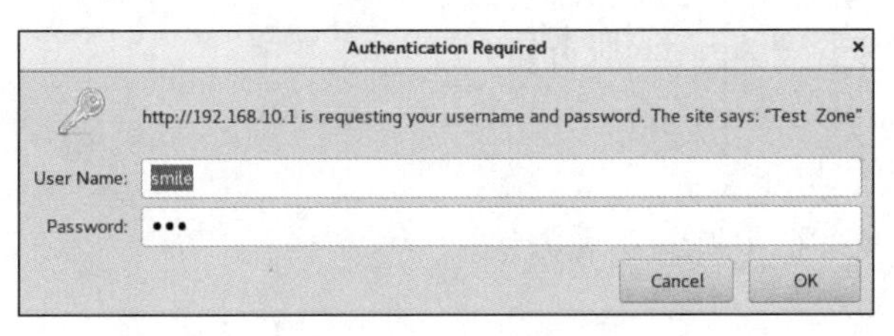


图 12-11　输入用户名和密码才能访问

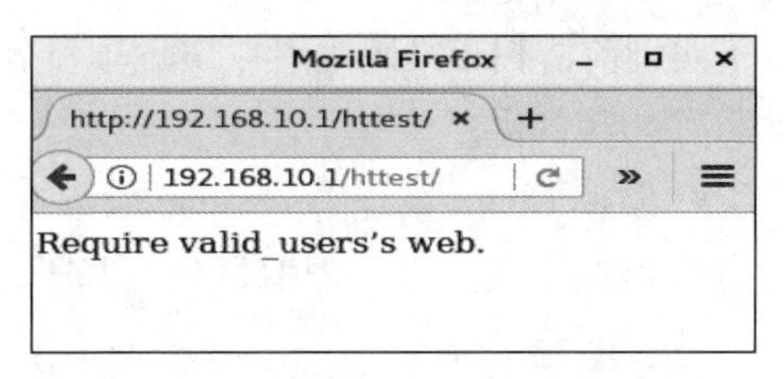


图 12-12　正确输入后能够访问受限内容

## ◎ 练　习　题

### 一、填空题

1. Web 服务器使用的协议是______，英文全称是______，中文名称是______。
2. HTTP 请求的默认端口是______。
3. Red Hat Enterprise Linux 7 采用了 SELinux 这种增强的安全模式，在默认的配置下，只有______服务可以通过。
4. 在命令行控制台窗口，输入______命令打开 Linux 配置工具选择窗口。

### 二、选择题

1. 可以用于配置 Red Hat Linux 启动时自动启动 httpd 服务的命令是（　　）。
   A. service　　B. ntsysv　　C. useradd　　D. startx
2. 在 Red Hat Linux 中手工安装 Apache 服务器时，默认的 Web 站点的目录为（　　）。
   A. /etc/httpd　　B. /var/www/html　　C. /etc/home　　D. /home/httpd
3. 对于 Apache 服务器，提供的子进程的默认用户是（　　）。
   A. root　　B. apached　　C. httpd　　D. nobody
4. 世界上排名第一的 Web 服务器是（　　）。
   A. apache　　B. IIS　　C. SunONE　　D. NCSA
5. Apache 服务器默认的工作方式是（　　）。
   A. inetd　　B. xinetd　　C. standby　　D. standalone
6. 用户的主页存放的目录由文件 httpd.conf 的参数（　　）设定。
   A. UserDir　　B. Directory

C. public_html　　　　D. DocumentRoot

7. 设置 Apache 服务器时，一般将服务的端口绑定到系统的（　　）端口上。

A. 10000　　B. 23　　C. 80　　D. 53

8. 下面（　　）不是 Apache 基于主机的访问控制指令。

A. allow　　B. deny　　C. order　　D. all

9. 用来设定当服务器产生错误时，显示在浏览器上的管理员的 E-mail 地址的是（　　）

A. Servername　　　　B. ServerAdmin

C. ServerRoot　　　　D. DocumentRoot

10. 在 Apache 基于用户名的访问控制中，生成用户密码文件的命令是（　　）

A. smbpasswd　　　　B. htpasswd

C. passwd　　　　D. serverpasswd

## ◎ 项目实录　配置与管理 Apache 服务器

### 一、视频位置

实训前请扫二维码观看：实训项目 配置与管理 Apache 服务器。

视频 12-2 实训项目 配置与管理 Apache 服务器

### 二、实训目的

- 掌握 Linux 系统中 Apache 服务器的安装与配置。
- 掌握个人主页、虚拟目录、基于用户及虚拟主机的实现方法。

### 三、项目背景

假如你是某学校的网络管理员，学校的域名为 www.king.com，学校计划为每位教师开通个人主页服务，为教师与学生建立沟通的平台。该学校网络拓扑图如图 12–13 所示。

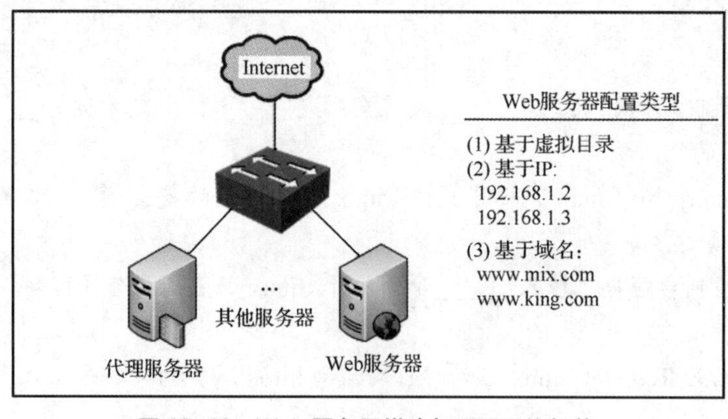


图 12–13　Web 服务器搭建与配置网络拓扑

学校计划为每位教师开通个人主页服务，要求实现如下功能：

① 网页文件上传完成后，立即自动发布，URL 为 http://www.king.com/~ 用户名。

② 在 Web 服务器中建立一个名为 private 的虚拟目录，其对应的物理路径是 /data/private，并配置 Web 服务器对该虚拟目录启用用户认证，只允许 kingma 用户访问。

③ 在 Web 服务器中建立一个名为 private 的虚拟目录，其对应的物理路径是 /dir1 /test，并配置 Web 服务器仅允许来自网络 jnrp.net 域和 192.168.1.0/24 网段的客户机访问该虚拟目录。

④ 使用 192.168.1.2 和 192.168.1.3 两个 IP 地址，创建基于 IP 地址的虚拟主机。其中 IP 地址为 192.168.1.2 的虚拟主机对应的主目录为 /var/www/ip2，IP 地址为 192.168.1.3 的虚拟主机对应的主目录为 /var/www/ip3。

⑤ 创建基于 www.mlx.com 和 www.king.com 两个域名的虚拟主机，域名为 www.mlx.com 的虚拟主机对应的主目录为 /var/www/mlx，域名为 www.king.com 的虚拟主机对应的主目录为 /var/www/king。

四、深度思考

在观看视频时思考以下几个问题：

① 使用虚拟目录有何好处？

② 基于域名的虚拟主机的配置要注意什么？

③ 如何启用用户身份认证？

五、做一做

根据视频内容，将项目完整无缺地完成。

## ◎ 实训　Apache 服务器的配置

一、实训目的

掌握 Apache 服务器的配置与应用方法。

二、实训内容

练习利用 Apache 服务建立普通 Web 站点、基于主机和用户认证的访问控制。

三、实训练习

（1）建立 Web 服务器，同时建立一个名为 /mytest 的虚拟目录，并完成以下设置：

① 设置 Apache 根目录为 /etc/httpd。

② 设置首页名称为 test.html。

③ 设置超时时间为 240 s。

④ 设置客户端连接数为 500。

⑤ 设置管理员 E-mail 地址为 root@smile.com。

⑥ 虚拟目录对应的实际目录为 /linux/apache。

⑦ 将虚拟目录设置为仅允许 192.168.0.0/24 网段的客户端访问。

分别测试 Web 服务器和虚拟目录。

（2）在文档目录中建立 security 目录，并完成以下设置：

① 对该目录启用用户认证功能。

② 仅允许 user1 和 user2 账号访问。

③ 更改 Apache 默认监听的端口，将其设置为 8080。

④ 将允许 Apache 服务的用户和组设置为 nobody。

⑤ 禁止使用目录浏览功能。

⑦ 使用 chroot 机制改变 Apache 服务的根目录。

（3）建立虚拟主机，并完成以下设置：

① 建立 IP 地址为 192.168.0.1 的虚拟主机 1，对应的文档目录为 /usr/local/www/web1。

② 仅允许来自 .smile.com. 域的客户端可以访问虚拟主机 1。

③ 建立 IP 地址为 192.168.0.2 的虚拟主机 2，对应的文档目录为 /usr/local/www/web2。

④ 仅允许来自 .long.com. 域的客户端可以访问虚拟主机 2。

（4）配置用户身份认证。

① 配置用户认证授权。在 /var/www/html 目录下，创建一个 members 子目录。配置服务器，使用户 user1 可以通过密码访问此目录下的文件，而其他用户不能访问。

- 创建 members 子目录。
- 利用 htpasswd 命令新建 passwords 密码文件，并将 user1 用户添加到该密码文件。
- 修改主配置文件 /etc/httpd/conf/httpd.conf，添加如下内容：

```
<Directory /var/www/html/members>
Allowoverride All
</Directory>
```

- 重新启动 Apache。
- 在 members 目录下创建 .htaccess 文件，内容如下：

```
AuthType  Basic
AuthName  membership
AuthUserFile  /etc/httpd/conf/passwords
AuthGroupFile  /etc/httpd/conf/groups
Require valid-user
Order allow,deny
Allow from all
```

- 重新启动 Apache。
- 在浏览器中测试刚才配置的信息。

② 配置基于主机的访问控制。

- 重新编辑 .htaccess 文件，对此目录的访问再进行基于客户机 IP 地址的访问控制，禁止从前面测试使用的客户机的 IP 地址访问服务器。

```
AuthType   Basic
AuthName   membership
AuthUserFile  /etc/httpd/conf/passwords
AuthGroupFile  /etc/httpd/conf/groups
Require valid-user
Order allow,deny
Allow from 127.0.0.1
Deny from all
```

- 在浏览器中再次连接服务器，如果配置正确则访问被拒绝。
- 重新编辑 .htaccess 文件，使局域网内的用户可以直接访问 members 目录，局域网外的用户可以通过用户认证的方式访问 members 目录。

```
AuthType  Basic
AuthName  membership
AuthUserFile  /etc/httpd/conf/passwords
AuthGroupFile  /etc/httpd/conf/groups
Require valid-user
Order allow,deny
Allow from 192.168.203.0/24
```

- 在客户端浏览器中再次连接服务器，观察实验现象。

## 四、实训报告

完成实训报告。

# 第13章

# 配置与管理FTP服务器

FTP（File Transfer Protocol，文件传输协议）是Internet最早提供的网络服务功能之一，利用FTP服务可以实现文件的上传及下载等相关的文件传输服务。本章将介绍Linux下vsftpd服务器的安装、配置及使用方法。

**学习要点**

- FTP服务的工作原理。
- vsftpd服务器的配置。
- 基于虚拟用户的FTP服务器的配置。
- 典型的配置案例。

## 13.1 FTP概述

以HTTP为基础的WWW服务功能虽然强大，但对于文件传输来说却略显不足。一种专门用于文件传输的服务FTP服务应运而生。

### 13.1.1 FTP工作原理

视频13-1
管理与维护FTP服务器

FTP大大简化了文件传输的复杂性，它能够使文件通过网络从一台主机传送到另外一台计算机上却不受计算机和操作系统类型的限制。无论是PC、服务器、大型机，还是IOS、Linux、Windows操作系统，只要双方都支持协议FTP，就可以方便、可靠地进行文件的传送。

FTP服务的具体工作过程如下，如图13-1所示。

① 客户端向服务器发出连接请求，同时客户端系统动态地打开一个大于1024的端口等候服务器连接（比如1031端口）。

② 若FTP服务器在端口21侦听到该请求，则会在客户端1031端口和服务器的21端口之间建立起一个FTP会话连接。

③ 当需要传输数据时，FTP客户端再动态地打开一个大于1024的端口（比如1032端口）

连接到服务器的 20 端口，并在这两个端口之间进行数据传输。当数据传输完毕后，这两个端口会自动关闭。

④ 当 FTP 客户端断开与 FTP 服务器的连接时，客户端上动态分配的端口将自动释放。

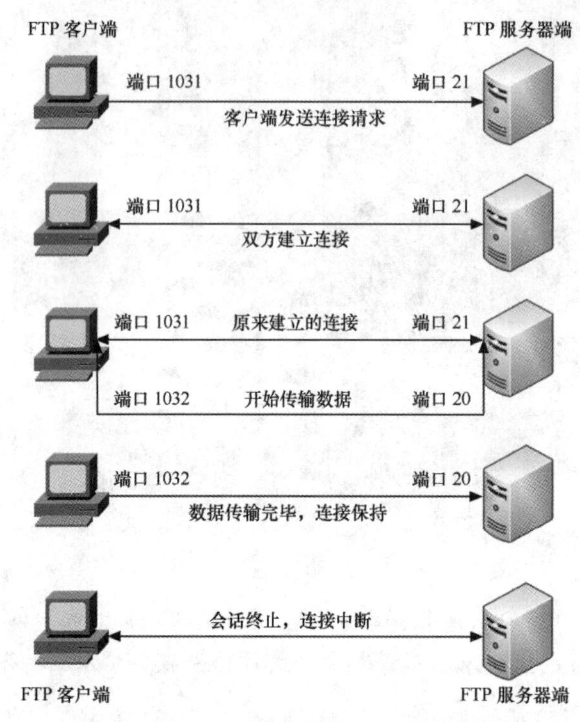


图 13–1　FTP 服务的工作过程

FTP 服务有两种工作模式：主动传输模式（Active FTP）和被动传输模式（Passive FTP）。

### 13.1.2　匿名用户

FTP 服务不同于 WWW，它首先要求登录到服务器上，然后再进行文件的传输，这对于很多公开提供软件下载的服务器来说十分不便，于是匿名用户访问就诞生了。通过使用一个共同的用户名 anonymous，密码不限的管理策略（一般使用用户的邮箱作为密码即可）让任何用户都可以很方便地从这些服务器上下载软件。

## 13.2　安装 vsftpd 服务

安装 vsftpd 服务前，请读者先规划好网络环境。

### 13.2.1　项目设计与准备

3 台安装好 RHEL7.4 的计算机，连网方式都设为 host only（VMnet1），一台作为服务器，两台作为客户端使用。计算机的配置信息如表 13–1 所示（可以使用 VM 的克隆技术快速安装需要的 Linux 客户端）。

表 13–1　Linux 服务器和客户端的配置信息

| 主机名称 | 操作系统 | IP 地址 | 角色及其他 |
|---|---|---|---|
| DHCP 服务器：RHEL7-1 | RHEL7 | 192.168.10.1 | FTP 服务器，VMnet1 |
| Linux 客户端：Client1 | RHEL7 | 192.168.10.20 | FTP 客户端，VMnet1 |
| Windows 客户端：Win7-1 | Windows 7 | 192.168.10.30 | FTP 客户端，VMnet1 |

### 13.2.2 安装、启动与停止 vsftpd 服务

1. 安装 vsftpd 服务

```
[root@RHEL7-1 ~]# rpm -q vsftpd
[root@RHEL7-1 ~]# mkdir /iso
[root@RHEL7-1 ~]# mount /dev/cdrom /iso
[root@RHEL7-1 ~]# yum clean all                          //安装前先清除缓存
[root@RHEL7-1 ~]# yum install vsftpd -y
[root@RHEL7-1 ~]# yum install ftp -y                     //同时安装 ftp 软件包
[root@RHEL7-1 ~]# rpm -qa|grep vsftpd                    //检查安装组件是否成功
```

2. vsftpd 服务启动、重启、随系统启动、停止

安装完 vsftpd 服务后，下一步就是启动了。vsftpd 服务可以以独立或被动方式启动。在 Red Hat Enterprise Linux 7 中，默认以独立方式启动。

需要注意的是在生产环境中或者在 RHCSA、RHCE、RHCA 认证考试中一定要把配置过的服务程序加入开机启动项中，以保证服务器在重启后依然能够正常提供传输服务。

重新启动 vsftpd 服务、随系统启动，开放防火墙，开放 SELinux，可以输入下面的命令：

```
[root@RHEL7-1 ~]# systemctl restart vsftpd
[root@RHEL7-1 ~]# systemctl enable vsftpd
[root@RHEL7-1 ~]# firewall-cmd --permanent --add-service=ftp
[root@RHEL7-1 ~]# firewall-cmd --reload
[root@RHEL7-1 ~]# setsebool -P ftpd_full_access=on
```

## 13.3 认识 vsftpd 的配置文件

vsftpd 的配置主要通过以下几个文件来完成。

1. 主配置文件

vsftpd 服务程序的主配置文件（/etc/vsftpd/vsftpd.conf）内容总长度达到 127 行，但其中大多数参数在开头都添加了井号（#），从而成为注释信息，读者没有必要在注释信息上花费太多时间。可以使用 grep 命令添加 -v 参数，过滤并反选出没有包含井号（#）的参数行（即过滤掉所有的注释信息），然后将过滤后的参数行通过输出重定向符写回原始的主配置文件中（为了安全起见，请先备份主配置文件）：

```
[root@RHEL7-1 ~]# mv /etc/vsftpd/vsftpd.conf /etc/vsftpd/vsftpd.conf.bak
[root@RHEL7-1 ~]#  grep -v "#" /etc/vsftpd/vsftpd.conf.bak > /etc/vsftpd/
vsftpd.conf
[root@RHEL7-1 ~]# cat /etc/vsftpd/vsftpd.conf -n
     1  anonymous_enable=YES
     2  local_enable=YES
     3  write_enable=YES
     4  local_umask=022
     5  dirmessage_enable=YES
     6  xferlog_enable=YES
     7  connect_from_port_20=YES
     8  xferlog_std_format=YES
```

```
 9   listen=NO
10   listen_ipv6=YES
11
12   pam_service_name=vsftpd
13   userlist_enable=YES
14   tcp_wrappers=YES
```

表 13-2 中列举了 vsftpd 服务程序主配置文件中常用的参数以及作用。在后续的实验中将演示重要参数的用法，以帮助大家熟悉并掌握。

表 13-2　vsftpd 服务程序常用的参数以及作用

| 参　数 | 作　用 |
|---|---|
| listen=[YES\|NO] | 是否以独立运行的方式监听服务 |
| listen_address=IP 地址 | 设置要监听的 IP 地址 |
| listen_port=21 | 设置 FTP 服务的监听端口 |
| download_enable = [YES\|NO] | 是否允许下载文件 |
| userlist_enable=[YES\|NO]<br>userlist_deny=[YES\|NO] | 设置用户列表为“允许”还是“禁止”操作 |
| max_clients=0 | 最大客户端连接数，0 为不限制 |
| max_per_ip=0 | 同一 IP 地址的最大连接数，0 为不限制 |
| anonymous_enable=[YES\|NO] | 是否允许匿名用户访问 |
| anon_upload_enable=[YES\|NO] | 是否允许匿名用户上传文件 |
| anon_umask=022 | 匿名用户上传文件的 umask 值 |
| anon_root=/var/ftp | 匿名用户的 FTP 根目录 |
| anon_mkdir_write_enable=[YES\|NO] | 是否允许匿名用户创建目录 |
| anon_other_write_enable=[YES\|NO] | 是否开放匿名用户的其他写入权限（包括重命名、删除等操作权限） |
| anon_max_rate=0 | 匿名用户的最大传输速率（字节 / 秒），0 为不限制 |
| local_enable=[YES\|NO] | 是否允许本地用户登录 FTP |
| local_umask=022 | 本地用户上传文件的 umask 值 |
| local_root=/var/ftp | 本地用户的 FTP 根目录 |
| chroot_local_user=[YES\|NO] | 是否将用户权限禁锢在 FTP 目录，以确保安全 |
| local_max_rate=0 | 本地用户最大传输速率（字节 / 秒），0 为不限制 |

2. /etc/pam. d/vsftpd

vsftpd 的 Pluggable Authentication Modules（PAM）配置文件，主要用来加强 vsftpd 服务器的用户认证。

3. /etc/vsftpd/ftpusers

所有位于此文件内的用户都不能访问 vsftpd 服务。当然，为了安全起见，这个文件中默认已经包括 root、bin 和 daemon 等系统账号。

4. /etc/vsftpd/user_list

这个文件中包括的用户有可能是被拒绝访问 vsftpd 服务的，也可能是允许访问的，这主要取决于 vsftpd 的主配置文件 /etc/vsftpd/vsftpd.conf 中的 userlist_deny 参数是设置为 YES（默认值）还是 NO。

① 当 userlist_deny=NO 时，仅允许文件列表中的用户访问 FTP 服务器。

② 当 userlist_deny=YES 时，这也是默认值，拒绝文件列表中的用户访问 FTP 服务器。

5. /var/ftp 文件夹

vsftpd 提供服务的文件集散地，它包括一个 pub 子目录。在默认配置下，所有的目录都是只读的，只有 root 用户有写权限。

## 13.4 配置匿名用户 FTP 实例

下面通过实例学习如何配置匿名用户 FTP。

1. vsftpd 的认证模式

vsftpd 允许用户以 3 种认证模式登录到 FTP 服务器上。

① 匿名开放模式：是一种最不安全的认证模式，任何人都可以无须密码验证而直接登录到 FTP 服务器。

② 本地用户模式：是通过 Linux 系统本地的账户密码信息进行认证的模式，相较于匿名开放模式更安全，而且配置起来也很简单。但是如果被黑客破解了账户的信息，就可以畅通无阻地登录 FTP 服务器，从而完全控制整台服务器。

③ 虚拟用户模式：是这 3 种模式中最安全的一种认证模式，它需要为 FTP 服务单独建立用户数据库文件，虚拟映射用来进行口令验证的账户信息，而这些账户信息在服务器系统中实际上是不存在的，仅供 FTP 服务程序进行认证使用。这样，即使黑客破解了账户信息也无法登录服务器，从而有效降低了破坏范围和影响。

2. 匿名用户登录的参数说明

表 13-3 列举了可以向匿名用户开放的权限参数以及作用。

表 13-3　可以向匿名用户开放的权限参数以及作用

| 参　数 | 作　用 |
|---|---|
| anonymous_enable=YES | 允许匿名访问模式 |
| anon_umask=022 | 匿名用户上传文件的 umask 值 |
| anon_upload_enable=YES | 允许匿名用户上传文件 |
| anon_mkdir_write_enable=YES | 允许匿名用户创建目录 |
| anon_other_write_enable=YES | 允许匿名用户修改目录名称或删除目录 |

3. 配置匿名用户登录 FTP 服务器实例

**【例 13-1】**搭建一台 FTP 服务器，允许匿名用户上传和下载文件，匿名用户的根目录设置为 /var/ftp。

① 新建测试文件，编辑 /etc/vsftpd/vsftpd.conf。

```
[root@RHEL7-1 ~]# touch /var/ftp/pub/sample.tar
[root@RHEL7-1 ~]# vim  /etc/vsftpd/vsftpd.conf
```

② 在文件后面添加如下 4 行（语句前后和等号左右一定不要加空格，若有重复的语句请删除或直接在其上更改，切莫把注释放进去，下同）：

```
anonymous_enable=YES                    #允许匿名用户登录
anon_root=/var/ftp                      #设置匿名用户的根目录为 /var/ftp
anon_upload_enable=YES                  #允许匿名用户上传文件
anon_mkdir_write_enable=YES             #允许匿名用户创建文件夹
```

**提示**：anon_other_write_enable=YES 表示允许匿名用户删除文件。

③ 允许 SELinux，让防火墙放行 ftp 服务，重启 vsftpd 服务。

```
[root@RHEL7-1 ~]# setenforce 0
[root@RHEL7-1 ~]# firewall-cmd --permanent --add-service=ftp
[root@RHEL7-1 ~]# firewall-cmd --reload
[root@RHEL7-1 ~]# firewall-cmd --list-all
[root@RHEL7-1 ~]# systemctl restart vsftpd
```

在 Windows 7 客户端的资源管理器中输入 ftp://192.168.10.1，打开 pub 目录，新建一个文件夹，结果出错了，如图 13-2 所示。

图 13-2　测试 FTP 服务器 192.168.10.1 出错

什么原因呢？系统的本地权限没有设置。

④ 设置本地系统权限，将属主设为 ftp，或者对 pub 目录赋予其他用户写的权限。

```
 [root@RHEL7-1 ~]# ll -ld /var/ftp/pub
drwxr-xr-x. 2 root root 6 Mar 23  2017 /var/ftp/pub //其他用户没有写入权限
[root@RHEL7-1 ~]#  chown ftp /var/ftp/pub //将属主改为匿名用户 ftp，或者
[root@RHEL7-1 ~]#  chmod  o+w /var/ftp/pub          //将属主改为匿名用户 ftp
[root@RHEL7-1 ~]# ll -ld /var/ftp/pub
drwxr-xr-x. 2 ftp root 6 Mar 23  2017 /var/ftp/pub //已将属主改为匿名用户 ftp
[root@RHEL7-1 ~]# systemctl  restart vsftpd
```

⑤ 在 Windows 7 客户端再次测试，在 pub 目录下能够建立新文件夹。

**提示**：如果在 Linux 上测试，用户名输入 ftp，密码处直接按 Enter 键即可。

```
[root@client1 ~]# ftp 192.168.10.1
Connected to 192.168.10.1 (192.168.10.1).
220 (vsFTPd 3.0.2)
Name (192.168.10.1:root): ftp
331 Please specify the password.
Password:
230 Login successful.
Remote system type is UNIX.
```

```
Using binary mode to transfer files.
ftp> ls
227 Entering Passive Mode (192,168,10,1,176,188).
150 Here comes the directory listing.
drwxr-xrwx    3 14       0            44 Aug 03 04:10 pub
226 Directory send OK.
ftp> cd pub
250 Directory successfully changed.
```

**注意**：如果要实现匿名用户创建文件等功能，仅仅在配置文件中开启这些功能是不够的，还需要注意开放本地文件系统权限，使匿名用户拥有写权限才行，或者改变属主为 ftp。在项目实录中有针对此问题的解决方案。另外，也要特别注意防火墙和 SELinux 设置，否则一样会出问题。

## 13.5 配置本地模式的常规 FTP 服务器案例

下面通过实例学习如何配置本地模式的常规 FTP 服务器。

1. FTP 服务器配置要求

公司内部现在有一台 FTP 服务器和 Web 服务器，FTP 主要用于维护公司的网站内容，包括上传文件、创建目录、更新网页等。公司现有两个部门负责维护任务，两者分别使用 team1 和 team2 账号进行管理。先要求仅允许 team1 和 team2 账号登录 FTP 服务器，但不能登录本地系统，并将这两个账号的根目录限制为 /web/www/html，不能进入该目录以外的任何目录。

2. 需求分析

将 FTP 服务器和 Web 服务器做在一起是企业经常采用的方法，这样方便实现对网站的维护。为了增强安全性，首先需要使用仅允许本地用户访问，并禁止匿名用户登录。其次，使用 chroot 功能将 team1 和 team2 锁定在 /web/www/html 目录下。如果需要删除文件，则还需要注意本地权限。

3. 解决方案

① 建立维护网站内容的 FTP 账号 team1 、team2 和 user1 并禁止本地登录，然后为其设置密码。

```
[root@RHEL7-1 ~]# useradd  -s  /sbin/nologin  team1
[root@RHEL7-1 ~]# useradd  -s  /sbin/nologin  team2
[root@RHEL7-1 ~]# useradd  -s  /sbin/nologin  user1
[root@RHEL7-1 ~]# passwd  team1
[root@RHEL7-1 ~]# passwd  team2
[root@RHEL7-1 ~]# passwd  user1
```

② 配置 vsftpd.conf 主配置文件增加或修改相应内容。（写入配置文件时，注释一定去掉，语句前后不要加空格。

```
[root@RHEL7-1 ~]# vim  /etc/vsftpd/vsftpd.conf
anonymous_enable=NO                          #禁止匿名用户登录
local_enable=YES                             #允许本地用户登录
local_root=/web/www/html                     #设置本地用户的根目录为 /web/www/html
chroot_local_user=NO                         #是否限制本地用户，这也是默认值，可以省略
chroot_list_enable=YES                       #激活 chroot 功能
chroot_list_file=/etc/vsftpd/chroot_list     #设置锁定用户在根目录中的列表文件
```

```
allow_writeable_chroot=YES
#只要启用 chroot 就一定加入这条：允许 chroot 限制！否则出现连接错误。切记。
write_enable=YES
pam_service_name=vsftpd                              #认证模块一定要加上
```

chroot_local_user=NO 是默认设置，即如果不做任何 chroot 设置，则 FTP 登录目录是不做限制的。另外，只要启用 chroot，一定增加 allow_writeable_chroot=YES 语句。为什么呢？

因为从 2.3.5 之后，vsftpd 增强了安全检查，如果用户被限定在了其主目录下，则该用户的主目录不能再具有写权限了！如果检查发现还有写权限，就会报该错误：500 OOPS: vsftpd: refusing to run with writable root inside chroot()。

要修复这个错误，可以用命令 chmod  a-w  /web/www/html 去除用户主目录的写权限，注意把目录替换成所需要的，本例是 /web/www/html。不过这样就无法写入了。还有一种方法，就是可以在 vsftpd 的配置文件中增加下列项：allow_writeable_chroot=YES。

**注意**：chroot 是靠例外列表来实现的，列表内用户即是例外的用户。所以根据是否启用本地用户转换，可设置不同目的的例外列表，从而实现 chroot 功能。因此，实现锁定目录有两种方法：第一种是除列表内的用户外，其他用户都被限定在固定目录内，即列表内用户自由，列表外用户受限制。（这时启用 chroot_local_user=YES）

```
chroot_local_user=YES
chroot_list_enable=YES
chroot_list_file=/etc/vsftpd/chroot_list
allow_writeable_chroot=YES
```

第二种是除列表内的用户外，其他用户都可自由转换目录。即列表内用户受限制，列表外用户自由（这时启用 chroot_local_user=NO)。为了安全，建议使用第一种。

```
chroot_local_user=NO
chroot_list_enable=YES
chroot_list_file=/etc/vsftpd/chroot_list
```

③ 建立 /etc/vsftpd/chroot_list 文件，添加 team1 和 team2 账号。

```
[root@RHEL7-1 ~]# vim  /etc/vsftpd/chroot_list
team1
team2
```

④ 防火墙放行和 SELinux 允许，重启 FTP 服务。

```
[root@RHEL7-1 ~]# firewall-cmd --permanent --add-service=ftp
[root@RHEL7-1 ~]# firewall-cmd --reload
[root@RHEL7-1 ~]# firewall-cmd --list-all
[root@RHEL7-1 ~]# setenforce 0
[root@RHEL7-1 ~]# systemctl restart vsftpd
```

**思考**：如果设置 setenforce 1（可使用命令 getenforce 查看），那么必须执行：setsebool -P ftpd_full_access=on。保证目录的正常写入和删除等操作。

⑤ 修改本地权限。

```
[root@RHEL7-1 ~]# mkdir  /web/www/html -p
[root@RHEL7-1 ~]# touch /web/www/html/test.sample
[root@RHEL7-1 ~]# ll   -d   /web/www/html
[root@RHEL7-1 ~]# chmod   -R   o+w   /web/www/html      //其他用户可以写入
[root@RHEL7-1 ~]# ll   -d   /web/www/html
```

⑥ 在 Linux 客户端 client1 上先安装 ftp 工具，然后测试。

```
[root@client1 ~]# mount /dev/cdrom /iso
[root@client1 ~]# yum clean all
[root@client1 ~]# yum install ftp -y
```

使用 team1 和 team2 用户不能转换目录，但能建立新文件夹，显示的目录是"/"，其实是 /web/www/html 文件夹。

```
[root@client1 ~]# ftp 192.168.10.1
Connected to 192.168.10.1 (192.168.10.1).
220 (vsFTPd 3.0.2)
Name (192.168.10.1:root): team1                         //锁定用户测试
331 Please specify the password.
Password:
230 Login successful.
Remote system type is UNIX.
Using binary mode to transfer files.
ftp> pwd
257 "/"                    //显示是"/"，其实是/web/www/html，从列示的文件中就知道
ftp> mkdir testteam1
257 "/testteam1" created
ftp> ls
227 Entering Passive Mode (192,168,10,1,46,226).
150 Here comes the directory listing.
-rw-r--r--    1 0        0         0 Jul 21 01:25 test.sample
drwxr-xr-x    2 1001     1001      6 Jul 21 01:48 testteam1
226 Directory send OK.
ftp> cd /etc
550 Failed to change directory. //不允许更改目录
ftp> exit
221 Goodbye.
```

使用 user1 用户，能自由转换目录，可以将 /etc/passwd 文件下载到主目录，何其危险啊！

```
[root@client1 ~]# ftp 192.168.10.1
Connected to 192.168.10.1 (192.168.10.1).
220 (vsFTPd 3.0.2)
Name (192.168.10.1:root): user1      //列表外的用户是自由的
331 Please specify the password.
Password:
230 Login successful.
Remote system type is UNIX.
Using binary mode to transfer files.
ftp> pwd
```

```
257 "/web/www/html"
ftp> mkdir testuser1
257 "/web/www/html/testuser1" created
ftp> cd /etc                    //成功转换到 /etc 目录
250 Directory successfully changed.
ftp> get passwd                 //成功下载密码文件 passwd 到 /root，可以退出后查看
local: passwd remote: passwd
227 Entering Passive Mode (192,168,10,1,80,179).
150 Opening BINARY mode data connection for passwd (2203 bytes).
226 Transfer complete.
2203 bytes received in 9e-05 secs (24477.78 Kbytes/sec)
ftp> cd /web/www/html
250 Directory successfully changed.
ftp> ls
227 Entering Passive Mode (192,168,10,1,182,144).
150 Here comes the directory listing.
-rw-r--r--    1 0      0             0 Jul 21 01:25 test.sample
drwxr-xr-x    2 1001      1001          6 Jul 21 01:48 testteam1
drwxr-xr-x    2 1003      1003          6 Jul 21 01:50 testuser1
226 Directory send OK.
```

## 13.6 设置 vsftp 虚拟账号

FTP 服务器的搭建工作并不复杂，但需要按照服务器的用途，合理规划相关配置。如果 FTP 服务器并不对互联网上的所有用户开放，则可以关闭匿名访问，而开启实体账户或者虚拟账户的验证机制。但实际操作中，如果使用实体账户访问，FTP 用户在拥有服务器真实用户名和密码的情况下，会对服务器产生潜在的危害，FTP 服务器如果设置不当，则用户有可能使用实体账号进行非法操作。所以，为了 FTP 服务器的安全，可以使用虚拟用户验证方式，也就是将虚拟的账号映射为服务器的实体账号，客户端使用虚拟账号访问 FTP 服务器。

要求：使用虚拟用户 user2、user3 登录 FTP 服务器，访问主目录是 /var/ftp/vuser，用户只允许查看文件，不允许上传、修改等操作。

对于 vsftp 虚拟账号的配置主要有以下几个步骤。

1. 创建用户数据库

(1) 创建用户文本文件

首先，建立保存虚拟账号和密码的文本文件，格式如下：

```
虚拟账号 1
密码
虚拟账号 2
密码
```

使用 vim 编辑器建立用户文件 vuser.txt，添加虚拟账号 user2 和 user3。如下所示：

```
[root@RHEL7-1 ~]# mkdir   /vftp
[root@RHEL7-1 ~]# vim   /vftp/vuser.txt
user2
```

```
12345678
User3
12345678
```

（2）生成数据库

保存虚拟账号及密码的文本文件无法被系统账号直接调用，需要使用 db_load 命令生成 db 数据库文件。

```
[root@RHEL7-1 ~]# db_load  -T  -t  hash  -f  /vftp/vuser.txt  /vftp/vuser.db
[root@RHEL7-1 ~]# ls   /vftp
vuser.db   vuser.txt
```

（3）修改数据库文件访问权限

数据库文件中保存着虚拟账号和密码信息，为了防止非法用户盗取，可以修改该文件的访问权限。

```
[root@RHEL7-1 ~]# chmod   700  /vftp/vuser.db
[root@RHEL7-1 ~]# ll   /vftp
```

2. 配置 PAM 文件

为了使服务器能够使用数据库文件，对客户端进行身份验证，需要调用系统的 PAM 模块。PAM（Pluggable Authentication Module）为可插拔认证模块，不必重新安装应用程序，通过修改指定的配置文件，调整对该程序的认证方式。PAM 模块配置文件路径为 /etc/pam.d，该目录下保存着大量与认证有关的配置文件，并以服务名称命名。

下面修改 vsftp 对应的 PAM 配置文件 /etc/pam.d/vsftpd，将默认配置使用“#”全部注释，添加相应字段，如下所示：

```
[root@RHEL7-1 ~]# vim   /etc/pam.d/vsftpd
#PAM-1.0
#session        optional      pam_keyinit.so      force        revoke
#auth           required      pam_listfile.so     item=user    sense=deny
#file=/etc/vsftpd/ftpusers    onerr=succeed
#auth           required      pam_Shells.so
auth            required      pam_userdb.so db=/vftp/vuser
account         required      pam_userdb.so       db=/vftp/vuser
```

3. 创建虚拟账户对应系统用户

```
[root@RHEL7-1 ~]# useradd  -d  /var/ftp/vuser  vuser                 ①
[root@RHEL7-1 ~]# chown  vuser.vuser  /var/ftp/vuser                  ②
[root@RHEL7-1 ~]# chmod  555  /var/ftp/vuser                          ③
[root@RHEL7-1 ~]# ls  -ld  /var/ftp/vuser                             ④
dr-xr-xr-x. 6 vuser vuser 127 Jul 21 14:28 /var/ftp/vuser
```

以上代码中其后带序号的各行功能说明如下：

① 用 useradd 命令添加系统账户 vuser，并将其 /home 目录指定为 /var/ftp 下的 vuser。

② 变更 vuser 目录的所属用户和组，设定为 vuser 用户、vuser 组。

③ 当匿名账户登录时会映射为系统账户，并登录 /var/ftp/vuser 目录，但其并没有访问该目录的权限，需要为 vuser 目录的属主、属组和其他用户和组添加读和执行权限。

④ 使用 ls 命令，查看 vuser 目录的详细信息，系统账号主目录设置完毕。

4. 修改 /etc/vsftpd/vsftpd. conf

```
anonymous_enable=NO                                                    ①
anon_upload_enable=NO
anon_mkdir_write_enable=NO
anon_other_write_enable=NO
local_enable=YES                                                       ②
chroot_local_user=YES                                                  ③
allow_writeable_chroot=YES
write_enable=NO                                                        ④
guest_enable=YES                                                       ⑤
guest_username=vuser                                                   ⑥
listen=YES                                                             ⑦
pam_service_name=vsftpd                                                ⑧
```

**注意**："=" 号两边不要加空格。语句前后也不要加空格。

以上代码中其后带序号的各行功能说明如下：

① 为了保证服务器的安全，关闭匿名访问，以及其他匿名相关设置。

② 虚拟账号会映射为服务器的系统账号，所以需要开启本地账号的支持。

③ 锁定账户的根目录。

④ 关闭用户的写权限。

⑤ 开启虚拟账号访问功能。

⑥ 设置虚拟账号对应的系统账号为 vuser。

⑦ 设置 FTP 服务器为独立运行。

⑧ 配置 vsftp 使用的 PAM 模块为 vsftpd。

5. 设置防火墙放行和 SELinux 允许，重启 vsftpd 服务

详见前面相关内容。

6. 在 Client1 上测试

使用虚拟账号 user2、user3 登录 FTP 服务器，进行测试，会发现虚拟账号登录成功，并显示 FTP 服务器目录信息。

```
[root@Client1 ~]# ftp 192.168.10.1
Connected to 192.168.10.1 (192.168.10.1).
220 (vsFTPd 3.0.2)
Name (192.168.10.1:root): user2
331 Please specify the password.
Password:
230 Login successful.
Remote system type is UNIX.
Using binary mode to transfer files.
ftp> ls                //可以列示目录信息
227 Entering Passive Mode (192,168,10,1,31,79).
150 Here comes the directory listing.
-rwx---rwx    1 0      0           0 Jul 21 05:40 test.sample
226 Directory send OK.
```

```
ftp> cd /etc                    //不能更改主目录
550 Failed to change directory.
ftp> mkdir testuser1            //仅能查看，不能写入
550 Permission denied.
ftp> quit
221 Goodbye.
```

**特别提示**：匿名开放模式、本地用户模式和虚拟用户模式的配置文件可在出版社网站下载，或向作者索要。

## ◎ 练　习　题

### 一、填空题

1. FTP 服务就是________服务，FTP 的英文全称是________。

2. FTP 服务通过使用一个共同的用户名________，密码不限的管理策略，让任何用户都可以很方便地从这些服务器上下载软件。

3. FTP 服务有两种工作模式：________和________。

4. FTP 命令的格式如下：________。

### 二、选择题

1. ftp 命令的（　　）参数可以与指定的机器建立连接。
   A. connect　　B. close　　C. cdup　　D. open

2. FTP 服务使用的端口是（　　）。
   A. 21　　B. 23　　C. 25　　D. 53

3. 从 Internet 上获得软件最常采用的是（　　）。
   A. WWW　　B. telnet　　C. FTP　　D. DNS

4. 一次可以下载多个文件的命令是（　　）。
   A. mget　　B. get　　C. put　　D. mput

5. 下面（　　）不是 FTP 用户的类别。
   A. real　　B. anonymous　　C. guest　　D. users

6. 修改文件 vsftpd.conf 的（　　）可以实现 vsftpd 服务独立启动。
   A. listen=YES　　B. listen=NO
   C. boot=standalone　　D. #listen=YES

7. 将用户加入以下（　　）文件中可能会阻止用户访问 FTP 服务器。
   A. vsftpd/ftpusers　　B. vsftpd/user_list　　C. ftpd/ftpusers　　D. ftpd/userlist

### 三、简答题

1. 简述 FTP 的工作原理。
2. 简述 FTP 服务的传输模式。
3. 简述常用的 FTP 软件。

## ◎ 项目实录　配置与管理 FTP 服务器

视频 13-2
实训项目　配置与管理 FTP 服务器

### 一、视频位置

实训前请扫二维码观看：实训项目　配置与管理 FTP 服务器。

二、实训目的

- 掌握 vsftpd 服务器的配置方法。
- 熟悉 FTP 客户端工具的使用。
- 掌握常见的 FTP 服务器的故障排除。

三、项目背景

某企业网络拓扑图如图 13–3 所示，该企业想构建一台 FTP 服务器，为企业局域网中的计算机提供文件传送任务，为财务部门、销售部门和 OA 系统提供异地数据备份。要求能够对 FTP 服务器设置连接限制、日志记录、消息、验证客户端身份等属性，并能创建用户隔离的 FTP 站点。

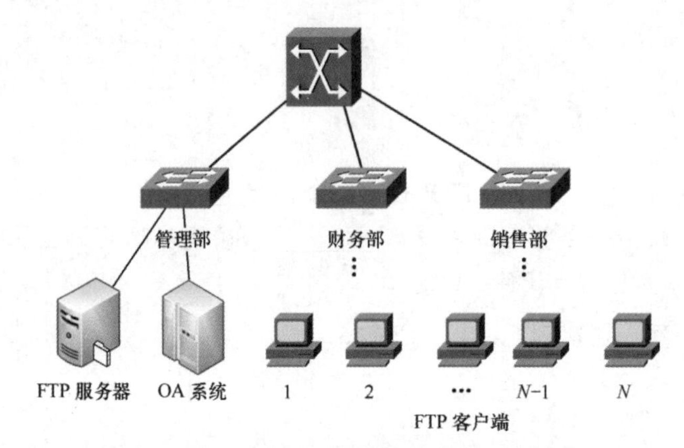


图 13–3　FTP 服务器搭建与配置网络拓扑

四、深度思考

在观看视频时思考以下几个问题：

① 如何使用 service vsftpd status 命令检查 vsftp 的安装状态？

② FTP 权限和文件系统权限有何不同？如何进行设置？

③ 为何不建议对根目录设置写权限？

④ 如何设置进入目录后的欢迎信息？

⑤ 如何锁定 FTP 用户在其宿主目录中？

⑥ user_list 和 ftpusers 文件都存有用户名列表，如果一个用户同时存在两个文件中，最终的执行结果是怎样的？

五、做一做

根据视频内容，将项目完整无缺地完成。

## ◎ 实训　FTP 服务器的配置

一、实训目的

掌握 Linux 下 vsftpd 服务器的架设方法。

二、实训环境

在 VMware 虚拟机中启动一台 Linux 服务器作为 vsftpd 服务器，在该系统中添加用户 user1 和 user2。

三、实训内容

练习 vsftpd 服务器的各种配置。

四、实训练习

① 在 VMWare 虚拟机中启动一台 Linux 服务器作为 vsftpd 服务器，在该系统中添加用户

user1 和 user2。

- 确保系统安装了 vsftpd 软件包。
- 设置匿名账号具有上传、创建目录的权限。
- 利用 /etc/vsftpd/ftpusers 文件设置禁止本地 user1 用户登录 ftp 服务器。
- 设置本地用户 user2 登录 FTP 服务器之后，在进入 dir 目录时显示提示信息"welcome to user's dir!"。
- 设置将所有本地用户都锁定在 /home 目录中。
- 设置只有在 /etc/vsftpd/user_list 文件中指定本地用户 user1 和 user2 可以访问 FTP 服务器，其他用户都不可以。
- 配置基于主机的访问控制，实现如下功能：

➢ 拒绝 192.168.6.0/24 访问。

➢ 对域 long.com 和 192.168.2.0/24 内的主机不做连接数和最大传输速率限制。

➢ 对其他主机的访问限制每 IP 的连接数为 2，最大传输速率为 500 kbit/s。

② 建立仅允许本地用户访问的 vsftp 服务器，并完成以下任务。

- 禁止匿名用户访问。
- 建立 s1 和 s2 账号，并具有读写权限。
- 使用 chroot 限制 s1 和 s2 账号在 /home 目录中。

## 五、实训报告

按要求完成实训报告。

# 第14章 配置与管理电子邮件服务器

电子邮件服务是互联网上最受欢迎、应用最广泛的服务之一，用户可以通过电子邮件服务实现与远程用户的信息交流。能够实现电子邮件收发服务的服务器称为邮件服务器，本章将介绍基于 Linux 平台的 Sendmail 邮件服务器的配置及基于 Web 界面的 Open Webmail 邮件服务器的架设方法。

学习要点

- 电子邮件服务的工作原理。
- Sendmail 和 POP3 邮件服务器的配置。
- 电子邮件服务器的测试。
- Open WebMail。

## 14.1 电子邮件服务工作原理

电子邮件（Electronic Mail，E-mail）服务是 Internet 最基本也是最重要的服务之一。

### 14.1.1 电子邮件服务概述

与传统邮件相比，电子邮件服务的诱人之处在于传递迅速。如果采用传统的方式发送信件，发一封特快专递也需要至少一天的时间，而发一封电子邮件给远在他方的用户，通常来说，对方几秒之内就能收到。跟最常用的日常通信手段——电话系统相比，电子邮件在速度上虽然不占优势，但它不要求通信双方同时在场。由于电子邮件采用存储转发的方式发送邮件，发送邮件时并不需要收件人处于在线状态，收件人可以根据实际需要随时上网从邮件服务器上收取邮件，方便了信息的交流。

与现实生活中的邮件传递类似，每个人必须有一个唯一的电子邮件地址。电子邮件地址的格式是 USER@SERVER.COM，由 3 部分组成。第一部分 USER 代表用户邮箱账号，对于同一个邮件接收服务器来说，这个账号必须是唯一的；第二部分“@”是分隔符；第三部分 SERVER.COM 是用户信箱的邮件接收服务器域名，用以标志其所在的位置。这样的一个电子邮件地址表明该用户在指定的计算机（邮件服务器）上有一块存储空间。Linux 邮件服务器上的邮件存储空间通常是位于 /var/spool/mail 目录下的文件。

与常用的网络通信方式不同，电子邮件系统采用缓冲池（Spooling）技术处理传递的延迟。用户发送邮件时，邮件服务器将完整的邮件信息存放到缓冲区队列中，系统后台进程会在适当的时候将队列中的邮件发送出去。RFC822 定义了电子邮件的标准格式，它将一封电子邮件分成头部（Head）和正文（Body）两部分。邮件的头部包含了邮件的发送方、接收方、发送日期、邮件主题等内容，而正文通常是要发送的信息。

### 14.1.2 电子邮件系统的组成

Linux 系统中的电子邮件系统包括 3 个组件：MUA（Mail User Agent，邮件用户代理）、MTA（Mail Transfer Agent，邮件传送代理）和 MDA（Mail Dilivery Agent，邮件投递代理）。

1. MUA

MUA 是电子邮件系统的客户端程序。它是用户与电子邮件系统的接口，主要负责邮件的发送和接收及邮件的撰写、阅读等工作。目前主流的用户代理软件有基于 Windows 平台的 Outlook、Foxmail 和基于 Linux 平台的 mail、elm、pine、Evolution 等。

2. MTA

MTA 是电子邮件系统的服务器端程序。它主要负责邮件的存储和转发。最常用的 MTA 软件有基于 Windows 平台的 Exchange 和基于 Linux 平台的 Sendmail、qmail、postfix 等。

3. MDA

MDA 有时也称 LDA（Local Dilivery Agent，本地投递代理）。MTA 把邮件投递到邮件接收者所在的邮件服务器，MDA 则负责把邮件按照接收者的用户名投递到邮箱中。

4. MUA、MTA 和 MDA 协同工作

总体来说，当使用 MUA 程序写信（如 elm、pine 或 mail）时，应用程序把信件传给 Sendmail 或 Postfix 这样的 MTA 程序。如果信件是寄给局域网或本地主机的，那么 MTA 程序应该从地址上就可以确定这个信息。如果信件是发给远程系统用户的，那么 MTA 程序必须能够选择路由，与远程邮件服务器建立连接并发送邮件。MTA 程序还必须能够处理发送邮件时产生的问题，并且能向发信人报告出错信息。例如，当邮件没有填写地址或收信人不存在时，MTA 程序要向发信人报错。MTA 程序还支持别名机制，使得用户能够方便地用不同的名字与其他用户、主机或网络通信。而 MDA 的作用主要是把接收者 MTA 收到的邮件信息投递到相应的邮箱中。

### 14.1.3 电子邮件传输过程

电子邮件与普通邮件有类似的地方，发信者注明收件人的姓名与地址（即邮件地址），发送方服务器把邮件传到收件方服务器，收件方服务器再把邮件发到收件人的邮箱中，如图 14-1 所示。

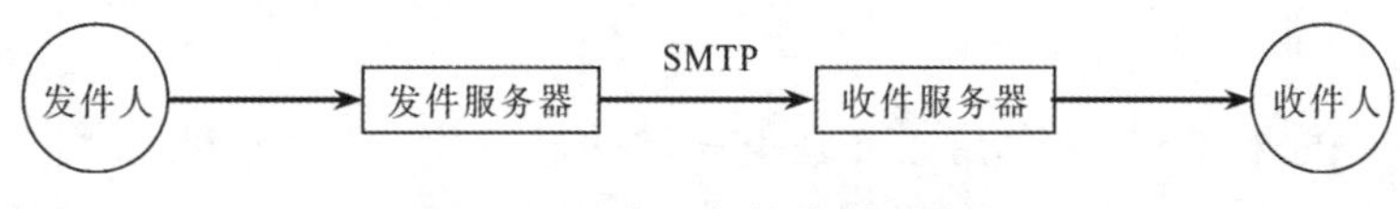


图 14-1 电子邮件发送示意图

以一封邮件的传递过程为例，下面是邮件发送的基本过程，如图 14-2 所示。

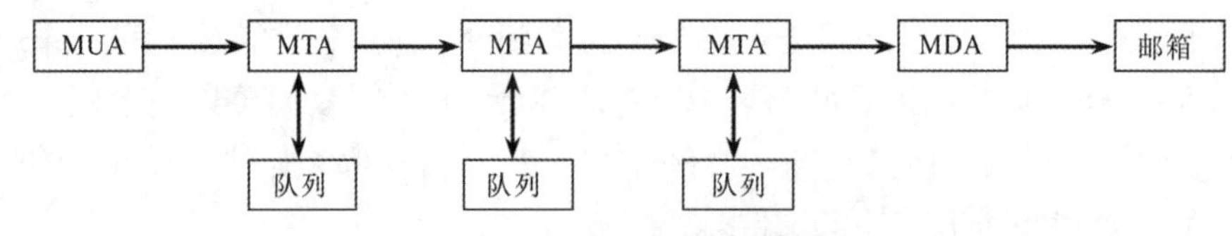


图 14-2　电子邮件传输过程

① 邮件用户在客户机使用 MUA 撰写邮件，并将写好的邮件提交给本地 MTA 上的缓冲区。

② MTA 每隔一定时间发送一次缓冲区中的邮件队列。MTA 根据邮件的接收者地址，使用 DNS 服务器的 MX（邮件交换器资源记录）解析邮件地址的域名部分，从而决定将邮件投递到哪一个目标主机。

③ 目标主机上的 MTA 收到邮件以后，根据邮件地址中的用户名部分判断用户的邮箱，并使用 MDA 将邮件投递到该用户的邮箱中。

④ 该邮件的接收者可以使用常用的 MUA 软件登录邮箱，查阅新邮件，并根据自己的需要作相应的处理。

### 14.1.4　与电子邮件相关的协议

常用的与电子邮件相关的协议有 SMTP、POP3 和 IMAP4。

1. SMTP

SMTP（Simple Mail Transfer Protocol）即简单邮件传输协议，该协议默认工作在 TCP 的 25 端口。SMTP 属于客户机 / 服务器模型，它是一组用于由源地址到目的地址传送邮件的规则，由它来控制信件的中转方式。SMTP 属于 TCP/IP 协议簇，它帮助每台计算机在发送或中转信件时找到下一个目的地。通过 SMTP 所指定的服务器，就可以把电子邮件寄到收件人的服务器上。SMTP 服务器则是遵循 SMTP 的发送邮件服务器，用来发送或中转发出的电子邮件。SMTP 仅能用来传输基本的文本信息，不支持字体、颜色、声音、图像等信息的传输。为了传输这些内容，目前在 Internet 网络中广为使用的是 MIME（Multipurpose Internet Mail Extension，多用途 Internet 邮件扩展）协议。MIME 弥补了 SMTP 的不足，解决了 SMTP 仅能传送 ASCII 码文本的限制。目前，SMTP 和 MIME 协议已经广泛应用于各种电子邮件系统中。

2. POP3

POP3（Post Office Protocol 3）即邮局协议的第 3 个版本，该协议默认工作在 TCP 的 110 端口。POP3 同样也属于客户机 / 服务器模型，它是规定怎样将个人计算机连接到 Internet 的邮件服务器和下载电子邮件的协议。它是 Internet 电子邮件的第一个离线协议标准，POP3 允许从服务器上把邮件存储到本地主机即自己的计算机上，同时删除保存在邮件服务器上的邮件。遵循 POP3 来接收电子邮件的服务器是 POP3 服务器。

3. IMAP4

IMAP4（Internet Message Access Protocol 4）即 Internet 信息访问协议的第 4 个版本，该协议默认工作在 TCP 的 143 端口。IMAP4 是用于从本地服务器上访问电子邮件的协议，它也是一个客户机 / 服务器模型协议，用户的电子邮件由服务器负责接收保存，用户可以通过浏览信件头来决定是否要下载此信件。用户也可以在服务器上创建或更改文件夹或邮箱，删除信件或检索信件的特定部分。

**注意**：虽然 POP3 和 IMAP4 都用于处理电子邮件的接收，但二者在机制上有所不同。在用户访问电子邮件时，IMAP4 需要持续访问邮件服务器，而 POP3 则是将信件保存在服务器上。当用户阅读信件时，所有内容都会被立即下载到用户的计算机上。

### 14.1.5 邮件中继

前面讲解了整个邮件转发的流程。实际上邮件服务器在接收到邮件以后，会根据邮件的目的地址判断该邮件是发送至本域还是外部，然后再分别进行不同的操作。常见的处理方法有以下两种：

1. 本地邮件发送

当邮件服务器检测到邮件发往本地邮箱时，如 yun@smile.com 发送至 ph@smile.com，处理方法比较简单，会直接将邮件发往指定的邮箱。

2. 邮件中继

中继是指要求服务器向其他服务器传递邮件的一种请求。一个服务器处理的邮件只有两类：一类是外发的邮件，一类是接收的邮件。前者是本域用户通过服务器要向外部转发的邮件，后者是发给本域用户的。

一个服务器不应该处理过路的邮件，就是既不是自己的用户发送的，也不是发给自己的用户的，而是一个外部用户发给另一个外部用户的。这一行为称为第三方中继。如果是不需要经过验证就可以中继邮件到组织外，称为 OPEN RELAY（开放中继）。“第三方中继”和“开放中继”是要禁止的，但中继是不能关闭的。这里需要了解几个概念。

（1）中继

用户通过服务器将邮件传递到组织外。

（2）OPEN RELAY

不受限制的组织外中继，即无验证的用户也可提交中继请求。

（3）第三方中继

由服务器提交的 OPEN RELAY 不是从客户端直接提交的。比如用户的域是 A，通过服务器 B（属于 B 域）中转邮件到 C 域。这时在服务器 B 上看到的是连接请求来源于 A 域的服务器（不是客户），而邮件既不是服务器 B 所在域用户提交的，也不是发 B 域的，这就属于第三方中继。这是垃圾邮件的根本。如果用户通过直接连接你的服务器发送邮件，这是无法阻止的，比如群发软件。但如果关闭了 OPEN RELAY，那么他只能发信到你的组织内用户，无法将邮件中继出组织。

3. 邮件认证机制

如果关闭了 OPEN RELAY，那么必须是该组织成员通过验证后才可以提交中继请求。也就是说，用户要发邮件到组织外，一定要经过验证。要注意的是不能关闭中继，否则邮件系统只能在组织内使用。邮件认证机制要求用户在发送邮件时必须提交账号及密码，邮件服务器验证该用户属于该域合法用户后，才允许转发邮件。

部署电子邮件服务应满足下列需求：

① 安装好的企业版 Linux 网络操作系统，并且必须保证 Apache 服务和 perl 语言解释器正常工作。客户端使用 Linux 或 Windows 网络操作系统。服务器和客户端能够通过网络进行通信。

② 电子邮件服务器的 IP 地址、子网掩码等 TCP/IP 参数应手工配置。

③ 电子邮件服务器应拥有一个友好的 DNS 名称，并且应能够被正常解析，且具有电子邮件服务所需要的 MX 资源记录。

④ 创建任何电子邮件域之前，规划并设置好 POP3 服务器的身份验证方法。

## 14.2 项目设计及准备

本项目选择企业版 Linux 网络操作系统提供的电子邮件系统 Postfix 来部署电子邮件服务，

利用 Windows 7 的 Outlook 程序来收发邮件（如果没安装请从网上下载后安装）。

部署电子邮件服务应满足下列需求：

① 安装好的企业版 Linux 网络操作系统，并且必须保证 Apache 服务和 perl 语言解释器正常工作。客户端使用 Linux 和 Windows 网络操作系统。服务器和客户端能够通过网络进行通信。

② 电子邮件服务器的 IP 地址、子网掩码等 TCP/IP 参数应手工配置。

③ 电子邮件服务器应拥有一个友好的 DNS 名称，并且应能够被正常解析，且具有电子邮件服务所需要的 MX 资源记录。

④ 创建任何电子邮件域之前，规划并设置好 POP3 服务器的身份验证方法。

计算机的配置信息如表 14–1 所示(可以使用 VM 的克隆技术快速安装需要的 Linux 客户端)。

表 14–1　Linux 服务器和客户端的配置信息

| 主机名称 | 操作系统 | IP 地址 | 角色及其他 |
|---|---|---|---|
| 邮件服务器：RHEL7-1 | RHEL7 | 192.168.10.1 | DNS 服务器、Postfix 邮件服务器，VMnet1 |
| Linux 客户端：Client1 | RHEL7 | IP:192.168.10.20<br>DNS:192.168.10.1 | 邮件测试客户端，VMnet1 |
| Windows 客户端：Win7-1 | Windows 7 | IP:192.168.10.50<br>DNS:192.168.10.1 | 邮件测试客户端，VMnet1 |

## 14.3 配置 Postfix 常规服务器

在 RHEL 5、RHEL 6 以及诸多早期的 Linux 系统中，默认使用的发件服务是由 Postfix 服务程序提供的，而在 RHEL7 系统中已经替换为 Postfix 服务程序。相较于 Postfix 服务程序，Postfix 服务程序减少了很多不必要的配置步骤，而且在稳定性、并发性方面也有很大改进。

如果想要成功地架设 Postfix 服务器，除了需要理解其工作原理外，还需要清楚整个设定流程，以及在整个流程中每一步的作用。一个简易 Postfix 服务器设定流程主要包含以下几个步骤：

① 配置好 DNS。

② 配置 Postfix 服务程序。

③ 配置 Dovecot 服务程序。

④ 创建电子邮件系统的登录账户。

⑤ 启动 Postfix 服务器。

⑥ 测试电子邮件系统。

### 1. 安装 bind 和 postfix 服务

```
[root@RHEL7-1 ~]# rpm -q postfix
[root@RHEL7-1 ~]# mkdir /iso
[root@RHEL7-1 ~]# mount /dev/cdrom /iso
[root@RHEL7-1 ~]# yum clean all                          //安装前先清除缓存
[root@RHEL7-1 ~]# yum install bind postfix -y
[root@RHEL7-1 ~]# rpm -qa|grep postfix                   //检查安装组件是否成功
```

### 2. 启动 DNS、SMTP 服务

打开 SELinux 有关的布尔值，在防火墙中开放 DNS、SMTP 服务。重启服务，并设置开机重启生效。

```
[root@RHEL7-1 ~]# setsebool  -P  allow_postfix_local_write_mail_spool  on
[root@RHEL7-1 ~]# systemctl restart postfix
[root@RHEL7-1 ~]# systemctl restart named
[root@RHEL7-1 ~]# systemctl enable named
[root@RHEL7-1 ~]# systemctl enable postfix
[root@RHEL7-1 ~]# firewall-cmd --permanent --add-service=dns
[root@RHEL7-1 ~]# firewall-cmd --permanent --add-service=smtp
[root@RHEL7-1 ~]# firewall-cmd --reload
```

3. Postfix 服务程序主配置文件

Postfix 服务程序主配置文件（/etc/ postfix/main.cf）有 679 行左右的内容，主要的配置参数如表 14-2 所示。

表 14-2　Postfix 服务程序主配置文件中的重要参数

| 参　数 | 作　用 |
| --- | --- |
| myhostname | 邮局系统的主机名 |
| mydomain | 邮局系统的域名 |
| myorigin | 从本机发出邮件的域名名称 |
| inet_interfaces | 监听的网卡接口 |
| mydestination | 可接收邮件的主机名或域名 |
| mynetworks | 设置可转发哪些主机的邮件 |
| relay_domains | 设置可转发哪些网域的邮件 |

在 Postfix 服务程序的主配置文件中，总计需要修改 5 处。

① 首先是在第 76 行定义一个名为 myhostname 的变量，用来保存服务器的主机名称。还要记住下边的参数需要调用它：

```
myhostname = mail.long.com
```

② 在第 83 行定义一个名为 mydomain 的变量，用来保存邮件域的名称。后面也要调用这个变量。

```
mydomain = long.com
```

③ 在第 99 行调用前面的 mydomain 变量，用来定义发出邮件的域。调用变量的好处是避免重复写入信息，以及便于日后统一修改。

```
myorigin = $mydomain
```

④ 在第 116 行定义网卡监听地址。可以指定要使用服务器的哪些 IP 地址对外提供电子邮件服务；也可以直接写成 all，代表所有 IP 地址都能提供电子邮件服务。

```
inet_interfaces = all
```

⑤ 在第 164 行定义可接收邮件的主机名或域名列表。这里可以直接调用前面定义好的 myhostname 和 mydomain 变量（如果不想调用变量，也可以直接调用变量中的值）。

```
mydestination = $myhostname, $mydomain,localhost
```

4. 别名和群发设置

用户别名是经常用到的一个功能。顾名思义，别名就是给用户起另外一个名字。例如，给用户 A 起个别名为 B，则以后发给 B 的邮件实际是 A 用户来接收。为什么说这是一个经常用到的功能呢？第一，root 用户无法收发邮件，如果有发给 root 用户的信件必须为 root 用户建立别名。第二，群发设置需要用到这个功能。企业内部在使用邮件服务的时候，经常会按照部门群发信件，发给财务部门的信件只有财务部所有人才会收到，其他部门的则无法收到。

如果要使用别名设置功能，首先需要在 /etc 目录下建立文件 aliases。然后编辑文件内容，其格式如下。

```
alias: recipient[,recipient,…]
```

其中，alias 为邮件地址中的用户名（别名），而 recipient 是实际接收该邮件的用户。下面通过几个例子来说明用户别名的设置方法。

**【例 14-1】** 为 user1 账号设置别名为 zhangsan，为 user2 账号设置别名为 lisi。方法如下：

```
[root@RHEL7-1 ~]# vim   /etc/aliases
//添加下面两行：
zhangsan: user1
lisi: user2
```

**【例 14-2】** 假设网络组的每位成员在本地 Linux 系统中都拥有一个真实的电子邮件账户，现在要给网络组的所有成员发送一封相同内容的电子邮件。可以使用用户别名机制中的邮件列表功能实现。方法如下：

```
[root@RHEL7-1 ~]# vim   /etc/aliases
network_group: net1,net2,net3,net4
```

这样，通过给 network_group 发送信件就可以给网络组中的 net1、net2、net3 和 net4 都发送一封同样的信件。

最后，在设置过 aliases 文件后，还要使用 newaliases 命令生成 aliases.db 数据库文件。

```
[root@RHEL7-1 ~]# newaliases
```

5. 利用 Access 文件设置邮件中继

Access 文件用于控制邮件中继（RELAY）和邮件的进出管理。可以利用 Access 文件来限制哪些客户端可以使用此邮件服务器来转发邮件。例如限制某个域的客户端拒绝转发邮件，也可以限制某个网段的客户端可以转发邮件。Access 文件的内容会以列表形式体现出来。其格式如下：

```
对象     处理方式
```

对象和处理方式的表现形式并不单一，每一行都包含对象和对它们的处理方式。下面对常见的对象和处理方式的类型做简单介绍。

Access 文件中的每一行都具有一个对象和一种处理方式，需要根据环境需要进行二者的组合。来看一个现成的示例，使用 vim 命令来查看默认的 access 文件。

默认的设置表示来自本地的客户端允许使用 Mail 服务器收发邮件。通过修改 Access 文件，可以设置邮件服务器对 E-mail 的转发行为，但是配置后必须使用 postmap 建立新的 access.db 数据库。

**【例 14-3】** 允许 192.168.0.0/24 网段和 long.com 自由发送邮件，但拒绝客户端 clm.long.com 及除 192.168.2.100 以外的 192.168.2.0/24 网段所有主机。

```
[root@RHEL7-1 ~]#  vim   /etc/postfix/access
192.168.0                                              OK
```

```
.long.com                                    OK
clm.long.com                                 REJECT
192.168.2.100                                OK
192.168.2                                    REJECT
```

还需要在 /etc/postfix/main.cf 中增加以下内容：

```
smtpd_client_restrictions = check_client_access hash:/etc/postfix/access
```

**特别注意**：只有增加这一行访问控制的过滤规则（access）才会生效。

最后使用使用 postmap 生成新的 access.db 数据库。

```
[root@RHEL7-1 postfix]# postmap  hash:/etc/postfix/access
[root@RHEL7-1 postfix]# ls -l /etc/postfix/access*
-rw-r--r--. 1 root root 20986 Aug  4 18:53 /etc/postfix/access
-rw-r--r--. 1 root root 12288 Aug  4 18:55 /etc/postfix/access.db
```

6. 设置邮箱容量

（1）设置用户邮件的大小限制

编辑 /etc/postfix/main.cf 配置文件，限制发送的邮件大小最大为 5 MB，添加以下内容：

```
message_size_limit=5000000
```

（2）通过磁盘配额限制用户邮箱空间

① 使用 df -hT 命令查看邮件目录挂载信息，如图 14-3 所示。

```
root@RHEL7-1:~
File  Edit  View  Search  Terminal  Help
[root@RHEL7-1 ~]# df -hT
Filesystem      Type      Size  Used Avail Use% Mounted on
/dev/sda2       xfs       9.4G  123M  9.2G   2% /
devtmpfs        devtmpfs  897M     0  897M   0% /dev
tmpfs           tmpfs     912M   12K  912M   1% /dev/shm
tmpfs           tmpfs     912M  9.1M  903M   1% /run
tmpfs           tmpfs     912M     0  912M   0% /sys/fs/cgroup
/dev/sda5       xfs       7.5G  3.1G  4.5G  41% /usr
/dev/sda6       xfs       7.5G  233M  7.3G   4% /var
/dev/sda3       xfs       7.5G   39M  7.5G   1% /home
/dev/sda8       xfs       4.4G   33M  4.3G   1% /tmp
/dev/sda1       xfs       283M  163M  121M  58% /boot
tmpfs           tmpfs     183M   20K  183M   1% /run/user/0
/dev/sr0        iso9660   3.8G  3.8G     0 100% /run/media/root/RHEL-7.4 Server.x86_64
[root@RHEL7-1 ~]#
```

图 14-3　查看邮件目录挂载信息

② 使用 vim 编辑器修改 /etc/fstab 文件，如图 14-4 所示（一定保证 /var 是单独的 xfs 分区）。

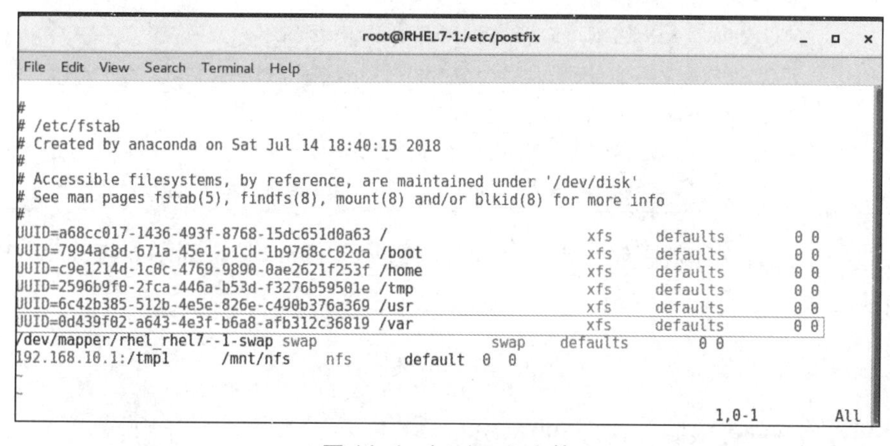

```
root@RHEL7-1:/etc/postfix
File  Edit  View  Search  Terminal  Help

#
# /etc/fstab
# Created by anaconda on Sat Jul 14 18:40:15 2018
#
# Accessible filesystems, by reference, are maintained under '/dev/disk'
# See man pages fstab(5), findfs(8), mount(8) and/or blkid(8) for more info
#
UUID=a68cc017-1436-493f-8768-15dc651d0a63 /          xfs     defaults        0 0
UUID=7994ac8d-671a-45e1-b1cd-1b9768cc02da /boot      xfs     defaults        0 0
UUID=c9e1214d-1c0c-4769-9890-0ae2621f253f /home      xfs     defaults        0 0
UUID=2596b9f0-2fca-446a-b53d-f3276b59501e /tmp       xfs     defaults        0 0
UUID=6c42b385-512b-4e5e-826e-c490b376a369 /usr       xfs     defaults        0 0
UUID=0d439f02-a643-4e3f-b6a8-afb312c36819 /var       xfs     defaults        0 0
/dev/mapper/rhel_rhel7--1-swap swap          swap    defaults        0 0
192.168.10.1:/tmp1      /mnt/nfs      nfs      default  0  0
~
                                                          1,0-1         All
```

图 14-4　/etc/fstab 文件

在项目 1 中的硬盘分区中已经考虑了独立分区的问题，这样保证了该实训的正常进行。从图 14–3 可以看出，/var 已经自动挂载了。

③ 由于 sda2 分区格式为 xfs，默认自动开启磁盘配额功能：usrquota,grpquota。

usrquota 为用户的配额参数，grpquota 为组的配额参数。保存退出，重新启动机器，使操作系统按照新的参数挂载文件系统

```
[root@RHEL7-1 ~]#  mount
……
debugfs on /sys/kernel/debug type debugfs (rw,relatime)
nfsd on /proc/fs/nfsd type nfsd (rw,relatime)
/dev/sda6 on /var type xfs (rw,relatime,seclabel,attr2,inode64,usrquota,grpquota)
/dev/sda3 on /home type xfs (rw,relatime,seclabel,attr2,inode64,noquota)
/dev/sda8 on /tmp type xfs (rw,relatime,seclabel,attr2,inode64,noquota)
/dev/sda1 on /boot type xfs (rw,relatime,seclabel,attr2,inode64,noquota)
……
[root@RHEL7-1 ~]# quotaon -p /var
group quota on /var (/dev/sda6) is on
user quota on /var (/dev/sda6) is on
```

④ 设置磁盘配额。

下面为用户和组配置详细的配额限制，使用 edquota 命令进行磁盘配额的设置，命令格式如下：

```
edquota   -u  用户名     或  edquota   -g  组名
```

为用户 bob 配置磁盘配额限制，执行了 edquota 命令，打开用户配额编辑文件。如下所示（bob 用户一定是存在的 Linux 系统用户）：

```
[root@RHEL7-1 ~]# edquota   -u   bob
Disk quotas for user bob (uid 1015):
  Filesystem           blocks     soft     hard   inodes    soft     hard
  /dev/sda6                 0        0        0        1       0        0
```

磁盘配额参数及其含义如表 14–3 所示。

表 14–3　磁盘配额参数及其含义

| 列　名 | 解　释 |
| --- | --- |
| Filesystem | 文件系统的名称 |
| blocks | 用户当前使用的块数（磁盘空间），单位为 KB |
| soft | 可以使用的最大磁盘空间。可以在一段时期内超过软限制规定 |
| hard | 可以使用的磁盘空间的绝对最大值。达到该限制后，操作系统将不再为用户或组分配磁盘空间 |
| inodes | 用户当前使用的 inode 节点数量（文件数） |
| soft | 可以使用的最大文件数。可以在一段时期内超过软限制规定 |
| hard | 可以使用的文件数的绝对最大值。达到了该限制后，用户或组将不能再建立文件 |

设置磁盘空间或者文件数限制，需要修改对应的 soft、hard 值，而不要修改 blocks 和 inodes 值，根据当前磁盘的使用状态，操作系统会自动设置这两个字段的值。

**注意**：如果 soft 或者 hard 值设置为 0，则表示没有限制。

这里将磁盘空间的硬限制设置为 100 MB。

```
[root@RHEL7-1 ~]# edquota   -u   bob
Disk quotas for user bob (uid 1015):
  Filesystem     blocks      soft       hard     inodes     soft     hard
  /dev/sda6         0          0       100000       1         0        0
```

⑤ 编辑 /etc/postfix/main.cf 配置文件，删除以下语句，将邮件发送大小限制去掉：

```
message_size_limit=5000000
```

## 14.4 配置 Dovecot 服务程序

在 Postfix 服务器 RHEL7-1 上进行基本配置以后，Mail Server 就可以完成 E-mail 的邮件发送工作，但是如果需要使用 POP3 和 IMAP 协议接收邮件，还需要安装 dovecot 软件包，如下所示。

### 1. 安装 Dovecot 服务程序软件包

① 安装 POP3 和 IMAP。

```
[root@RHEL7-1 ~]# yum install dovecot -y
[root@RHEL7-1 ~]# rpm -qa |grep dovecot
dovecot-2.2.10-8.el7.x86_64
```

② 启动 POP3 服务，同时开放 POP3 和 IMAP 对应的 TCP 端口 110 和 143。

```
[root@RHEL7-1 ~]# systemctl restart  dovecot
[root@RHEL7-1 ~]# systemctl enable  dovecot
[root@RHEL7-1 ~]# firewall-cmd --permanent --add-port=110/tcp
[root@RHEL7-1 ~]# firewall-cmd --permanent --add-port=25/tcp
[root@RHEL7-1 ~]# firewall-cmd --permanent --add-port=143/tcp
[root@RHEL7-1 ~]# firewall-cmd --reload
```

③ 测试。

使用 netstat 命令测试是否开启 POP3 的 110 端口和 IMAP 的 143 端口，如下所示：

```
[root@RHEL7-1 ~]#netstat   -an|grep   :110
tcp        0      0 0.0.0.0:110           0.0.0.0:*            LISTEN
tcp6       0      0 :::110                :::*                 LISTEN
udp        0      0 0.0.0.0:41100         0.0.0.0:*
[root@RHEL7-1 ~]#netstat   -an|grep   :143
tcp        0      0 0.0.0.0:143           0.0.0.0:*            LISTEN
tcp6       0      0 :::143                :::*                 LISTEN
```

如果显示 110 和 143 端口开启，则表示 POP3 以及 IMAP 服务已经可以正常工作。

### 2. 配置部署 Dovecot 服务程序

① 在 Dovecot 服务程序的主配置文件中进行如下修改。首先是第 24 行，把 Dovecot 服务程序支持的电子邮件协议修改为 imap、pop3 和 lmtp。不修改也可以，默认就是这些协议。

```
[root@RHEL7-1  ~]#  vim /etc/dovecot/dovecot.conf
protocols = imap pop3 lmtp
```

② 在主配置文件中的第 48 行，设置允许登录的网段地址，也就是说可以在这里限制只有来

自于某个网段的用户才能使用电子邮件系统。如果想允许所有人都能使用，则修改本参数为：

```
login_trusted_networks = 0.0.0.0/0
```

也可修改为某网段，如：192.168.10.0/24。

**特别注意**：本字段一定要启用，否则在连接 telnet 使用 25 号端口收邮件时会出现如下错误：-ERR [AUTH] Plaintext authentication disallowed on non-secure (SSL/TLS) connections.。

3. 配置邮件格式与存储路径

在 Dovecot 服务程序单独的子配置文件中，定义一个路径，用于指定要将收到的邮件存放到服务器本地的哪个位置。这个路径默认已经定义好了，只需要将该配置文件中第 24 行前面的井号（#）删除即可。

```
[root@RHEL7-1 ~]# vim /etc/dovecot/conf.d/10-mail.conf
mail_location = mbox:~/mail:INBOX=/var/mail/%u
```

4. 创建用户，建立保存邮件的目录

以创建 user1 和 user2 为例。创建用户完成后，建立相应用户的保存邮件的目录（这是必需的，否则出错）。

```
[root@RHEL7-1 ~]# useradd user1
[root@RHEL7-1 ~]# useradd user2
[root@RHEL7-1 ~]# passwd user1
[root@RHEL7-1 ~]# passwd user2
[root@RHEL7-1 ~]# mkdir -p /home/user1/mail/.imap/INBOX
[root@RHEL7-1 ~]# mkdir -p /home/user2/mail/.imap/INBOX
```

至此，对 Dovecot 服务程序的配置部署步骤全部结束。

## 14.5 配置一个完整的收发邮件服务器并测试

**【例 14-4】**Postfix 电子邮件服务器和 DNS 服务器的地址为 192.168.10.1，利用 Telnet 命令完成邮件地址为 user1@long.com 的用户向邮件地址为 user2@long.com 的用户发送主题为“The first mail：user1 TO user2”的邮件，同时使用 telnet 命令从 IP 地址为 192.168.10.1 的 POP3 服务器接收电子邮件。具体过程如下所示。

1. 使用 Telnet 登录服务器，并发送邮件

当 Postfix 服务器搭建好之后，应该尽可能快地保证服务器的正常使用，一种快速有效的测试方法是使用 Telnet 命令直接登录服务器的 25 端口，并收发信件以及对 Sendmail 进行测试。

在测试之前，先要确保 Telnet 的服务器端软件和客户端软件已经安装。（分别在 RHEL7-1 和 Client1 安装，不再一一分述）

（1）依次安装 telnet 所需软件包

```
[root@Client1 ~]# rpm -qa|grep telnet
[root@Client1 ~]# yum install telnet-server -y          //安装 Telnet 服务器软件
[root@Client1 ~]# yum install telnet -y                 //安装 Telnet 客户端软件
[root@Client1 ~]# rpm -qa|grep telnet                   //检查安装组件是否成功
```

```
telnet-server-0.17-64.el7.x86_64
telnet-0.17-64.el7.x86_64
```

（2）让防火墙放行

```
[root@client1 ~]# firewall-cmd --permanent --add-service=telnet
[root@client1 ~]# firewall-cmd -reload
```

（3）创建用户（前在已创建 user1 和 user2）

（4）配置 DNS 服务器，并设置虚拟域的 MX 资源记录

具体步骤如下所示。

① 编辑修改 DNS 服务的主配置文件，添加 long.com 域的区域声明（options 部分省略，按常规配置即可，完整的配置文件见出版社资源网站或向作者索要）。

```
[root@RHEL7-1 ~]# vim /etc/named.conf
zone "long.com" IN {
     type master;
     file "long.com.zone";  };
#include "/etc/named.zones";  //注释掉，免得受影响，因为本例在 named.conf 中直接写
入域的声明。也就是将 named.conf 和 named.zones 合二为一
zone "10.168.192.in-addr.arpa" IN {
     type          master;
     file          "1.10.168.192.zone";
 };
```

② 编辑 long.com 区域的正向解析数据库文件。

```
[root@RHEL7-1 ~]# vim /var/named/long.com.zone
$TTL 1D
@        IN SOA  long.com.  root.long.com. (
                                          2013120800    ; serial
                                          1D            ; refresh
                                          1H            ; retry
                                          1W            ; expire
                                          3H )          ; minimum

@                   IN      NS           dns.long.com.
@                   IN      MX      10      mail.long.com.
dns                 IN      A            192.168.10.1
mail                IN      A            192.168.10.1
smtp                IN      A            192.168.10.1
pop3                IN      A            192.168.10.1
```

③ 编辑 long.com 区域的反向解析数据库文件。

```
$TTL 1D
@        IN SOA   @   root.long.com. (
                                          0       ; serial
                                          1D      ; refresh
                                          1H      ; retry
                                          1W      ; expire
```

```
                                        3H )     ; minimum

@               IN          NS          dns.long.com.
@               IN          MX     10   mail.long.com.

1               IN          PTR         dns.long.com.
1               IN          PTR         mail.long.com.
1               IN          PTR         smtp.long.com.
1               IN          PTR         pop3.long.com.
```

④ 利用下面的命令重新启动 DNS 服务，使配置生效。

```
[root@RHEL7-1 ~]# systemctl restart named
[root@RHEL7-1 ~]# systemctl enable named
```

（5）在 Client1 上测试 DNS 是否正常

```
[root@client1 ~]# vim /etc/resolv.conf
nameserver 192.168.10.1
 [root@client1 ~]# nslookup
> set type=MX
> long.com
Server:         192.168.10.1
Address: 192.168.10.1#53

long.com mail exchanger = 10 mail.long.com.
> exit
```

（6）配置 /etc/ postfix/main.cf（同时配置 Dovecot 服务程序，此处简略）

① 配置 /etc/ postfix/main.cf。

```
[root@RHEL7-1 ~]# vim /etc/postfix/main.cf
myhostname = mail.long.com
mydomain = long.com
myorigin = $mydomain
inet_interfaces = all
mydestination = $myhostname, $mydomain,localhost
```

② 配置 dovecot.conf。

```
[root@RHEL7-1  ~]#  vim /etc/dovecot/dovecot.conf
protocols = imap pop3 lmtp
login_trusted_networks = 0.0.0.0/0
```

③ 配置邮件格式和路径，建立邮件目录（极易出错）。

```
[root@RHEL7-1 ~]# vim /etc/dovecot/conf.d/10-mail.conf
mail_location = mbox:~/mail:INBOX=/var/mail/%u
[root@RHEL7-1 ~]# useradd user1
[root@RHEL7-1 ~]# useradd user2
[root@RHEL7-1 ~]# passwd user1
[root@RHEL7-1 ~]# passwd user2
```

```
[root@RHEL7-1 ~]# mkdir -p /home/user1/mail/.imap/INBOX
[root@RHEL7-1 ~]# mkdir -p /home/user2/mail/.imap/INBOX
```

(7) 启动服务，配置防火墙等保证开放了 TCP 的 25\110\143 端口（见任务 22-2）

```
[root@RHEL7-1 ~]# setsebool  -P  allow_postfix_local_write_mail_spool  on
[root@RHEL7-1 ~]# systemctl restart postfix
[root@RHEL7-1 ~]# systemctl enable postfix
[root@RHEL7-1 ~]# firewall-cmd --permanent --add-service=dns
[root@RHEL7-1 ~]# firewall-cmd --permanent --add-service=smtp
```

(8) 使用 telnet 发送邮件（在 Client1 客户端测试，确保 DNS 服务器设为 192.168.10.1）

```
[root@client1 ~]# mount /dev/cdrom /iso
[root@client1 ~]# yum install telnet -y
[root@Client1 ~]# telnet 192.168.10.1 25  //利用 telnet 命令连接邮件服务器的 25 端口
Trying 192.168.10.1...
Connected to 192.168.10.1.
Escape character is '^]'.
220 mail.long.com ESMTP Postfix
helo long.com            //利用 helo 命令向邮件服务器表明身份，不是 hello
250 mail.long.com
mail from:"test"<user1@long.com>    //设置信件标题以及发信人地址。其中信件标题
                                    //为“test”，发信人地址为 client1@smile.com。
250 2.1.0 Ok
rcpt to:user2@long.com        //利用 rcpt to 命令输入收件人的邮件地址
250 2.1.5 Ok
data                          // data 表示要求开始写信件内容了。当输入完 data 指令
                              // 后，会提示以一个单行的“.”结束信件。
354 End data with <CR><LF>.<CR><LF>
The first mail: user1 TO user2                  //信件内容
.                         //“.”表示结束信件内容。千万不要忘记输入“.”
250 2.0.0 Ok: queued as 456EF25F

quit                      //退出 telnet 命令
221 2.0.0 Bye
Connection closed by foreign host.
```

细心的您一定已注意到，每当输入指令后，服务器总会回应一个数字代码。熟知这些代码的含义对于判断服务器的错误是很有帮助的。常见的邮件回应代码以及其含义如表 14-4 所示。

表 14-4 常见的邮件回应代码及其含义

| 回应代码 | 说　明 |
|---|---|
| 220 | 表示 SMTP 服务器开始提供服务 |
| 250 | 表示命令指定完毕，回应正确 |
| 354 | 可以开始输入信件内容，并以“.”结束 |
| 500 | 表示 SMTP 语法错误，无法执行指令 |
| 501 | 表示指令参数或引述的语法错误 |
| 502 | 表示不支持该指令 |

2. 利用 Telnet 命令接收电子邮件

```
[root@Client11 ~]# telnet 192.168.10.1 110 //利用 telnet 命令连接邮件服务器的 110 端口
Trying 192.168.10.1...
Connected to 192.168.10.1.
Escape character is '^]'.
+OK Dovecot ready.
user user2                       //利用 user 命令输入用户的用户名为 user2
+OK
pass 123                         //利用 pass 命令输入 user2 账户的密码为 123
+OK Logged in.
list                             //利用 list 命令获得 user2 账户邮箱中各邮件的编号
+OK 1 messages:
1 291
.
retr 1               //利用 retr 命令收取邮件编号为 1 的邮件信息，下面各行为邮件信息
+OK 291 octets
Return-Path: <user1@long.com>
X-Original-To: user2@long.com
Delivered-To: user2@long.com
Received: from long.com (unknown [192.168.10.20])
    by mail.long.com (Postfix) with SMTP id EF4AD25F
    for <user2@long.com>; Sat,  4 Aug 2018 22:33:23 +0800 (CST)

The first mail: user1 TO user2
.
quit              //退出 telnet 命令
+OK Logging out.
Connection closed by foreign host.
```

Telnet 命令有以下命令可以使用，其命令格式及参数说明如下：

- stat 命令，格式：stat，无须参数。
- list 命令，格式：list [n]，参数 n 可选，n 为邮件编号。
- uidl 命令，格式：uidl [n]，同上。
- retr 命令，格式：retr n，参数 n 不可省，n 为邮件编号。
- dele 命令，格式：dele n，同上。
- top 命令，格式：top n m，参数 n、m 不可省，n 为邮件编号，m 为行数。
- noop 命令，格式：noop，无须参数。
- quit 命令，格式：quit，无须参数。

各命令的详细功能见下面的说明。

- stat 命令不带参数，对于此命令，POP3 服务器会响应一个正确应答，此响应为一个单行的信息提示，它以“+OK”开头，接着是两个数字，第一个是邮件数目，第二个是邮件的大小，如：+OK 4 1603。
- list 命令的参数可选，该参数是一个数字，表示的是邮件在邮箱中的编号，可以利用不带参数的 list 命令获得各邮件的编号，并且每一封邮件均占用一行显示，前面的数为邮件编号，后面的数为邮件大小。

- uidl 命令与 list 命令用途类似，只不过 uidl 命令显示邮件的信息比 list 更详细、更具体。
- retr 命令是收邮件中最重要的一条命令，它的作用是查看邮件的内容，它必须带参数运行。该命令执行之后，服务器应答的信息比较长，其中包括发件人的电子邮箱地址、发件时间、邮件主题等，这些信息统称为邮件头，紧接在邮件头之后的信息便是邮件正文。
- dele 命令是用来删除指定的邮件（注意：dele n 命令只是给邮件做上删除标记，只有在执行 quit 命令之后，邮件才会真正删除）。
- top 命令有两个参数，形如：top n m。其中 n 为邮件编号，m 是要读出邮件正文的行数，如果 m=0，则只读出邮件的邮件头部分。
- noop 命令，该命令发出后，POP3 服务器不作任何事，仅返回一个正确响应 "+OK"。
- quit 命令，该命令发出后，Telnet 断开与服务器的连接，系统进入更新状态。

3. 用户邮件目录 /var/spool/mail

可以在邮件服务器 RHEL7-1 上进行用户邮件的查看，这可以确保邮件服务器已经在正常工作了。Postfix 在 /var/spool/mail 目录中为每个用户分别建立单独的文件用于存放每个用户的邮件，这些文件的名字和用户名是相同的。例如，邮件用户 user1@long.com 的文件是 user1。

```
[root@RHEL7-1 ~]# ls   /var/spool/mail
user1   user2   root
```

4. 邮件队列

邮件服务器配置成功后，就能够为用户提供 E-mail 的发送服务了，但如果接收这些邮件的服务器出现问题，或者因为其他原因导致邮件无法安全地到达目的地，而发送的 SMTP 服务器又没有保存邮件，这样这封邮件就可能会失踪。不论是谁都不愿意看到这样的情况出现，所以 Postfix 采用了邮件队列来保存这些发送不成功的信件，而且，服务器会每隔一段时间重新发送这些邮件。通过 mailq 命令来查看邮件队列的内容。

```
[root@RHEL7-1 ~]# mailq
```

其中各列说明如下：

- Q-ID：表示此封邮件队列的编号（ID）。
- Size：表示邮件的大小。
- Q-Time：邮件进入 /var/spool/mqueue 目录的时间，并且说明无法立即传送出去的原因。
- Sender/Recipient：发信人和收信人的邮件地址。

如果邮件队列中有大量邮件，那么请检查邮件服务器是否设置不当，或者被当作了转发邮件服务器。

## 14.6 使用 Cyrus-SASL 实现 SMTP 认证

视频 14-1
使用 Cyrus-SASL 实现 SMTP 认证

无论是本地域内的不同用户还是本地域与远程域的用户，要实现邮件通信都要求邮件服务器开启邮件的转发功能。为了避免邮件服务器成为各类广告与垃圾信件的中转站和集结地，对转发邮件的客户端进行身份认证（用户名和密码验证）是非常必要的。SMTP 认证机制常用的是通过 Cryus SASL 包来实现的。

【例 4-5】建立一个能够实现 SMTP 认证的服务器，邮件服务器和 DNS 服务器的 IP 地址是 192.168.10.1，客户端 Client1 的 IP 地址是 192.168.10.20，系统用户是 user1 和 user2，DNS 服务器的配置沿用例 14-4。

其具体配置步骤如下：

1. 编辑认证配置文件

① 安装 cyrus-sasl 软件。

```
[root@RHEL7-1 ~]# yum install cyrus-sasl -y
```

② 查看、选择、启动和测试所选的密码验证方式。

```
[root@RHEL7-1 ~]# saslauthd  -v                //查看支持的密码验证方法
saslauthd 2.1.26
authentication mechanisms: getpwent kerberos5 pam rimap shadow ldap httpform
[root@mail ~]# vim  /etc/sysconfig/saslauthd     //将密码认证机制修改为shadow
……
MECH=shadow     //第7行：指定对用户及密码的验证方式，由pam改为shadow，本地用户认证
……
[root@RHEL7-1 ~]# ps aux | grep saslauthd      //查看saslauthd进程是否已经运行
root  5253  0.0  0.0 112664   972 pts/0    S+   16:15   0:00 grep
--color=auto saslauthd
//开启SELinux允许saslauthd程序读取/etc/shadow文件
[root@RHEL7-1 ~]# setsebool  -P  allow_saslauthd_read_shadow  on
[root@RHEL7-1 ~]# testsaslauthd  -u user1  -p '123' //测试saslauthd的认证功能
0:OK "Success."                //表示saslauthd的认证功能已起作用
```

③ 编辑 smtpd.conf 文件，使 Cyrus-SASL 支持 SMTP 认证。

```
[root@RHEL7-1 ~]# vim  /etc/sasl2/smtpd.conf
pwcheck_method: saslauthd
mech_list: plain  login
log_level: 3                              //记录log的模式
saslauthd_path:/run/saslauthd/mux         //设置smtp寻找cyrus-sasl的路径
```

2. 编辑 main.cf 文件，使 Postfix 支持 SMTP 认证

① 默认情况下，Postfix 并没有启用 SMTP 认证机制。要让 Postfix 启用 SMTP 认证，就必须在 main.cf 文件中添加如下配置行：

```
[root@RHEL7-1 ~]# vim  /etc/postfix/main.cf
smtpd_sasl_auth_enable = yes                         //启用SASL作为SMTP认证
smtpd_sasl_security_options = noanonymous            //禁止采用匿名登录方式
broken_sasl_auth_clients = yes      //兼容早期非标准的SMTP认证协议（如OE4.x）
smtpd_recipient_restrictions =  permit_sasl_authenticated, reject_unauth_
destination                                          //认证网络允许，没有认证的拒绝
```

最后一句设置基于收件人地址的过滤规则，允许通过 SASL 认证的用户向外发送邮件，拒绝不是发往默认转发和默认接收的连接。

② 重新载入 Postfix 服务，使配置文件生效

```
[root@RHEL7-1 ~]# postfix check
[root@RHEL7-1 ~]# postfix  reload
[root@RHEL7-1 ~]# systemctl  restart  saslauthd
[root@RHEL7-1 ~]# systemctl  enable  saslauthd
```

3. 测试普通发信验证

```
[root@client1 ~]# telnet mail.long.com 25
Trying 192.168.10.1...
Connected to mail.long.com.
Escape character is '^]'.
helo long.com
220 mail.long.com ESMTP Postfix
250 mail.long.com
mail from:user1@long.com
250 2.1.0 Ok
rcpt to:68433059@qq.com
554 5.7.1 <68433059@qq.com>: Relay access denied //未认证，所以拒绝访问，发送失败
```

4. 字符终端测试 Postfix 的 SMTP 认证（使用域名测试）

① 由于前面采用的用户身份认证方式不是明文方式，所以首先要通过 printf 命令计算出用户名和密码的相应编码。

```
[root@RHEL7-1 ~]# printf "user1" | openssl base64
dXNlcjE=                                          //用户名 user1 的 BASE64 编码
[root@RHEL7-1 ~]# printf "123" | openssl base64
MTIz                                              // 密码 123 的 BASE64 编码
```

② 字符终端测试认证发信。

```
[root@client1 ~]# telnet 192.168.10.1 25
Trying 192.168.10.1...
Connected to 192.168.10.1.
Escape character is '^]'.
220 mail.long.com ESMTP Postfix
ehlo localhost                              //告知客户端地址
250-mail.long.com
250-PIPELINING
250-SIZE 10240000
250-VRFY
250-ETRN
250-AUTH PLAIN LOGIN
250-AUTH=PLAIN LOGIN
250-ENHANCEDSTATUSCODES
250-8BITMIME
250 DSN
auth login                                  //声明开始进行 SMTP 认证登录
334 VXNlcm5hbWU6                            //Username:的 BASE64 编码
dXNlcjE=                                    //输入 user1 用户名对应的 BASE64 编码
334 UGFzc3dvcmQ6
MTIz                                        //用户密码 "123" 的 BASE64 编码
235 2.7.0 Authentication successful         //通过了身份认证
mail from:user1@long.com
250 2.1.0 Ok
rcpt to:68433059@qq.com
```

```
250 2.1.5 Ok
data
354 End data with <CR><LF>.<CR><LF>
This a test mail!
.
250 2.0.0 Ok: queued as 5D1F9911                    //经过身份认证后的发信成功
quit
221 2.0.0 Bye
Connection closed by foreign host.
```

5. 在客户端启用认证支持

当服务器启用认证机制后，客户端也需要启用认证支持。以 Outlook 2010 为例，在图 14–5 的窗口中一定要勾选“我的发送服务器 (SMTP) 要求验证”复选框，否则，不能向其他邮件域的用户发送邮件，而只能够给本域内的其他用户发送邮件。

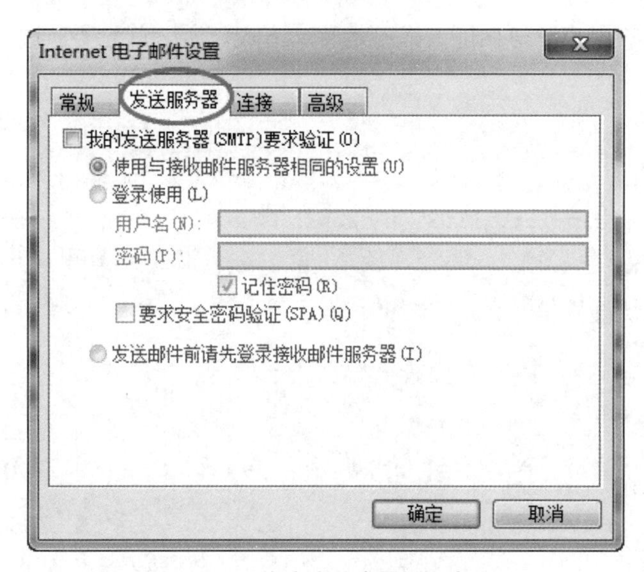


图 14–5　在客户端启用认证支持

## ◎练　习　题

一、填空题

1. 电子邮件地址的格式是 user@RHE7.com。一个完整的电子邮件由 3 部分组成，第 1 部分代表______，第 2 部分______是分隔符，第 3 部分是______。

2. Linux 系统中的电子邮件系统包括 3 个组件：______、______ 和______。

3. 常用的与电子邮件相关的协议有______、______和______。

4. SMTP 工作在 TCP 协议上默认端口为______，POP3 默认工作在 TCP 协议的______端口。

二、选择题

1. 以下（　　）协议用来将电子邮件下载到客户机。

A. SMTP　　B. IMAP4　　C. POP3　　D. MIME

2. 利用 Access 文件设置邮件中继需要转换 access.db 数据库，需要使用命令（　　）

A. postmap　　B. m4　　C. access　　D. macro

3. 用来控制 Postfix 服务器邮件中继的文件是（　　）

A. main.cf　　B. postfix.cf　　C. postfix.conf　　D. access.db

4. 邮件转发代理也称邮件转发服务器，可以使用 SMTP，也可以使用（　　）。

A. FTP　　B. TCP　　C. UUCP　　D. POP

5.（　　）不是邮件系统的组成部分。

A. 用户代理　　B. 代理服务器　　C. 传输代理　　D. 投递代理

6. Linux 下可用（　　）MTA 服务器。

A. Postfix　　B. qmail　　C. imap　　D. sendmail

7. Postfix 常用 MTA 软件有（　　）。

A. sendmail　　B. postfix　　C. qmail　　D. exchange

8. Postfix 的主配置文件是（　　）。

A. postfix.cf　　B. main.cf

C. access　　D. local-host-name

9. Access 数据库中访问控制操作有（　　）。

A. OK　　B. REJECT　　C. DISCARD　　D. RELAY

10. 默认的邮件别名数据库文件是（　　）。

A. /etc/names　　B. /etc/aliases

C. /etc/postfix/aliases　　D. /etc/hosts

### 三、简答题

1. 简述电子邮件系统的构成。
2. 简述电子邮件的传输过程。
3. 电子邮件服务与 HTTP、FTP、NFS 等程序的服务模式的最大区别是什么？
4. 电子邮件系统中 MUA、MTA、MDA 三种服务角色的用途分别是什么？
5. 能否让 Dovecot 服务程序限制允许连接的主机范围？
6. 如何定义用户别名信箱以及让其立即生效？如何设置群发邮件。

## ◎ 项目实录　配置与管理电子邮件服务器

### 一、视频位置

实训前请扫二维码观看：实训项目　配置与管理电子邮件服务器。

视频 14–2
实训项目　配置与管理电子邮件服务器

### 二、项目目的

- 能熟练完成企业 POP3 邮件服务器的安装与配置。
- 能熟练完成企业邮件服务器的安装与配置。
- 能熟练进行邮件服务器的测试。

### 三、项目背景

企业需求：企业需要构建自己的邮件服务器供员工使用；本企业已经申请了域名 long.com，要求企业内部员工的邮件地址为 username@long.com 格式。员工可以通过浏览器或者专门的客户端软件收发邮件。

任务：假设邮件服务器的 IP 地址为 192.168.1.2，域名为 mail.long.com。请构建 POP3 和 SMTP 服务器，为局域网中的用户提供电子邮件；邮件要能发送到 Internet 上，同时 Internet 上的用户也能把邮件发到企业内部用户的邮箱。

### 四、项目内容

① 复习 DNS 在邮件中的使用。

② 练习 Linux 系统下邮件服务器的配置方法。

③ 使用 telnet 进行邮件的发送和接收测试。

五、做一做

根据视频进行项目的实训，检查学习效果。

## ◎ 实训　电子邮件服务器的配置

一、实训目的

掌握 postfix 服务器的安装与配置。

二、实训环境

在 VMware 虚拟机中启动两台 Linux 服务器，一台作为 DNS 服务器，一台作为 postfix 邮件服务器。DNS 服务器负责解析的域为 long.com，postfix 服务器是 long.com 域的邮件服务器。

三、实训内容

练习 postfix 的安装、配置与管理。

四、实训练习

（1）实际做一下 14.5 节、14.6 节中的应用案例。

（2）假设邮件服务器的 IP 地址为 192.168.0.3，域名为 mail.smile.com。构建 POP3 和 SMTP 服务器，为局域网中的用户提供电子邮件；邮件要能发送到 Internet 上，同时 Internet 上的用户也能把邮件发到企业内部用户的邮箱。要设置邮箱的最大容量为 100 MB，收发邮件最大为 20 MB，并提供反垃圾邮件功能。

五、实训报告

按要求完成实训报告。

# 第15章

# 配置与管理防火墙

防火墙是一种非常重要的网络安全工具，利用防火墙可以保护企业内部网络免受外网的威胁，作为网络管理员，掌握防火墙的安装与配置非常重要。本章重点介绍firewall和iptables防火墙的配置。

学习要点

- 防火墙的分类及工作原理。
- 掌握firewall防火墙的配置。
- 了解NAT。
- 掌握SNAT和DNAT的配置。

## 15.1 防火墙概述

防火墙的本义是指一种防护建筑物，古代建造木质结构房屋的时候，为防止火灾的发生和蔓延，人们在房屋周围将石块堆砌成石墙，这种防护构筑物就称之为“防火墙”。

### 15.1.1 防火墙的概念

通常所说的网络防火墙是套用了古代的防火墙的喻义，它指的是隔离在本地网络与外界网络之间的一道防御系统。防火墙可以使企业内部局域网与Internet之间或者与其他外部网络间互相隔离、限制网络互访，以此来保护内部网络。

防火墙通常具备以下几个特点：

① 位置权威性。网络规划中，防火墙必须位于网络的主干线路。只有当防火墙是内、外部网络之间通信的唯一通道时，才可以全面、有效地保护企业内部的网络安全。

② 检测合法性。防火墙最基本的功能是确保网络流量的合法性，只有满足防火墙策略的数据包才能够进行相应转发。

③ 性能稳定性。防火墙处于网络边缘，它是连接网络的唯一通道，时刻都会经受网络入侵

的考验，所以其稳定性对于网络安全而言，至关重要。

### 15.1.2 防火墙的种类

防火墙的分类方法多种多样，不过从传统意义上讲，防火墙大致可以分为三大类，分别是“包过滤”、“应用代理”和“状态检测”，无论防火墙的功能多么强大，性能多么完善，归根结底都是在这 3 种技术的基础之上进行功能扩展的。

1. 包过滤防火墙

包过滤是最早使用的一种防火墙技术，它检查每一个接收的数据包，查看包中可用的基本信息，如源地址和目的地址、端口号、协议等。然后，将这些信息与设立的规则相比较，符合规则的数据包通过，否则将被拒绝，数据包被丢弃。

现在防火墙所使用的包过滤技术基本上都属于“动态包过滤”技术，它的前身是“静态包过滤”技术，也是包过滤防火墙的第一代模型，虽然适当地调整和设置过滤规则可以使防火墙工作的更加安全有效，但是这种技术只能根据预设的过滤规则进行判断，显得有些笨拙。后来人们对包过滤技术进行了改进，并把这种改进后的技术称为“动态包过滤”。在保持“静态包过滤”技术所有优点的基础上，动态包过滤功能还会对已经成功与计算机连接的报文传输进行跟踪，并且判断该连接所发送的数据包是否会对系统构成威胁，从而有效地阻止有害的数据继续传输。虽然与静态包过滤技术相比，动态包过滤技术需要消耗更多的系统资源，消耗更多的时间来完成包过滤工作，但是目前市场上几乎已经见不到静态包过滤技术的防火墙了，能选择的大部分是动态包过滤技术的防火墙。

包过滤防火墙根据建立的一套规则，检查每一个通过的网络包，或者丢弃，或者通过。它需要配置多个地址，表明它有两个或两个以上网络连接或接口。例如，作为防火墙的设备可能有两块网卡（NIC），一块连到内部网络，另一块连到公共的 Internet。

2. 代理防火墙

随着网络技术的不断发展，包过滤防火墙的不足不断显现，人们发现一些特殊的报文攻击可以轻松突破包过滤防火墙的保护，例如，SYN 攻击、ICMP 洪水等。因此，人们需要一种更为安全的防火墙保护技术，在这种需求下，“应用代理”技术防火墙诞生了。一时间，以代理服务器作为专门为用户保密或者突破访问限制的数据转发通道，在网络当中被广泛使用。

代理防火墙接收来自内部网络用户的通信请求，然后建立与外部网络服务器单独的连接，其采取的是一种代理机制，可以为每个应用服务建立一个专门的代理，所以内外部网络之间的通信不是直接的，而都需先经过代理服务器审核，通过审核后再由代理服务器代为连接，内、外部网络主机没有任何直接会话的机会，从而加强了网络的安全性。应用代理技术并不是单纯地在代理设备中嵌入包过滤技术，而是一种称为“应用协议分析”的技术。

“应用协议分析”技术工作在 OSI 模型的最高层——应用层上，也就是说防火墙所接触到的所有数据形式和用户所看到的是一样的，而不是带着 IP 地址和端口号等的数据形式。对于应用层的数据过滤要比包过滤更为烦琐和严格。它可以更有效地检查数据是否存在危害。而且，由于“应用代理”防火墙是工作在应用层，防火墙还可以实现双向限制，在过滤外部网络有害数据的同时监控内部网络的数据，管理员可以配置防火墙实现一个身份验证和连接限时功能，进一步防止内部网络信息泄露所带来的隐患。

代理防火墙通常支持的一些常见的应用服务有 HTTP、HTTPS/SSL、SMTP、POP3、IMAP、NNTP、TELNET、FTP、IRC。

虽然“应用代理”技术比包过滤技术更加完善，但是“应用代理”防火墙也存在问题，当用户对网速要求较高时，代理防火墙就会成为网络出口的瓶颈。防火墙需要为不同的网络服务建立专门的代理服务，而代理程序为内、外部网络建立连接时需要时间，所以会增加网络延时，但对于性能可靠的防火墙可以忽略该影响。

3. 状态检测技术

状态检测技术是继“包过滤”和“应用代理”技术之后发展的防火墙技术，它是基于“动态包过滤”技术之上发展而来的技术。这种防火墙加入了“状态检测”模块，它会在不影响网络正常工作的情况下，采用抽取相关数据的方法对网络通信的各个层进行监测，并根据各种过滤规则做出安全决策。

“状态检测”技术保留了“包过滤”技术中对数据包的头部、协议、地址、端口等信息进行分析的功能，并进一步发展“会话过滤”功能，在每个连接建立时，防火墙会为这个连接构造一个会话状态，里面包含了这个连接数据包的所有信息，以后这个连接都基于这个状态信息进行。这种检测方法的优点是能对每个数据包的内容进行监控，一旦建立了一个会话状态，则此后的数据传输都要以这个会话状态作为依据。例如，一个连接的数据包源端口号为8080，那么在这以后的数据传输过程中防火墙都会审核这个包的源端口是不是8080，如果不是就拦截这个数据包。而且，会话状态的保留是有时间限制的，在限制的范围内如果没有再进行数据传输，这个会话状态就会被丢弃。状态检测可以对包的内容进行分析，从而摆脱了传统防火墙仅局限于过滤包头信息的弱点，而且这种防火墙可以不必开放过多的端口，从而进一步杜绝了可能因开放过多端口而带来的安全隐患。

### 15.1.3 iptables与firewall

早期的Linux系统采用过ipfwadm作为防火墙，但在2.2.0核心中被ipchains所取代。

视频15-1 管理与维护iptables防火墙

Linux 2.4版本发布后，netfilter/iptables信息包过滤系统正式使用。它引入了很多重要的改进，比如基于状态的功能，基于任何TCP标记和MAC地址的包过滤，更灵活的配和记录功能，强大而且简单的NAT功能和透明代理功能等，然而，最重要的变化是引入了模块化的架构方式。这使得iptables运用和功能扩展更加方便灵活。

Netfilter/iptables IP数据包过滤系统实际由netfilter和iptables两个组件构成。Netfilter是集成在内核中的一部分，它的作用是定义、保存相应的规则。而iptables是一种工具，用以修改信息的过滤规则及其他配置。用户可以通过iptables来设置适合当前环境的规则，而这些规则会保存在内核空间中。如果将nefilter/iptable数据包过滤系统比作一辆功能完善的汽车，那么netfilter就像是发动机以及车轮等部件，它可以让车发动、行驶。而iptables则像方向盘、制动、油门，汽车行驶的方向、速度都要靠iptables控制。

对于Linux服务器而言，采用netfilter/iptables数据包过滤系统，能够节约软件成本，并可以提供强大的数据包过滤控制功能，iptables是理想的防火墙解决方案。

在RHEL7系统中，firewalld防火墙取代了iptables防火墙。现实而言，iptables与firewalld都不是真正的防火墙，它们都只是用来定义防火墙策略的防火墙管理工具而已，或者说，它们只是一种服务。iptables服务会把配置好的防火墙策略交由内核层面的netfilter网络过滤器来处理，而firewalld服务则是把配置好的防火墙策略交由内核层面的nftables包过滤框架来处理。换句话说，当前在Linux系统中其实存在多个防火墙管理工具，旨在方便运维人员管理Linux系统中的防火墙策略，只需要配置妥当其中的一个就足够了。虽然这些工具各有优劣，但它们在防火墙策略的配置思路上是一致的。

## 15.2 使用 firewalld 服务

RHEL7 系统中集成了多款防火墙管理工具，其中 firewalld（Dynamic Firewall Manager of Linux systems，Linux 系统的动态防火墙管理器）服务是默认的防火墙配置管理工具，它拥有基于 CLI（命令行界面）和基于 GUI（图形用户界面）的两种管理方式。

相较于传统的防火墙管理配置工具，firewalld 支持动态更新技术并加入了区域（zone）的概念。简单来说，区域就是 firewalld 预先准备了几套防火墙策略集合（策略模板），用户可以根据生产场景的不同而选择合适的策略集合，从而实现防火墙策略之间的快速切换。例如，有一台笔记本电脑，每天都要在办公室、咖啡厅和家里使用。按常理来讲，这三者的安全性按照由高到低的顺序来排列，应该是家庭、公司办公室、咖啡厅。当前，我们希望为这台笔记本电脑指定如下防火墙策略规则：在家中允许访问所有服务；在办公室内仅允许访问文件共享服务；在咖啡厅仅允许上网浏览。以往需要频繁地手动设置防火墙策略规则，而现在只需要预设好区域集合，然后只需轻点鼠标就可以自动切换了，从而极大地提升了防火墙策略的应用效率。firewalld 中常见的区域名称（默认为 public）以及相应的策略规则如表 15-1 所示。

表 15-1 firewalld 中常用的区域名称及策略规则

| 区　域 | 默认策略规则 |
|---|---|
| trusted | 允许所有的数据包 |
| home | 拒绝流入的流量，除非与流出的流量相关；而如果流量与 ssh、mdns、ipp-client、amba-client 与 dhcpv6-client 服务相关，则允许流量 |
| internal | 等同于 home 区域 |
| work | 拒绝流入的流量，除非与流出的流量相关；而如果流量与 ssh、ipp-client 与 dhcpv6-client 服务相关，则允许流量 |
| public | 拒绝流入的流量，除非与流出的流量相关；而如果流量与 ssh、dhcpv6-client 服务相关，则允许流量 |
| external | 拒绝流入的流量，除非与流出的流量相关；而如果流量与 ssh 服务相关，则允许流量 |
| dmz | 拒绝流入的流量，除非与流出的流量相关；而如果流量与 ssh 服务相关，则允许流量 |
| block | 拒绝流入的流量，除非与流出的流量相关 |
| drop | 拒绝流入的流量，除非与流出的流量相关 |

### 15.2.1 使用终端管理工具

命令行终端是一种极富效率的工作方式，firewall-cmd 是 firewalld 防火墙配置管理工具的 CLI（命令行界面）版本。它的参数一般都是以“长格式”来提供的，但幸运的是 RHEL7 系统支持部分命令的参数补齐。现在除了能用 Tab 键自动补齐命令或文件名等内容之外，还可以用 Tab 键来补齐表 15-2 中所示的长格式参数。

表 15-2 firewall-cmd 命令中使用的参数以及作用

| 参　数 | 作　用 |
|---|---|
| --get-default-zone | 查询默认的区域名称 |
| --set-default-zone=< 区域名称 > | 设置默认的区域，使其永久生效 |
| --get-zones | 显示可用的区域 |
| --get-services | 显示预先定义的服务 |
| --get-active-zones | 显示当前正在使用的区域与网卡名称 |
| --add-source= | 将源自此 IP 或子网的流量导向指定的区域 |
| --remove-source= | 不再将源自此 IP 或子网的流量导向某个指定区域 |
| --add-interface=< 网卡名称 > | 将源自该网卡的所有流量都导向某个指定区域 |

续表

| 参　　数 | 作　　用 |
| --- | --- |
| --change-interface=< 网卡名称 > | 将某个网卡与区域进行关联 |
| --list-all | 显示当前区域的网卡配置参数、资源、端口以及服务等信息 |
| --list-all-zones | 显示所有区域的网卡配置参数、资源、端口以及服务等信息 |
| --add-service=< 服务名 > | 设置默认区域允许该服务的流量 |
| --add-port=< 端口号 / 协议 > | 设置默认区域允许该端口的流量 |
| --remove-service=< 服务名 > | 设置默认区域不再允许该服务的流量 |
| --remove-port=< 端口号 / 协议 > | 设置默认区域不再允许该端口的流量 |
| --reload | 让“永久生效”的配置规则立即生效，并覆盖当前的配置规则 |
| --panic-on | 开启应急状况模式 |
| --panic-off | 关闭应急状况模式 |

与 Linux 系统中其他的防火墙策略配置工具一样，使用 firewalld 配置的防火墙策略默认为运行时（Runtime）模式，又称当前生效模式，而且随着系统的重启会失效。如果想让配置策略一直存在，就需要使用永久（Permanent）模式，方法就是在用 firewall-cmd 命令正常设置防火墙策略时添加 --permanent 参数，这样配置的防火墙策略可以永久生效。但是，永久生效模式有一个“不近人情”的特点，就是使用它设置的策略只有在系统重启之后才能自动生效。如果想让配置的策略立即生效，需要手动执行 firewall-cmd --reload 命令。

接下来的实验都很简单，但是提醒大家一定要仔细查看使用的是 Runtime 模式还是 Permanent 模式。如果不关注这个细节，就算是正确配置了防火墙策略，也可能无法达到预期的效果。

① 查看 firewalld 服务当前所使用的区域：

```
[root@RHEL7-1 ~]# systemctl stop iptables
[root@RHEL7-1 ~]# systemctl start firewalld
[root@RHEL7-1 ~]#  firewall-cmd --get-default-zone
public
```

② 查询 ens33 网卡在 firewalld 服务中的区域：

```
[root@RHEL7-1 ~]# firewall-cmd --get-zone-of-interface=ens33
public
```

③ 把 firewalld 服务中 ens33 网卡的默认区域修改为 external，并在系统重启后生效。分别查看当前与永久模式下的区域名称：

```
[root@RHEL7-1 ~]#firewall-cmd --permanent --zone=external --change-interface=ens33
success
[root@RHEL7-1 ~]# firewall-cmd --get-zone-of-interface=ens33
external
[root@RHEL7-1 ~]# firewall-cmd --permanent --get-zone-of-interface=ens33
no zone
```

④ 把 firewalld 服务的当前默认区域设置为 public：

```
[root@RHEL7-1 ~]# firewall-cmd --set-default-zone=public
success
```

```
[root@RHEL7-1 ~]# firewall-cmd --get-default-zone
public
```

⑤ 启动 / 关闭 firewalld 防火墙服务的应急状况模式，阻断一切网络连接（当远程控制服务器时慎用）：

```
[root@RHEL7-1 ~]# firewall-cmd --panic-on
success
[root@RHEL7-1 ~]# firewall-cmd --panic-off
success
```

⑥ 查询 public 区域是否允许请求 SSH 和 HTTPS 协议的流量：

```
[root@RHEL7-1 ~]# firewall-cmd --zone=public --query-service=ssh
yes
[root@RHEL7-1 ~]# firewall-cmd --zone=public --query-service=https
no
```

⑦ 把 firewalld 服务中请求 HTTPS 协议的流量设置为永久允许，并立即生效：

```
[root@RHEL7-1 ~]# firewall-cmd --zone=public --add-service=https
success
[root@RHEL7-1 ~]# firewall-cmd --permanent --zone=public --add-service=https
success
[root@RHEL7-1 ~]# firewall-cmd --reload
success
```

⑧ 把 firewalld 服务中请求 HTTP 协议的流量设置为永久拒绝，并立即生效：

```
[root@RHEL7-1 ~]# firewall-cmd --permanent --zone=public --remove-
service=http
success
[root@RHEL7-1 ~]# firewall-cmd --reload
success
```

⑨ 把在 firewalld 服务中访问 8088 和 8089 端口的流量策略设置为允许，但仅限当前生效：

```
[root@RHEL7-1 ~]# firewall-cmd --zone=public --add-port=8088-8089/tcp
success
[root@RHEL7-1 ~]# firewall-cmd --zone=public --list-ports
8088-8089/tcp
```

firewalld 中的富规则表示更细致、更详细的防火墙策略配置，它可以针对系统服务、端口号、源地址和目标地址等诸多信息进行更有针对性的策略配置。它的优先级在所有的防火墙策略中也是最高的。

### 15.2.2 使用图形管理工具

firewall-config 是 firewalld 防火墙配置管理工具的 GUI（图形用户界面）版本，几乎可以实现所有以命令行来执行的操作。即使读者没有扎实的 Linux 命令基础，也完全可以通过它来妥善配置 RHEL7 中的防火墙策略。

在终端中输入命令 firewall-config，或者依次选择 Applications → Sundry → Firewall 命令，打开图 15-1 所示的界面，其功能具体如下：

① 选择运行时（Runtime）模式或永久（Permanent）模式的配置。

② 可选的策略集合区域列表。

③ 常用的系统服务列表。

④ 当前正在使用的区域。

⑤ 管理当前被选中区域中的服务。

⑥ 管理当前被选中区域中的端口。

⑦ 开启或关闭 SNAT（源地址转换协议）技术。

⑧ 设置端口转发策略。

⑨ 控制请求 ICMP 服务的流量。

⑩ 管理防火墙的富规则。

⑪ 管理网卡设备。

⑫ 被选中区域的服务，若勾选了相应服务前面的复选框，则表示允许与之相关的流量。

⑬ firewall-config 工具的运行状态。

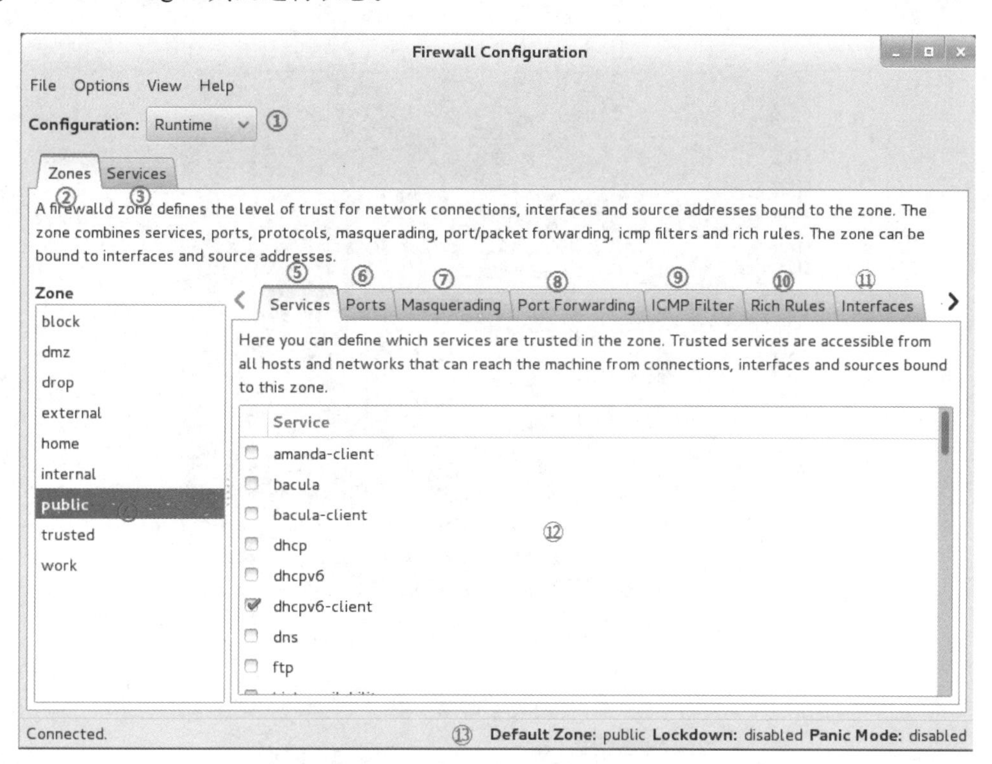


图 15–1 firewall–config 的界面

需要特别注意的是，在使用 firewall-config 工具配置完防火墙策略之后，无须进行二次确认，因为只要有修改内容，它就自动进行保存。下面进行动手实践环节。

① 将当前区域中请求 HTTP 服务的流量设置为允许，但仅限当前生效。具体配置如图 15–2 所示。

② 尝试添加一条防火墙策略规则，使其放行访问 8088 ～ 8089 端口（TCP 协议）的流量，并将其设置为永久生效，以达到系统重启后防火墙策略依然生效的目的。在按照图 15–3 所示的界面配置完毕之后，还需要在 Options 菜单中选择 Reload Firewalld 命令，让配置的防火墙策略立即生效（见图 15–4）。这与在命令行中执行 --reload 参数的效果一样。

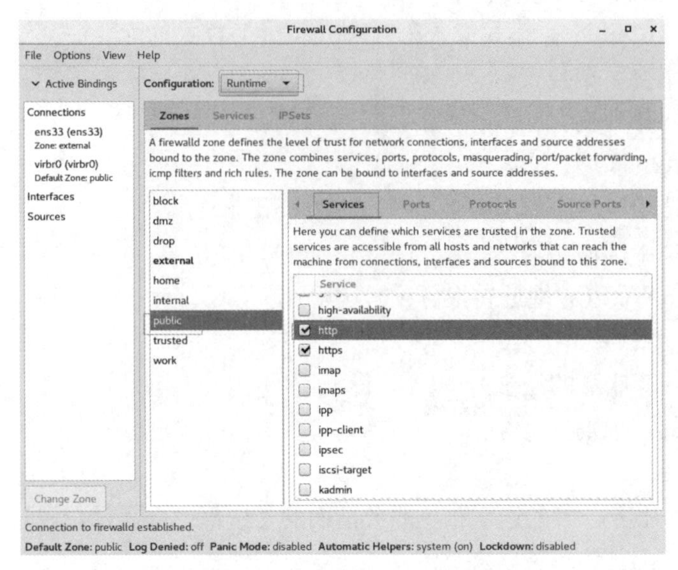


图 15-2　放行请求 HTTP 服务的流量

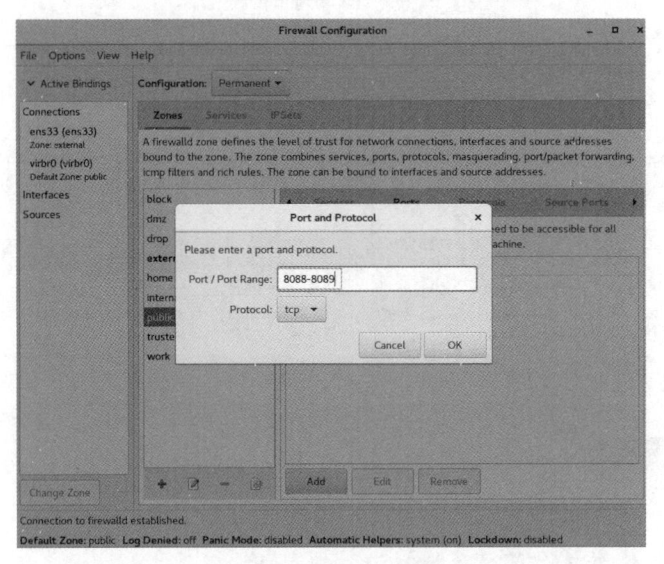


图 15-3　放行访问 8080 ～ 8088 端口的流量

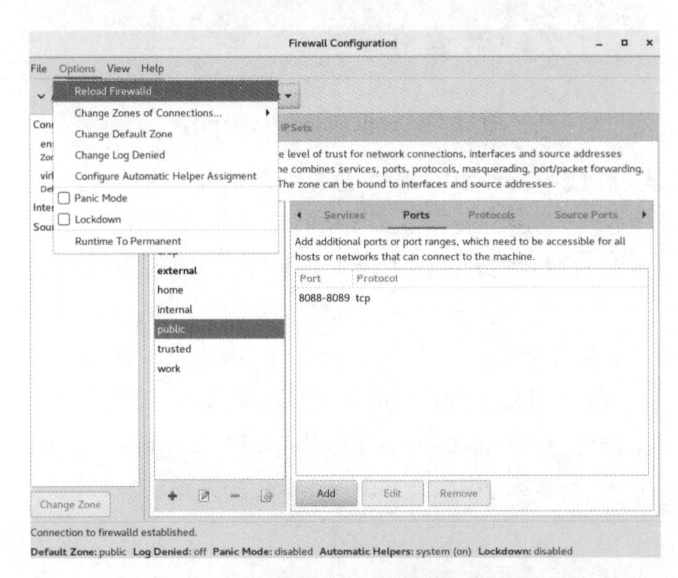


图 15-4　让配置的防火墙策略规则立即生效

# 15.3 实现 NAT（网络地址转换）

iptables 防火墙利用 nat 表能够实现 NAT 功能，将内网地址与外网地址进行转换，完成内、外网的通信。

## 15.3.1 iptables 实现 NAT

nat 表支持以下 3 种操作：

① SNAT：改变数据包的源地址。防火墙会使用外部地址，替换数据包的本地网络地址。这样使网络内部主机能够与网络外部通信。

② DNAT：改变数据包的目的地址。防火墙接收到数据包后，会将该包目的地址进行替换，重新转发到网络内部的主机。当应用服务器处于网络内部时，防火墙接收到外部的请求，会按照规则设定，将访问重定向到指定的主机上，使外部的主机能够正常访问网络内部的主机。

③ MASQUERADE：MASQUERADE 的作用与 SNAT 完全一样，改变数据包的源地址。因为对每个匹配的包，MASQUERADE 都要自动查找可用的 IP 地址，而不像 SNAT 用的 IP 地址是配置好的，所以会加重防火墙的负担。当然，如果接入外网的地址不是固定地址，而是 ISP 随机分配的，那么使用 MASQUERADE 将会非常方便。

## 15.3.2 配置 SNAT

SNAT 功能是进行源 IP 地址转换，也就是重写数据包的源 IP 地址。若网络内部主机采用共享方式，访问 Internet 连接时就需要用到 SNAT 的功能，将本地的 IP 地址替换为公网的合法 IP 地址。

SNAT 只能用在 nat 表的 POSTROUTING 链，并且只要连接的第一个符合条件的包被 SNAT 进行地址转换，那么这个连接的其他所有的包都会自动地完成地址替换工作，而且这个规则还会应用于这个连接的其他数据包。SNAT 使用选项 --to-source，命令语法如下：

```
iptables -t nat -A POSTROUTING -s IP1(内网地址) -o 网络接口 -j SNAT --to-source IP2
```

本命令使得 IP1（内网私有源地址）转换为公用 IP 地址 IP2。

## 15.3.3 配置 DNAT

DNAT 能够完成目的网络地址转换的功能，换句话说，就是重写数据包的目的 IP 地址。DNAT 是非常实用的。例如，企业 Web 服务器在网络内部，其使用私网地址，没有可在 Internet 上使用的合法 IP 地址。这时，互联网的其他主机是无法与其直接通信的，那么，可以使用 DNAT，防火墙的 80 端口接收数据包后，通过转换数据包的目的地址，信息会转发给内部网络的 Web 服务器。

DNAT 需要在 nat 表的 PREROUTING 链设置，配置参数为 --to-destination，命令格式如下：

```
iptables -t nat -A PREROUTING  -d IP1 -i 网络接口 -p 协议 --dport 端口 -j  DNAT
--to-destination  IP2
```

其中，IP1 为 NAT 服务器的公网地址，IP2 为访问的内网 Web 的 IP 地址。

DNAT 能够接收外部的请求数据包，并转发至内部的应用服务器，整个过程是透明的，访问者感觉像直接在与内网服务器进行通信一样，如图 15-5 所示。

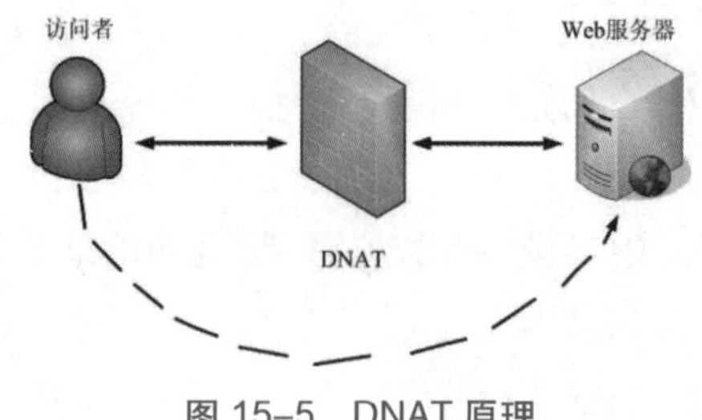


图 15-5　DNAT 原理

### 15.3.4　MASQUERADE

MASQUERADE 和 SNAT 作用相同，也是提供源地址转换的操作，但它是针对外部接口为动态 IP 地址而设计的，不需要使用 --to-source 指定转换的 IP 地址。如果网络采用的是拨号方式接入 Internet，而没有对外的静态 IP 地址，那么，建议使用 MASQUERADE。

**【例 15-1】** 公司内部网络有 230 台计算机，网段为 192.168.10.0/24，并配有一台拨号主机，使用接口 ppp0 接入 Internet，所有客户端通过该主机访问互联网。这时，需要在拨号主机进行设置，将 192.168.0.0/24 的内部地址转换为 ppp0 的公网地址，如下所示：

```
[root@RHEL7-1 ~]# iptables  -t  nat   -A  POSTROUTING -o  ppp0
                  -s  192.168.0.0/24  -j  MASQUERADE
```

**注意**：MASQUERADE 是特殊的过滤规则，它只可以伪装从一个接口到另一个接口的数据。

### 15.3.5　连接跟踪

1. 连接跟踪的概念

通常，在 iptables 防火墙的配置都是单向的，例如，防火墙仅在 INPUT 链允许主机访问 Google 站点，这时，请求数据包能够正常发送至 Google 服务器，但是，当服务器的回应数据包抵达时，因为没有配置允许的策略，则该数据包将会被丢弃，无法完成整个通信过程。所以，配置 iptables 时需要配置出站、入站规则，这无疑增大了配置的复杂度。连接跟踪能够简化该操作。

连接跟踪依靠数据包中的特殊标记，对连接状态 state 进行检测，Netfilter 能够根据状态决定数据包的关联，或者分析每个进程对应数据包的关系，决定数据包的具体操作。连接跟踪支持 TCP 和 UDP 通信，更加适用于数据包的交换。

连接跟踪通常会提高通信的效率，因为对于一个已经建立好的连接，剩余的通信数据包将不再需要接受链中规则的检查，这将有效缩短 iptables 的处理时间，当然，连接跟踪需要占用更多的内存。

连接跟踪存在 4 种数据包的状态，如下所示：

① NEW：想要新建立连接的数据包。

② INVALID：无效的数据包，例如损坏或者不完整的数据包。

③ ESTABLISHED：已经建立连接的数据包。

④ RELATED：与已经发送的数据包有关的数据包，例如，建立连接后发送的数据包或者对方返回的响应数据包。同时使用该状态进行设定，简化 iptables 的配置操作。

2. iptables 连接状态配置

配置 iptables 的连接状态，使用选项 -m，并指定 state 参数，选项 --state 后跟状态，如下所示：

```
-m  state --state<状态>
```

假如，允许已经建立连接的数据包，以及已发送数据包相关的数据包通过，则可以使用 -m 选项，并设置接收 ESTABLISHED 和 RELATED 状态的数据包，如下所示：

```
[root@RHEL7-1 ~]# iptables  -I  INPUT  -m  state  --state
                 ESTABLISHED, RELATED  -j  ACCEPT
```

## 15.4 NAT 综合案例

下面完成一个 NAT 综合案例。

### 15.4.1 企业环境

公司网络拓扑图如图 15-6 所示。内部主机使用 192.168.10.0/24 网段的 IP 地址，并且使用 Linux 主机作为服务器连接互联网，外网地址为固定地址 202.112.113.112。现需要满足如下要求：

① 配置 SNAT 保证内网用户能够正常访问 Internet。

② 配置 DNAT 保证外网用户能够正常访问内网的 Web 服务器。

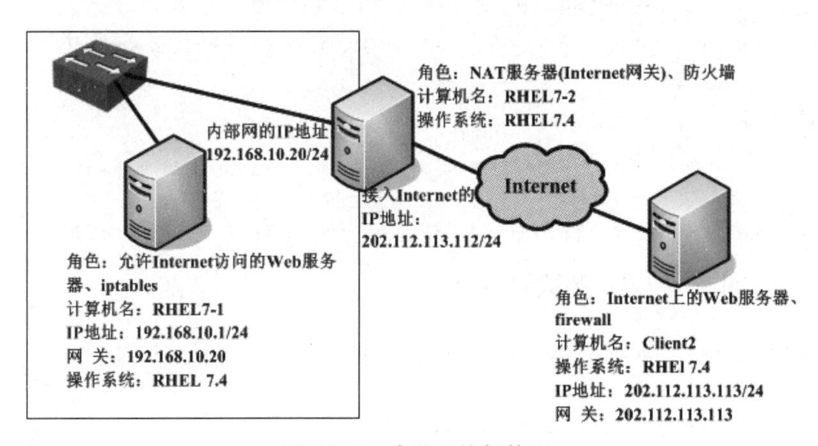


图 15-6 企业网络拓扑图

Linux 服务器和客户端的信息如表 15-3 所示（可以使用 VM 的克隆技术快速安装需要的 Linux 客户端）。

表 15-3 Linux 服务器和客户端的地址及 MAC 信息

| 主机名称 | 操作系统 | IP 地址 | 角色 |
|---|---|---|---|
| 内网服务器：RHEL7-1 | RHEL7 | 192.168.10.1（VMnet1） | Web 服务器、iptables 防火墙 |
| 防火墙：RHEL7-2 | RHEL7 | IP1:192.168.10.20（VMnet1）<br>IP2:202.112.113.112（VMnet8） | iptables、SNAT、DNAT |
| 外网 Linux 客户端：Client2 | RHEL7 | 202.112.113.113（VMnet8） | Web、firewall |

### 15.4.2 解决方案

1. 配置 SNAT 并测试

（1）搭建并测试环境

① 根据图 15-6 和表 15-3 配置 RHEL7-1、RHEL7-2 和 Client2 的 IP 地址、子网掩码、网关等信息。RHEL7-2 要安装双网卡，同时计算机的网络连接方式一定要注意。

② 在 RHEL7-1 上，测试与 RHEL7-2 和 Client2 的连通性。

```
[root@RHEL7-1 ~]# ping 192.168.10.20                    // 通
[root@RHEL7-1 ~]# ping 202.112.113.112                  // 通
[root@RHEL7-1 ~]# ping 202.112.113.113                  // 不通
```

③ 在 RHEL7-2 上，测试与 RHEL7-1 和 Client2 的连通性。都是畅通的。

④ 在 Client2 上，测试与 RHEL7-1 和 RHEL7-2 的连通性。与 RHEL7-1 是不通的。

（2）在 RHEL7-2 上配置防火墙 SNAT

```
[root@client1 ~]# cat /proc/sys/net/ipv4/ip_forward
1                                              // 确认开启路由存储转发，其值为 1
[root@RHEL7-2 ~]# mount  /dev/cdrom  /iso
[root@RHEL7-2 ~]# yum clean all
[root@RHEL7-2 ~]# yum install iptables iptables-services  -y
[root@RHEL7-2 ~]# systemctl stop firewalld
[root@RHEL7-2 ~]# systemctl start iptables
[root@RHEL7-2 ~]# iptables -F
[root@RHEL7-2 ~]# iptables -L
[root@RHEL7-2 ~]# iptables -t nat -L
[root@RHEL7-2 ~]# iptables -t nat -A POSTROUTING -s 192.168.10.0/24 -j SNAT
--to-source  202.112.113.112
[root@RHEL7-2 ~]# iptables -t nat -L
…
target     prot opt source              destination
SNAT       all  --  192.168.10.0/24     anywhere          to:202.112.113.112
```

（3）在外网 Client2 上配置供测试的 Web

```
[root@client2 ~]# mount /dev/cdrom  /iso
[root@client2 ~]# yum clean all
[root@client2 ~]# yum install httpd -y
[root@client2 ~]# firewall-cmd --permanent --add-service=http
[root@client2 ~]# firewall-cmd --reload
[root@client2 ~]# firewall-cmd -list-all
[root@client2 ~]# systemctl restart httpd
[root@client2 ~]# netstat -an |grep :80                 // 查看 80 端口是否开放
[root@client2 ~]# firefox 127.0.0.1
```

（4）在内网 RHEL7-1 上测试 SNAT 配置是否成功

```
[root@RHEL7-1 ~]# ping 202.112.113.113
[root@RHEL7-1 ~]# firefox  202.112.113.113
```

应该网络畅通，且能访问到外网的默认网站。

请读者在 Client2 上查看 /var/log/httpd/access_log 中是否包含源地址 192.168.10.1，为什么？包含 202.112.113.112 吗？

2. 配置 DNAT 并测试

（1）在 RHEL7-1 上配置内网 Web 及防火墙

```
[root@RHEL7-1 ~]# mount /dev/cdrom /iso
[root@RHEL7-1 ~]# yum clean all
[root@RHEL7-1 ~]# yum install httpd -y
```

```
[root@RHEL7-1 ~]# systemctl restart httpd
[root@RHEL7-1 ~]# systemctl enable httpd
[root@RHEL7-1 ~]# systemctl stop firewalld
[root@RHEL7-1 ~]# systemctl start iptables
[root@RHEL7-1 ~]# systemctl enable iptables
[root@RHEL7-1 ~]# systemctl status  iptables
[root@RHEL7-1 ~]# iptables -F
[root@RHEL7-1 ~]# iptables -L
[root@RHEL7-1 ~]# systemctl enable  iptables
[root@RHEL7-1 ~]# systemctl enable  iptables
[root@RHEL7-1 ~]# iptables -A INPUT -p tcp --dport 80 -j ACCEPT
[root@RHEL7-1 ~]# iptables -A INPUT -i lo -j ACCEPT  //允许访问回环地址
[root@RHEL7-1 ~]# iptables -A INPUT  -m  state --state  ESTABLISHED,RELATED  -j
ACCEPT
[root@RHEL7-1 ~]# iptables -A INPUT -j REJECT         //其他访问皆拒绝
[root@RHEL7-1 ~]# vim /var/wwww/html/index.html       //修改默认网站内容供测试
[root@RHEL7-1 ~]# iptables -I INPUT -p icmp -j ACCEPT //插入允许ping命令的条目
[root@RHEL7-1 ~]# iptables -L
Chain INPUT (policy ACCEPT)
target     prot opt source        destination
ACCEPT     icmp --  anywhere      anywhere
ACCEPT     tcp  --  anywhere      anywhere         tcp dpt:http
ACCEPT     all  --  anywhere      anywhere
           all  --  anywhere      anywhere         state RELATED,ESTABLISHED
ACCEPT     all  --  anywhere      anywhere         state RELATED,ESTABLISHED
REJECT     all  --  anywhere      anywhere    reject-with icmp-port-unreachable
…
[root@RHEL7-1 ~]# service iptables save
[root@RHEL7-1 ~]# cat /etc/sysconfig/iptables -n
     1  # Generated by iptables-save v1.4.21 on Sun Jul 29 09:03:05 2018
     2  *filter
     3  :INPUT ACCEPT [0:0]
     4  :FORWARD ACCEPT [0:0]
     5  :OUTPUT ACCEPT [1:146]
     6  -A INPUT -p icmp -j ACCEPT
     7  -A INPUT -p tcp -m tcp --dport 80 -j ACCEPT
     8  -A INPUT -i lo -j ACCEPT
     9  -A INPUT -m state --state RELATED,ESTABLISHED
    10  -A INPUT -m state --state RELATED,ESTABLISHED -j ACCEPT
    11  -A INPUT -j REJECT --reject-with icmp-port-unreachable
    12  COMMIT
    13  # Completed on Sun Jul 29 09:03:05 2018
```

（2）在防火墙 RHEL7-2 上配置 DNAT

```
[root@client1 ~]# iptables -t nat -A PREROUTING -d 202.112.113.112 -p tcp
--dport 80 -j DNAT --to-destination 192.168.10.1:80
```

(3) 在外网 Client2 上测试

```
[root@client2 ~]# ping 192.168.10.1
[root@client2 ~]# firefox 202.112.113.112
```

## ◎ 练 习 题

### 一、填空题

1. ______可以使企业内部局域网与 Internet 之间或者与其他外部网络间互相隔离、限制网络互访，以此来保护______。

2. 防火墙大致可以分为 3 大类，分别是______、______和______。

3. ______是 Linux 核心中的一个通用架构，它提供了一系列的“表”(tables)，每个表由若干______组成，而每条链可以由一条或数条______组成。实际上，netfilter 是______的容器，表是链的容器，而链又是______的容器。

4. 接收数据包时，Netfilter 提供 3 种数据包处理的功能：______、______和______。

5. Netfilter 设计了 3 个表（table）：______、______以及______。

6. ______表仅用于网络地址转换，其具体的动作有______、______以及______。

7. ______是 netfilter 默认的表，通常使用该表进行过滤的设置，它包含以下内置链：______和______。

8. 网络地址转换器 NAT（Network Address Translator）位于使用专用地址的______和使用公用地址的______之间。

### 二、选择题

1. 在 Linux 2.6 以后的内核中，提供 TCP/IP 包过滤功能的软件是（　　）。

A. rarp　　B. route　　C. iptables　　D. filter

2. 在 Linux 操作系统中，可以通过 iptables 命令来配置内核中集成的防火墙，若在配置脚本中添加 iptables 命令：#iptables -t nat -A PREROUTING -p tcp -s 0/0 -d 61.129.3.88 --dport 80 -j DNAT –to-destination 192.168.0.18，则其作用是（　　）。

A. 将对 192.168.0.18 的 80 端口的访问转发到内网的 61.129.3.88 主机上

B. 将对 61.129.3.88 的 80 端口的访问转发到内网的 192.168.0.18 主机上

C. 将对 192.168.0.18 的 80 端口映射到内网的 61.129.3.88 的 80 端口

D. 禁止对 61.129.3.88 的 80 端口的访问

3. John 计划在他的局域网建立防火墙，防止 Internet 直接进入局域网，反之亦然。在防火墙上他不能用包过滤或 SOCKS 程序，而且他想要提供给局域网用户仅有的几个 Internet 服务和协议。John 应该使用（　　）类型的防火墙。

A. squid 代理服务器　　B. NAT　　C. IP 转发　　D. IP 伪装

4. 以下关于 IP 伪装的描述正确的是（　　）。

A. 它是一个转化包的数据的工具

B. 它的功能就像 NAT 系统：转换内部 IP 地址到外部 IP 地址

C. 它是一个自动分配 IP 地址的程序

D. 它是一个连接内部网到 Internet 的工具

5. 不属于 iptables 操作的是（　　）。

A. ACCEPT　　B. DROP 或 REJECT　　C. LOG　　D. KILL

6. 假设要控制来自 IP 地址 199.88.77.66 的 ping 命令，可用的 iptables 命令是（ ）。

A. iptables –a INPUT –s 199.88.77.66 –p icmp –j DROP

B. iptables –A INPUT –s 199.88.77.66 –p icmp –j DROP

C. iptables –A input –s 199.88.77.66 –p icmp –j drop

D. iptables –A input –S 199.88.77.66 –P icmp –J DROP

7. 如果想要防止 199.88.77.0/24 网络用 TCP 分组连接端口 21，iptables 命令是（ ）。

A. iptables –A FORWARD –s 199.88.77.0/24 –p tcp ––dport 21 –j REJECT

B. iptables –A FORWARD –s 199.88.77.0/24 –p tcp -dport 21 –j REJECT

C. iptables –a forward –s 199.88.77.0/24 –p tcp ––dport 21 –j reject

D. iptables –A FORWARD –s 199.88.77.0/24 –p tcp –dport 21 –j DROP

三、简答题

1. 简述防火墙的概念、分类及作用。
2. 简述 iptables 的工作过程。
3. 简述 NAT 的工作过程。
4. 在 RHEL7 系统中，iptables 是否已经被 firewalld 服务彻底取代？
5. 简述防火墙策略规则中 DROP 和 REJECT 的不同之处。
6. 如何把 iptables 服务的 INPUT 规则链默认策略设置为 DROP？
7. 简述 firewalld 中区域的作用。
8. 如何在 firewalld 中把默认的区域设置为 dmz？
9. 如何让 firewalld 中以永久（Permanent）模式配置的防火墙策略规则立即生效？
10. 使用 SNAT 技术的目的是什么？

## ◎ 项目实录　配置与管理 iptables 防火墙

视频 15–2
实训项目　配置与管理 iptables 防火墙

一、视频位置

实训前请扫二维码观看：实训项目　配置与管理 iptables 防火墙。

二、项目目的

能熟练完成利用 iptables 架设企业 NAT 服务器。

三、项目背景

假如某公司需要 Internet 接入，由 ISP 分配 IP 地址 202.112.113.112。采用 iptables 作为 NAT 服务器接入网络，内部采用 192.168.1.0/24 地址，外部采用 202.112.113.112 地址。为确保安全需要配置防火墙功能，要求内部仅能够访问 Web、DNS 及 Mail 这 3 台服务器；内部 Web 服务器 192.168.1.2 通过端口映象方式对外提供服务。网络拓扑如图 15–7 所示。

四、深度思考

在观看视频时思考以下几个问题：

（1）为何要设置两块网卡的 IP 地址？如何设置网卡的默认网关？

（2）为何要清除默认规则？

（3）如何接受或拒绝 TCP、UDP 的某些端口？

（4）如何屏蔽 ping 命令？如何屏蔽扫描信息？

（5）如何使用 SNAT 来实现内网访问互联网？如何实现透明代理？

（6）在客户端如何设置 DNS 服务器地址？

（7）谈谈 firewall 与 iptables 的不同使用方法。

（8）iptables 中的 -A 和 -I 两个参数有何区别？举例说明。

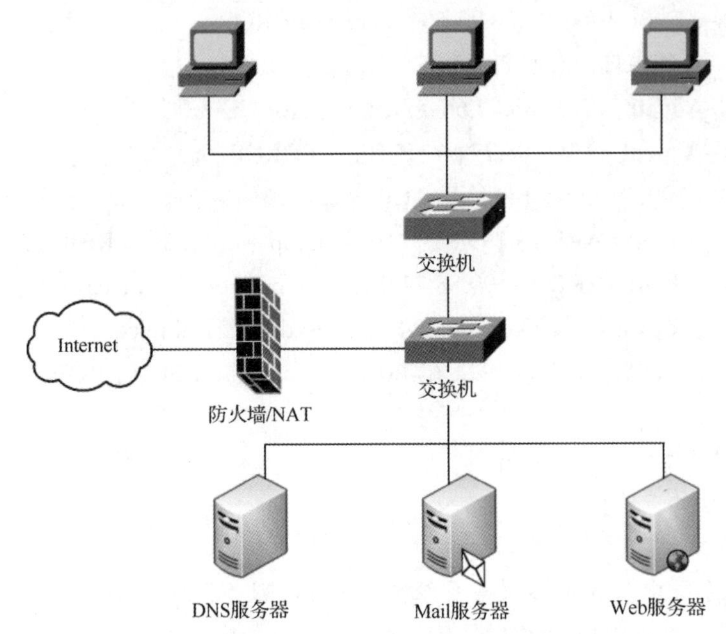


图 15–7　配置 netfilter/iptables 网络拓扑

五、做一做

根据视频内容，将项目完整无缺地完成。

## ◎ 实训　Linux 防火墙的配置

一、实训目的

① 掌握 iptables 防火墙的配置。

② 掌握 NAT 的实现方法。

二、实训环境

见 15.4.1 节的“企业环境”。

三、实训内容

完成 15.4 节的 NAT 综合案例。

五、实训报告

按要求完成实训报告。

# 第16章 配置与管理代理服务器

代理服务器 (Proxy Server) 等同于内网与 Internet 的桥梁。本章重点介绍 squid 代理服务器的配置。

学习要点

- 防火墙的分类及工作原理。
- 了解 NAT。
- 掌握 firewall 防火墙的配置。
- 掌握利用 iptables 实现 NATSQUID 代理服务器的配置。

## 16.1 代理服务器概述

代理服务器 (Proxy Server) 等同于内网与 Internet 的桥梁。普通的 Internet 访问是一个典型的客户机与服务器结构：用户利用计算机上的客户端程序，如浏览器发出请求，远端 WWW 服务器程序响应请求并提供相应的数据。而 Proxy 处于客户机与服务器之间，对于服务器来说，Proxy 是客户机，Proxy 提出请求，服务器响应；对于客户机来说，Proxy 是服务器，它接受客户机的请求，并将服务器上传来的数据转给客户机。它的作用如同现实生活中的代理服务商。

### 16.1.1 代理服务器的工作原理

当客户端在浏览器中设置好 Proxy 服务器后，所有使用浏览器访问 Internet 站点的请求都不会直接发给目的主机，而是首先发送至代理服务器，代理服务器接收到客户端的请求以后，由代理服务器向目的主机发出请求，并接收目的主机返回的数据，存放在代理服务器的硬盘，然后再由代理服务器将客户端请求的数据转发给客户端。具体流程如图 16-1 所示。

① 当客户端 A 对 Web 服务器端提出请求时，此请求会首先发送到代理服务器。

② 代理服务器接收到客户端请求后，会检查缓存中是否存有客户端所需要的数据。

③ 如果代理服务器没有客户端 A 所请求的数据，它将会向 Web 服务器提交请求。

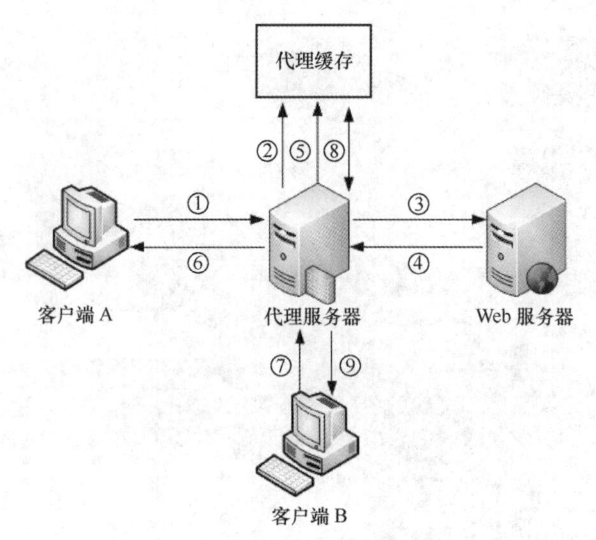


图 16–1　代理服务器工作原理

④ Web 服务器响应请求的数据。

⑤ 代理服务器从服务器获取数据后，会保存至本地的缓存，以备以后查询使用。

⑥ 代理服务器向客户端 A 转发 Web 服务器的数据。

⑦ 客户端 B 访问 Web 服务器，向代理服务器发出请求。

⑧ 代理服务器查找缓存记录，确认已经存在 Web 服务器的相关数据。

⑨ 代理服务器直接回应查询的信息，而不需要再去服务器进行查询。从而达到节约网络流量和提高访问速度的目的。

### 16.1.2　代理服务器的作用

① 提高访问速度。因为客户要求的数据存于代理服务器的硬盘中，因此下次这个客户或其他客户再要求相同目的站点的数据时，就会直接从代理服务器的硬盘中读取，代理服务器起到了缓存的作用，热门站点有很多客户访问时，代理服务器的优势更为明显。

② 用户访问限制。因为所有使用代理服务器的用户都必须通过代理服务器访问远程站点，因此，在代理服务器上就可以设置相应的限制，以过滤或屏蔽掉某些信息。这是局域网网管对局域网用户访问范围限制最常用的办法，也是局域网用户为什么不能浏览某些网站的原因。拨号用户如果使用代理服务器，同样必须服从代理服务器的访问限制。

③ 安全性得到提高。无论是上聊天室还是浏览网站，目的网站只能知道使用的代理服务器的相关信息，而客户端真实 IP 无法测知，这就使得使用者的安全性得以提高。

## 16.2　项目设计及准备

网络建立初期，人们只考虑如何实现通信而忽略了网络的安全。而防火墙可以使企业内部局域网与 Internet 之间或者与其他外部网络互相隔离、限制网络互访来保护内部网络。

大量拥有内部地址的机器组成了企业内部网，那么如何连接内部网与 Internet？

1. 项目设计

代理服务器将是很好的选择，它能够解决内部网访问 Internet 的问题并提供访问的优化和控制功能。

本项目设计在安装有企业版 Linux 网络操作系统的服务器上安装 squid 代理服务器。

2. 项目准备

部署 squid 代理服务器应满足下列需求：

① 安装好的企业版 Linux 网络操作系统，并且必须保证常用服务正常工作。客户端使用 Linux 或 Windows 网络操作系统。服务器和客户端能够通过网络进行通信。

② 或者利用虚拟机进行网络环境的设置。如果模拟互联网的真实情况，则需要 3 台虚拟机。如表 16-1 所示。

表 16-1 Linux 服务器和客户端的地址及 MAC 信息

| 主机名称 | 操作系统 | IP 地址 | 角色 |
| --- | --- | --- | --- |
| 内网服务器：RHEL7-1 | RHEL7 | 192.168.10.1（VMnet1） | Web 服务器、iptables |
| squid 代理服务器：RHEL7-2 | RHEL7 | IP1:192.168.10.20（VMnet1）<br>IP2:202.112.113.112（VMnet8） | iptables、squid |
| 外网 Linux 客户端：Client2 | RHEL7 | 202.112.113.113（VMnet8） | Web、firewall |

## 16.3 安装与配置 squid 代理服务器

对于 Web 用户来说，squid 是一个高性能的代理缓存服务器，可以加快内部网浏览 Internet 的速度，提高客户机的访问命中率。squid 不仅支持 HTTP 协议，还支持 FTP、gopher、SSL 和 WAIS 等协议。和一般的代理缓存软件不同，squid 用一个单独的、非模块化的 I/O 驱动的进程来处理所有的客户端请求。

### 16.3.1 安装 squid 服务器

squid 将数据元缓存在内存中，同时缓存 DNS 查寻的结果，除此之外，它还支持非模块化的 DNS 查询，对失败的请求进行消极缓存。squid 支持 SSL，支持访问控制。由于使用了 ICP，squid 能够实现重叠的代理阵列，从而最大限度地节约带宽。

squid 由一个主要的服务程序 squid，一个 DNS 查询程序 dnsserver，几个重写请求和执行认证的程序，以及几个管理工具组成。当 squid 启动以后，它可以派生出指定数目的 dnsserver 进程，而每一个 dnsserver 进程都可以执行单独的 DNS 查询，这样一来就大大减少了服务器等待 DNS 查询的时间。

squid 的另一个优越性在于它使用访问控制清单（ACL）和访问权限清单（ARL）。访问控制清单和访问权限清单通过阻止特定的网络连接来减少潜在的 Internet 非法连接，可以使用这些清单来确保内部网的主机无法访问有威胁的或不适宜的站点。

squid 的主要功能如下所示：

① 代理和缓存 HTTP、FTP 和其他 URL 请求。

② 代理 SSL 请求。

③ 支持多级缓存。

④ 支持透明代理。

⑤ 支持 ICP、HTCP、CARP 等缓存摘要。

⑥ 支持多种方式的访问控制和全部请求的日志记录。

⑦ 提供 HTTP 服务器加速。

⑧ 能够缓存 DNS 查询。

squid 的官方网站是 http://www.squid.cache.org。

1. squid 软件包与常用配置项

（1）squid 软件包

- 软件包名：squid
- 服务名：squid
- 主程序：/usr/sbin/squid
- 配置目录：/etc/squid/
- 主配置文件：/etc/squid/squid.conf
- 默认监听端口：TCP 3128
- 默认访问日志文件：/var/log/squid/access.log

（2）常用配置项

- http_port 3128
- access_log /var/log/squid/access.log
- visible_hostname proxy.example.com

2. 安装、启动、停止 squid 服务 squid 服务（在 RHEL7-2 上安装）

```
[root@RHEL7-2 ~]# rpm -qa |grep squid
[root@RHEL7-2 ~]# mount /dev/cdrom /iso
[root@RHEL7-2 ~]# yum clean all                              //安装前先清除缓存
[root@RHEL7-2 ~]# yum install squid -y
[root@RHEL7-2 ~]# systemctl start squid                      //启动 squid 服务
[root@RHEL7-2 ~]# systemctl enable squid                     //开机自动启动
```

### 16.3.2 配置 squid 服务器

squid 服务的主配置文件是 /etc/squid/squid.conf，用户可以根据自己的实际情况修改相应的选项。

1. 几个常用的选项

与之前配置过的服务程序大致类似，Squid 服务程序的配置文件也是存放在 /etc 目录下一个以服务名称命名的目录中。表 16-2 是一些常用的 Squid 服务程序配置参数。

表 16-2 常用的 Squid 服务程序配置参数以及作用

| 参　数 | 作　用 |
| --- | --- |
| http_port 3128 | 监听的端口号 |
| cache_mem 64M | 内存缓冲区的大小 |
| cache_dir ufs /var/spool/squid 2000 16 256 | 硬盘缓冲区的大小 |
| cache_effective_user squid | 设置缓存的有效用户 |
| cache_effective_group squid | 设置缓存的有效用户组 |
| dns_nameservers [IP 地址] | 一般不设置，而是用服务器默认的 DNS 地址 |
| cache_access_log /var/log/squid/access.log | 访问日志文件的保存路径 |
| cache_log /var/log/squid/cache.log | 缓存日志文件的保存路径 |
| visible_hostname www.smile.com | 设置 squid 服务器的名称 |

（1）http_port 3128

定义 squid 监听 HTTP 客户连接请求的端口。默认是 3128，如果使用 HTTPD 加速模式则为 80。可以指定多个端口，但是所有指定的端口都必须在一条命令行上，各端口间用空格分开。

http_port 字段还可以指定监听来自某些 IP 地址的 HTTP 请求，这种功能经常使用。当 squid 服务器有两块网卡，一块用于和内网通信，另一块和外网通信的时候，管理员希望 squid 仅监听来自内网的客户端请求，而不是监听来自外网的客户端请求，在这种情况下，就需要使用 IP 地址和端口号写在一起的方式。例如，让 squid 在 8080 端口只监听内网接口上的请求，如下所示：

```
http_port  192.168.2.254:8080
```

（2）cache_mem 512 MB

内存缓冲设置是指需要使用多少内存来作为高速缓存。这是一个不太好设置的数值，因为每台服务器内存的大小和服务群体都不相同，但有一点是可以肯定的，就是缓存设置越大，对于提高客户端的访问速度就越有利。究竟配置多少合适呢？如果设置过大可能导致服务器的整体性能下降，设置太小客户端访问速度又得不到实质性的提高。在这里，建议根据服务器提供的功能多少而定，如果服务器只是用作代理服务器，平时只是共享上网用，可以把缓存设置为实际内存的 1/2 甚至更多（视内存总容量而定）。如果服务器本身还提供其他而且较多的服务，那么缓存的设置最好不要超过实际内存的 1/3。

（3）cache_dir ufs /var/spool/squid 4096 16 256

用于指定硬盘缓冲区的大小。其中 ufs 是指缓冲的存储类型，一般为 ufs；/var/spool/squid 是指硬盘缓冲存放的目录；4096 指缓存空间的最大大小为 4096MB。16 代表在硬盘缓存目录下建立的第一级子目录的个数，默认为 16；256 代表可以建立的二级子目录的个数，默认为 256。当客户端访问网站的时候，squid 会从自己的缓存目录中查找客户端请求的文件。可以选择任意分区作为硬盘缓存目录，最好选择较大的分区，例如 /usr 或者 /var 等。不过更建议使用单独的分区，可以选择闲置的硬盘，将其分区后挂载到 /cache 目录下。

（4）cache_effective_user squid

设置使用缓存的有效用户。在利用 RPM 格式的软件包安装服务时，安装程序会自动建立一个名为 squid 的用户供 squid 服务使用。如果系统没有该用户，管理员可以自行添加，或者更换其他权限较小的用户，如 nobody 用户，如下所示：

```
cache_effective_user nobody
```

（5）cache_effective_group squid

设置使用缓存的有效用户组，默认为 squid 组，也可更改。

（6）dns_nameservers 220.206.160.100

设置有效的 DNS 服务器的地址。为了能使 squid 代理服务器正确的解析出域名必须指定可用的 DNS 服务器。

（7）cache_access_log /var/log/squid/access.log

设置访问记录的日志文件。该日志文件主要记录用户访问 Internet 的详细信息。

（8）cache_log /var/log/squid/cache.log

设置缓存日志文件。该文件记录缓存的相关信息。

（9）cache_store_log /var/log/squid/store.log

设置网页缓存日志文件。网页缓存日志记录了缓存中存储对象的相关信息，例如存储对象的大小、存储时间、过期时间等。

（10）visible_hostname 192.168.10.3

visible_hostname 字段用来帮助 squid 得知当前的主机名，如果不设置此项，在启动 squid 的时候就会碰到“FATAL：Could not determine fully qualified hostname. Please set "visible hostname’" 这

样的提示。当访问发生错误时，该选项的值会出现在客户端错误提示网页中。

（11）cache_mgr master@smile.com

设置管理员的邮件地址。当客户端出现错误时，该邮件地址会出现在网页提示中，这样用户就可以写信给管理员来告知发生的事情。

2. 设置访问控制列表

squid 代理服务器是 Web 客户机与 Web 服务器之间的中介，它实现访问控制，决定哪一台客户机可以访问 Web 服务器以及如何访问。squid 服务器通过检查具有控制信息的主机和域的访问控制列表（ACL）来决定是否允许某客户机进行访问。ACL 是要控制客户的主机和域的列表。使用 acl 命令可以定义 ACL，该命令在控制项中创建标签。用户可以使用 http_access 等命令定义这些控制功能，可以基于多种 acl 选项，如源 IP 地址、域名、甚至时间和日期等来使用 acl 命令定义系统或者系统组。

（1）acl

acl 命令的格式如下：

```
acl  列表名称  列表类型  [-i]  列表值
```

其中，列表名称用于区分 squid 的各个访问控制列表，任何两个访问控制列表不能用相同的列表名。一般来说，为了便于区分列表的含义应尽量使用意义明确的列表名称。

列表类型用于定义可被 squid 识别的类别。例如，可以通过 IP 地址、主机名、域名、日期和时间等。常见的 ACL 列表类型如表 16–3 所示。

表 16–3 常见的 ACL 列表类型

| ACL 列表类型 | 说　明 |
|---|---|
| src ip-address/netmask | 客户端源 IP 地址和子网掩码 |
| src addr1-addr4/netmask | 客户端源 IP 地址范围 |
| dst ip-address/netmask | 客户端目标 IP 地址和子网掩码 |
| myip ip-address/netmask | 本地套接字 IP 地址 |
| srcdomain domain | 源域名（客户机所属的域） |
| dstdomain domain | 目的域名（Internet 中的服务器所属的域） |
| srcdom_regex expression | 对来源的 URL 做正则匹配表达式 |
| dstdom_regex expression | 对目的 URL 做正则匹配表达式 |
| time | 指定时间。用法：acl aclname time [day-abbrevs] [h1:m1-h2:m2]<br>其中 day-abbrevs 可以为：S（Sunday）、M（Monday）、T（Tuesday）、W（Wednesday）、H（Thursday）、F（Friday）、A（Saturday）<br>注意：h1:m1 一定要比 h2:m2 小 |
| port | 指定连接端口，如：acl SSL_ports port 443 |
| Proto | 指定所使用的通信协议，如：acl allowprotolist proto HTTP |
| url_regex | 设置 URL 规则匹配表达式 |
| urlpath_regex:URL-path | 设置略去协议和主机名的 URL 规则匹配表达式 |

更多的 ACL 类型表达式可以查看 squid.conf 文件。

（2）http_access

设置允许或拒绝某个访问控制列表的访问请求。格式如下：

```
http_access  [allow|deny]  访问控制列表的名称
```

squid 服务器在定义了访问控制列表后，会根据 http_access 选项的规则允许或禁止满足一定条件的客户端的访问请求。

【例 16-1】拒绝所有的客户端的请求。

```
acl  all  src  0.0.0.0/0.0.0.0
http_access deny  all
```

【例 16-2】禁止 192.168.1.0/24 网段的客户机上网。

```
acl  client1  src  192.168.1.0/255.255.255.0
http_access  deny  client1
```

【例 16-3】禁止用户访问域名为 www.playboy.com 的网站。

```
acl  baddomain  dstdomain  www.playboy.com
http_access  deny  baddomain
```

【例 16-4】禁止 192.168.1.0/24 网络的用户在周一到周五的 9:00-18:00 上网。

```
acl  client1  src  192.168.1.0/255.255.255.0
acl  badtime  time  MTWHF  9:00-18:00
http_access deny  client1  badtime
```

【例 16-5】禁止用户下载 *.mp3、*.exe、*.zip 和 *.rar 类型的文件。

```
acl  badfile  urlpath_regex  -i  \.mp3$  \.exe$  \.zip$  \.rar$
http_access  deny  badfile
```

【例 16-6】屏蔽 www.whitehouse.gov 站点。

```
acl  badsite  dstdomain  -i  www.whitehouse.gov
http_access  deny  badsite
```

-i 表示忽略大小写字母，默认情况下 squid 是区分大小写的。

【例 16-7】屏蔽所有包含 sex 的 URL 路径。

```
acl  sex  url_regex  -i  sex
http_access  deny  sex
```

【例 16-8】禁止访问 22、23、25、53、110、119 这些危险端口。

```
acl  dangerous_port  port  22  23  25  53  110  119
http_access  deny  dangerous_port
```

如果不确定哪些端口具有危险性，也可采取更保守的方法，就是只允许访问安全的端口。

默认的 squid.conf 包含了下面的安全端口 ACL，如下所示：

```
acl  safe_port1  port  80                #http
acl  safe_port2  port  21                #ftp
acl  safe_port3  port  443 563           #https,snews
acl  safe_port4  port  70                #gopher
acl  safe_port5  port  210               #wais
acl  safe_port6  port  1025-65535        #unregistered  ports
acl  safe_port7  port  280               #http-mgmt
acl  safe_port8  port  488               #gss-http
acl  safe_port9  port  591               #filemaker
```

```
acl  safe_port10  port  777                     #multiling  http
acl  safe_port11  port  210                     #waisp
http_access  deny  !safe_port1
http_access  deny  !safe_port2
…………(略)…………
http_access  deny  !safe_port11
```

http_access deny !safe_port1 表示拒绝所有的非 safe_ports 列表中的端口。这样设置系统的安全性得到了进一步的保障。其中“!”表示取反。

**注意**：由于 squid 是按照顺序读取访问控制列表的，所以合理安排各访问控制列表的顺序至关重要。

## 16.4 企业实战与应用

利用 squid 和 NAT 功能可以实现透明代理。透明代理的意思是客户端根本不需要知道有代理服务器的存在，客户端不需要在浏览器或其他的客户端工作中做任何设置，只需要将默认网关设置为Linux 服务器的 IP 地址即可(内网 IP 地址)。透明代理服务的典型应用环境如图 15-6 所示。

1. 实例要求

如图 15-6 所示，要求如下：

① 客户端在设置代理服务器地址和端口的情况下能够访问互联网上的 Web 服务器。

② 客户端不需要设置代理服务器地址和端口就能够访问互联网上的 Web 服务器，即透明代理。

③ 代理服务器仅配置代理服务，内存 2 GB，硬盘为 SCSI 硬盘，容量 200 GB，设置 10 GB 空间为硬盘缓存，要求所有客户端都可以上网。

2. 客户端需要配置代理服务器的解决方案

(1) 部署网络环境配置

本实训由 3 台 Linux 虚拟机组成，一台是 squid 代理服务器（RHEL7-2），双网卡（IP1：192.168.10.20/24，连接 VMnet1，IP2：202.112.113.112/24，连接 VMnet8）；一台是安装 Linux 操作系统的 squid 客户端（RHEL7-1，IP：192.168.10.1/24，连接 VMnet1）；还有一台是互联网上的 Web 服务器，也安装了 Linux（IP：202.112.113.113，连接 VMnet8）。

请读者注意各网卡的网络连接方式是 VMnet1 还是 VMnet8。各网卡的 IP 地址信息可以进行永久设置，后面的实训也会沿用。

① 在 RHEL7-1 上(使用 ifconfig 设置 IP 地址等信息，重启后会失效。也可以使用其他方法)：

```
[root@RHEL7-1 ~]# ifconfig ens33 192.168.10.1 netmask 255.255.255.0
[root@RHEL7-1 ~]# route add default gw 192.168.10.20      //网关一定设置
```

② 在 client2 上（不要设置网关，或者把网关设置成自己）：

```
[root@client2 ~]# ifconfig ens33 202.112.113.113 netmask 255.255.255.0
[root@client2 ~]# mount /dev/cdrom  /iso          //挂载安装光盘
[root@client2 ~]# yum clean all
[root@client2 ~]# yum install htppd -y            //安装 Web
[root@client2 ~]# systemctl start httpd
```

```
[root@client2 ~]# systemctl enable httpd
[root@client2 ~]# systemctl start firewalld
[root@client2 ~]# firewall-cmd --permanent --add-service=http
                                                //让防火墙放行httpd服务
[root@client2 ~]# firewall-cmd --reload
```

③ 在 RHEL7-2 代理服务器上，停止 firewalld 启用 iptables：

```
[root@client1 ~]# hostnamectl set-hostname  RHEL7-2     //改名字为RHEL7-2
[root@RHEL7-2 ~]# ifconfig ens33 192.168.10.20 netmask 255.255.255.0
[root@RHEL7-2 ~]# ifconfig ens38 202.112.113.112 netmask 255.255.255.0
[root@RHEL7-2 ~]# ping 192.168.10.1
[root@RHEL7-2 ~]# ping 202.112.113.113
[root@rhel7-2 ~]# systemctl stop firewalld
[root@rhel7-2 ~]# systemctl start iptables
[root@RHEL7-2 ~]# iptables -F                          //清除防火墙的影响
[root@RHEL7-2 ~]# iptables -L
```

(2) 在 RHELRHEL7-2 上安 装、配置 squid 服务（前面已安装）：

```
[root@RHEL7-2 ~]# vim /etc/squid/squid.conf
acl localnet src 192.0.0.0/8
http_access allow localnet
http_access deny all
#上面3行的意思是，定义192.0.0.0的网络为localnet，允许访问localnet，其他被拒绝
cache_dir ufs /var/spool/squid 10240 16 256
#设置硬盘缓存大小为10 GB，目录为/var/spool/squid，一级子目录16个，二级子目录256个
http_port 3128
visible_hostname RHEL7-2
[root@rhel7-2 ~]# systemctl start squid
[root@rhel7-2 ~]# systemctl enable squid
```

(3) 在 Linux 客户端 RHEL7-1 上测试代理设置是否成功

① 打开 Firefox 浏览器，配置代理服务器。在浏览器中，按 Alt 键调出菜单，依次选择 Edit → Preferences → Advanced → Network → Settings 命令，打开 Connection settings 对话框，选择 Manual proxy configuration 单选按钮，将代理服务器地址设为 192.168.10.20，端口设为 3128，如图 16–2 所示。设置完成后单击 OK 按钮退出。

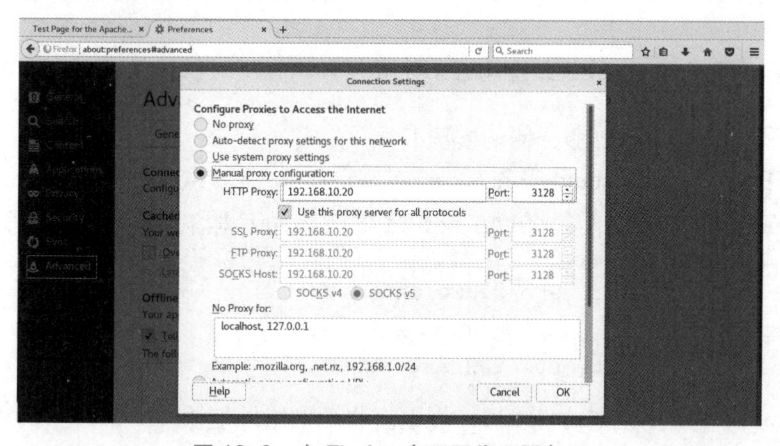


图 16–2 在 Firefox 中配置代理服务器

② 在浏览器地址栏输入 http://202.112.113.113，按 Enter 键，出现图 16–3 所示的界面。特别提示：一定使用 iptables –F 先清除防火墙的影响，再进行测试，否则会出现图 16–4 所示的错误界面。

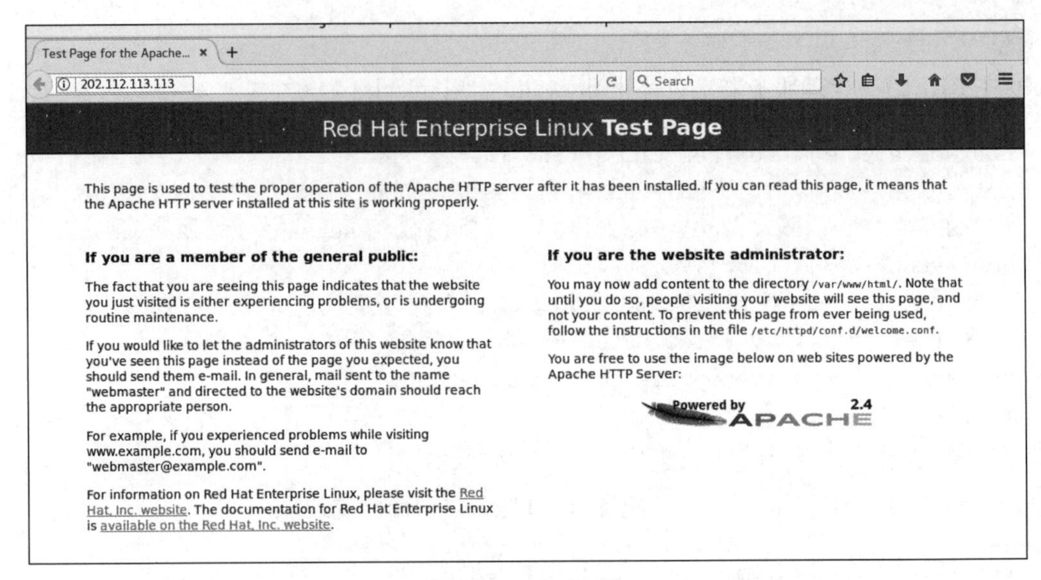


图 16–3　成功浏览

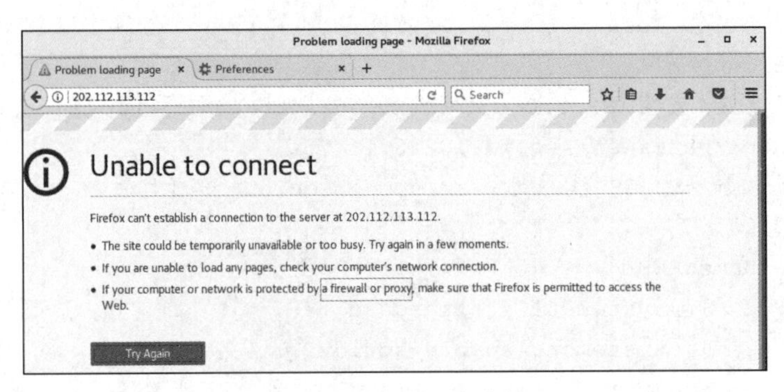


图 16–4　不能正常连接

（4）在 Linux 服务器端 RHEL7-2 上查看日志文件

```
[root@RHEL7-2 ~]# vim /var/log/squid/access.log
532869125.169       5 192.168.10.1 TCP_MISS/403 4379 GET
http://202.112.113.113/ - HIER_DIRECT/202.112.113.113 text/html
```

**思考**：在 web 服务器 Client2 上的日志文件有何记录？不妨做一做。

3. 客户端不需要配置代理服务器的解决方案

（1）在 RHEL7-2 上配置 squid 服务

① 修改 squid.conf 配置文件，将 http_port 3128 改为如下内容并重新加载该配置。

```
[root@RHEL7-2 ~]# vim  /etc/squid/squid.conf
http_port 192.168.10.20:3128 transparent
[root@rhel7-2 ~]# systemctl restart squid
```

② 清除 iptables 影响，并添加 iptables 规则。将源网络地址为 192.168.10.0、tcp 端口为 80 的访问直接转向 3128 端口。

```
[root@rhel7-2 ~]# systemctl stop  firewalld
[root@rhel7-2 ~]# systemctl restart iptables
[root@rhel7-2 ~]# iptables -F
[root@RHEL7-2 ~]# iptables -t nat -I PREROUTING  -s 192.168.10.0/24 -p tcp
--dport 80 -j REDIRECT --to-ports 3128
```

（2）在 Linux 客户端 RHEL7-1 上测试代理设置是否成功

① 打开 Firefox 浏览器，配置代理服务器。在浏览器中，按 Alt 键调出菜单，依次选择 Edit → Preferences → Advanced → Network → Settings 命令，打开 Connection settings 对话框，选择 No proxy 单选按钮，将代理服务器设置清空。

② 设置 RHEL7-1 的网关为 192.168.10.20。（删除网关命令是将 add 改为 del）

```
[root@RHEL7-1 ~]# route add default gw 192.168.10.20      //网关一定设置
```

③ 在 RHEL7-1 浏览器地址栏输入 http://202.112.113.113，按 Enter 键。显示测试成功。

（3）在 Web 服务器端 Client2 上查看日志文件

```
[root@Client2 ~]# vim /var/log/httpd/access_log
202.112.113.112 - - [28/Jul/2018:23:17:15 +0800] "GET /favicon.ico HTTP/1.1"
404 209 "-" "Mozilla/5.0 (X11; Linux x86_64; rv:52.0) Gecko/20100101 Firefox/52.0"
```

**注意**：RHEL7 的 Web 服务器日志文件是 /var/log/httpd/access_log，RHEL6 中的 Web 服务器的日志文件是 /var/log/httpd/access.log。

### 4. 反向代理的解决方案

如果外网 Client 要访问内网 RHEL7-1 的 Web 服务器，这时可以使用反向代理。

① 在 RHEL7-1 上安装 http 服务、启动，并让防火墙通过。

```
[root@RHEL7-1 ~]# yum install httpd -y
[root@RHEL7-1 ~]# systemctl start firewalld
[root@RHEL7-1 ~]# firewall-cmd --permanent --add-service=http
[root@RHEL7-1 ~]# firewall-cmd --reload
[root@RHEL7-1 ~]# systemctl start httpd
[root@RHEL7-1 ~]# systemctl enable httpd
```

② 在 RHEL7-2 上配置反向代理。（特别注意 acl 等前 3 句，意思是先定义一个 localnet 网络，其网络 ID 是 202.0.0.0，后面再允许该网段访问，其他网段拒绝访问）

```
[root@rhel7-2 ~]# systemctl stop iptables
[root@rhel7-2 ~]# systemctl start firewalld
[root@rhel7-2 ~]# firewall-cmd --permanent --add-service=squid
[root@rhel7-2 ~]# firewall-cmd --permanent --add-port=80/tcp
[root@rhel7-2 ~]# firewall-cmd --reload

[root@RHEL7-2 ~]# vim  /etc/squid/squid.conf
acl localnet src 202.0.0.0/8
http_access allow localnet
http_access deny all
http_port  202.112.113.112:80  vhost
cache_peer 192.168.10.1 parent 80 0 originserver weight=5 max_conn=30
```

```
[root@rhel7-2 ~]# systemctl restart squid
```

③ 在外网 Client2 上进行测试。（浏览器的代理服务器设为 No proxy）

```
[root@client2 ~]# firefox 202.112.113.112
```

5. 几种错误的解决方案（以反向代理为例）

① 如果防火墙设置不好，会出现图 16–5 所示的错误界面。

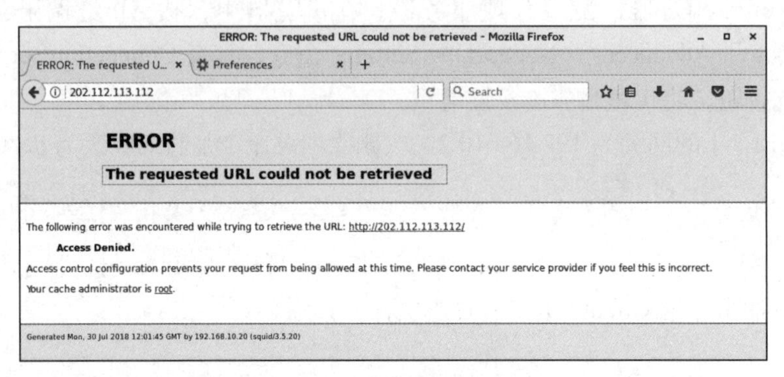


图 16–5　不能被检索

解决方案：在 RHEL7-2 上设置防火墙。当然也可以使用 stop 停止全部防火墙。

```
[root@rhel7-2 ~]# systemctl stop iptables
[root@rhel7-2 ~]# systemctl start firewalld
[root@rhel7-2 ~]# firewall-cmd --permanent --add-service=squid
[root@rhel7-2 ~]# firewall-cmd --permanent --add-port=80/tcp
[root@rhel7-2 ~]# firewall-cmd --reload
```

② acl 列表设置不对可能会出现图 16–5 所示的错误界面。

解决方案：在 RHEL7-2 上的配置文件中增加或修改如下语句。

```
[root@RHEL7-2 ~]# vim  /etc/squid/squid.conf
acl localnet src 202.0.0.0/8
http_access allow localnet
http_access deny all
```

**特别说明**：防火墙是非常重要的保护工具，许多网络故障都是由于防火墙配置不当引起的，需要读者认识清楚。为了后续实训不受此影响，可以在完成本次实训后，重新恢复原来的初始安装备份。

## ◎ 练　习　题

### 一、填空题

1. 代理服务器 (Proxy Server) 等同于内网与________的桥梁。

2. 普通的 Internet 访问是一个典型的____________结构：用户利用计算机上的客户端程序，如浏览器发出请求，远端 WWW 服务器程序响应请求并提供相应的数据。

3. Proxy 处于客户机与服务器之间，对于服务器来说，Proxy 是_______，Proxy 提出请求，服务器响应；对于客户机来说，Proxy 是_______，它接受客户机的请求，并将服务器上传来的数据转给_________。

4. 当客户端在浏览器中设置好 Proxy 服务器后，所有使用浏览器访问 Internet 站点的请求都不会直接发给_______，而是首先发送至_______。

二、简答题

1. 简述代理服务器工作原理和作用。

2. 配置透明代理的目的是什么？如何配置透明代理？

## ◎ 项目实录 配置与管理 squid 代理服务器

一、视频位置

实训前请扫二维码观看：实训项目 配置与管理 squid 代理服务器。

视频 16-1 实训项目 配置与管理 squid 代理服务器

二、项目目的

能熟练完成企业 squid 代理服务器的架设与维护。

三、项目背景

利用 squid 和 NAT 功能可以实现透明代理。透明代理的意思是客户端根本不需要知道有代理服务器的存在，客户端不需要在浏览器或其他的客户端工作中做任何设置，只需要将默认网关设置为 Linux 服务器的 IP 地址即可。透明代理服务的典型应用环境如图 16-6 所示。在图 16-6 中，公司用 squid 作代理服务器（内网 IP 地址为 192.168.1.1），公司所用 IP 地址段为 192.168.1.0/24，并且想用 8080 作为代理端口。

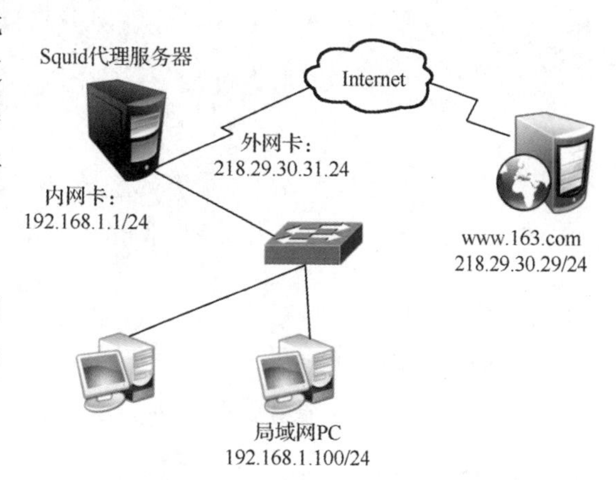


图 16-6 代理服务的典型应用环境

项目需求如下：

① 客户端在设置代理服务器地址和端口的情况下能够访问互联网上的 Web 服务器。

② 客户端不需要设置代理服务器地址和端口就能访问互联网上的 Web 服务器，即透明代理。

③ 配置反向代理，并测试。

四、做一做

根据视频内容，将项目完整地完成。

## ◎ 实训 代理服务器的配置

一、实训目的

掌握 squid 代理服务器的配置方法。

二、实训环境

请参照图 15-6。

三、实训内容

练习 squid 代理服务器的配置。

四、实训练习

参照 16.4 节完成企业实战与实用的内容。

五、实训报告

按要求完成实训报告。

# 第17章

# 配置与管理 VPN 服务器

本章重点介绍 VPN 工作原理、Linux 下 VPN 服务器的配置与使用方法、VPN 客户端的配置。

学习要点

- VPN 工作原理。
- Linux 下 VPN 服务器的配置。

## 17.1 VPN 概述

VPN（Virtual Private Network，虚拟专用网络）是专用网络的延伸，它模拟点对点专用连接的方式通过 Internet 或 Intranet 在两台计算机之间传送数据，是“线路中的线路”，具有良好的保密性和抗干扰能力。虚拟专用网提供了通过公用网络安全地对企业内部专用网络远程访问的连接方式。虚拟专用网是对企业内部网的扩展。虚拟专用网可以帮助远程用户、公司分支机构、商业伙伴及供应商同公司的内部网建立可靠的安全连接，并保证数据安全传输。

### 17.1.1 VPN 工作原理

虚拟专用网是使用 Internet 或其他公共网络，来连接分散在各个不同地理位置的本地网络，在效果上和真正的专用网一样。图 17–1 说明了如何通过隧道技术实现 VPN。

假设现在有一台主机想要通过 Internet 连入公司的内部网。首先该主机通过拨号等方式连接到 Internet，然后通过 VPN 拨号方式与公司的 VPN 服务器建立一条虚拟连接，在建立连接的过程中，双方必须确定采用何种 VPN 协议和连接线路的路由路径等。当隧道建立完成后，用户与公司内部网之间要利用该虚拟专用网进行通信时，发送方会根据所使用的 VPN 协议，对所有的通信信息进行加密，并重新添加上数据报的报头封装成为在公共网络上发送的外部数据报。然后，通过公共网络将数据发送至接收方。接收方在接收到该信息后根据所使用的 VPN 协议，对数据进行解密。由于在隧道中传送的外部数据报的数据部分(即内部数据报)是加密的，因此，在公共网络上所经过的路由器都不知道内部数据报的内容，确保了通信数据的安全。同时，也因为会对数据报进行重新封装，所以可以实现其他通信协议数据报在TCP/IP网络中传输。

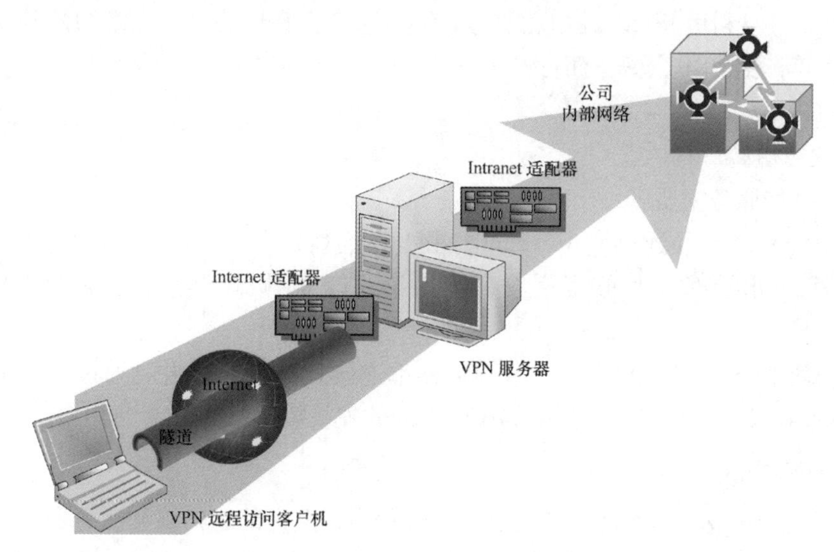


图 17-1 VPN 工作原理图

### 17.1.2 VPN 的特点和应用

1. VPN 的特点

要实现 VPN 连接，局域网内必须先建立一个 VPN 服务器。VPN 服务器必须拥有一个公共 IP 地址，一方面连接企业内部的专用网络，另一方面连接到 Internet。当客户机通过 VPN 连接与专用网络中的计算机进行通信时，先由 ISP 将所有的数据传送到 VPN 服务器，然后由 VPN 服务器负责将所有的数据传送到目的计算机。

VPN 具有以下特点 ：

（1）费用低廉

远程用户登录到 Internet 后，以 Internet 作为通道与企业内部专用网络连接，大大降低了通信费用 ；而且，企业可以节省购买和维护通信设备的费用。

（2）安全性高

VPN 使用三方面的技术（通信协议、身份认证和数据加密）保证了通信的安全性。当客户机向 VPN 服务器发出请求时，VPN 服务器响应请求并向客户机发出身份质询，然后客户机将加密的响应信息发送到 VPN 服务器，VPN 服务器根据数据库检查该响应，如果账户有效，VPN 服务器接受此连接。

（3）支持最常用的网络协议

由于 VPN 支持最常用的网络协议，所以诸如以太网、TCP/IP 和 IPX 网络上的客户机可以很容易地使用 VPN ；不仅如此，任何支持远程访问的网络协议在 VPN 中也同样支持，这意味着可以远程运行依赖于特殊网络协议的程序，因此可以减少安装和维护 VPN 连接的费用。

（4）有利于 IP 地址安全

VPN 在 Internet 中传输数据时是加密的，Internet 上的用户只能看到公有 IP 地址，而看不到数据包内包含的专用 IP 地址，因此保护了 IP 地址安全。

（5）管理方便灵活

构架 VPN 只需较少的网络设备和物理线路，无论分公司或远程访问用户，均只需通过一个公用网络接口或因特网的路径即可进入企业内部网络。公用网承担了网络管理的重要工作，关键任务是可获得所必需的带宽。

(6) 完全控制主动权

VPN 使企业可以利用 ISP 的设施和服务，同时又完全掌握着自己网络的控制权。例如，企业可以把拨号访问交给 ISP 去做，而自己负责用户的查验、访问权、网络地址、安全性和网络变化管理等重要工作。

2. VPN 的应用

一般来说 VPN 服务主要应用于以下两种场合：

① 总公司的网络已经连接到 Internet，用户在远程拨号连接到 Internet 后，就可以通过 Internet 来与总公司的 VPN 服务器建立 PPTP 或 L2TP 的 VPN 连接，并通过 VPN 安全地传输数据。

② 两个物理上分离的局域网的 VPN 服务器都连接到 Internet，并且通过 Internet 建立 PPTP 或 L2TP 的 VPN 连接，就可以实现两个局域网之间的安全数据传输。

### 17.1.3 VPN 协议

隧道技术是 VPN 技术的基础，在创建隧道过程中，隧道的客户机和服务器双方必须使用相同的隧道协议。按照开放系统互连参考模型（OSI）的划分，隧道技术可以分为第 2 层和第 3 层隧道协议。第 2 层隧道协议使用帧作为数据交换单位。PPTP、L2TP 都属于第 2 层隧道协议，它们都是将数据封装在点对点协议（PPP）帧中通过互联网发送的。第 3 层隧道协议使用包作为数据交换单位。IPoverIP 和 IPSec 隧道模式都属于第 3 层隧道协议，它们都是将 IP 包封装在附加的 IP 包头中通过 IP 网络传送。下面介绍几种常见的隧道协议。

1. PPTP

PPTP（Point-to-Point Tunneling Protocol，点对点隧道协议）是 PPP（点对点）协议的扩展，并协调使用 PPP 的身份验证、压缩和加密机制。它允许对 IP、IPX 或 NetBEUI 数据流进行加密，然后封装在 IP 包头中通过诸如 Internet 这样的公共网络发送，从而实现多功能通信。

只有 IP 网络才可以建立 PPTP 的 VPN。两个局域网之间若通过 PPTP 来连接，则两端直接连接到 Internet 的 VPN 服务器必须要执行 TCP/IP 通信协议，但网络中的其他计算机不一定需要执行 TCP/IP 协议，它们可以执行 TCP/IP、IPX 或 NetBEUI 通信协议。因为当它们通过 VPN 服务器与远程计算机通信时，这些不同通信协议的数据包会被封装到 PPP 的数据包内，然后经过 Internet 传送，信息到达目的地后，再由远程的 VPN 服务器将其还原为 TCP/IP、IPX 或 NetBEUI 数据包。但需要注意的是，PPTP 会话不能通过代理服务器进行。

2. L2TP

L2TP（Layer Two Tunneling Protocol，第 2 层隧道协议）是基于 RFC 的隧道协议，该协议依赖于加密服务的 Internet 安全性（IPSec）。该协议允许客户通过其间的网络建立隧道，L2TP 还支持信道认证，但它没有规定信道保护的方法。

3. IPSec

IPSec 是由 IETF(Internet Engineering Task Force)定义的一套在网络层提供 IP 安全性的协议。它主要用于确保网络层之间的安全通信。该协议使用 IPSec 协议集保护 IP 网和非 IP 网上的 L2TP 业务。在 IPSec 协议中，一旦 IPSec 通道建立，在通信双方网络层之上的所有协议（如 TCP、UDP、SNMP、HTTP、POP 等）就要经过加密，而不管这些通道构建时所采用的安全和加密方法如何。

## 17.2 项目设计及准备

在进行 VPN 网络构建之前，有必要进行 VPN 网络拓扑规划。

### 17.2.1 项目设计

图 17-2 所示是一个小型的 VPN 实验网络环境(可以通过 VMware 虚拟机实现该网络环境)。

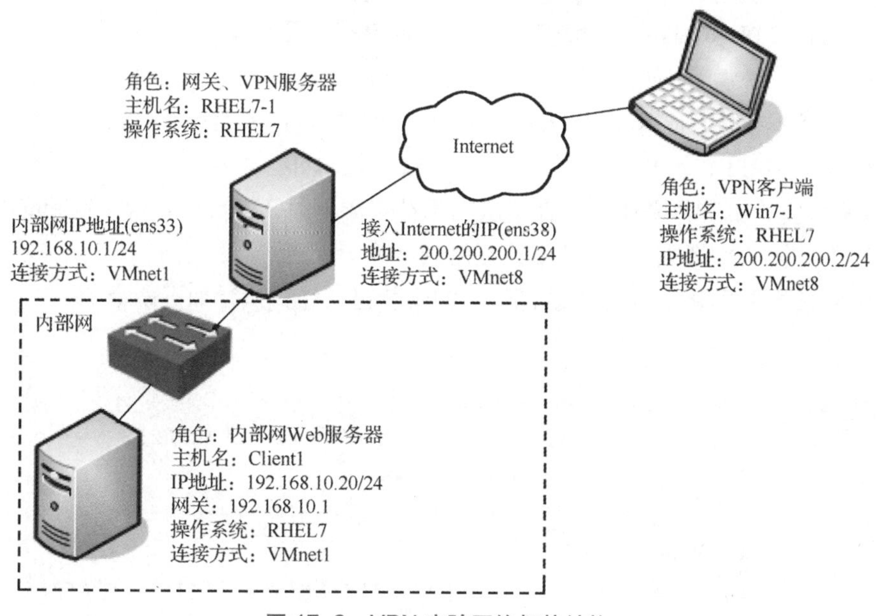


图 17-2　VPN 实验网络拓扑结构

### 17.2.2 项目准备

部署远程访问 VPN 服务之前，应做如下准备：

① PPTP 服务、Mail 服务、Web 服务和 iptables 防火墙服务均部署在一台安装有 Red Hat Enterprise Linux 7 操作系统的服务器上，服务器名为 vpn，该服务器通过路由器接入 Internet。

② VPN 服务器至少要有两个网络连接。分别为 ens33 和 ens38，其中 ens33 连接到内部局域网 192.168.10.0 网段，IP 地址为 192.168.10.1；ens38 连接到公用网络 200.200.200.0 网段，IP 地址为 200.200.200.1。在虚拟机设置中 ens33 使用 VMnet1，ens38 使用 VMnet8。

③ 在内部网客户主机 Client1 上，为了实验方便，安装 Web 服务器，供测试用。其网卡使用 VMnet1。

④ VPN 客户端 Win7-1 的配置信息如图 17-2 所示。其网卡使用 VMnet8。

⑤ 合理规划分配给 VPN 客户端的 IP 地址。VPN 客户端在请求建立 VPN 连接时，VPN 服务器需要为其分配内部网络的 IP 地址。配置的 IP 地址也必须是内部网络中不使用的 IP 地址，地址的数量根据同时建立 VPN 连接的客户端数量来确定。在本任务中部署远程访问 VPN 时，使用静态 IP 地址池为远程访问客户端分配 IP 地址，地址范围采用 192.168.10.11 ～ 192.168.10.19，192.168.10.101 ～ 192.168.10.180。

⑥ 客户端在请求 VPN 连接时，服务器要对其进行身份验证，因此应合理规划需要建立 VPN 连接的用户账户。

关于本实验环境的一个说明：VPN 服务器和 VPN 客户端实际上应该在 Internet 的两端，一般不会在同一网络中，为了实验方便，此处省略了它们之间的路由器。

## 17.3 安装 VPN 服务器

Linux 环境下的 VPN 由 VPN 服务器模块（Point-to-Point Tunneling Protocol Daemon，PPTPD）和 VPN 客户端模块（Point-to-Point Tunneling Protocol，PPTP）共同构成。PPTPD 和 PPTP 都是通过 PPP 来实现 VPN 功能的。而 MPPE（Microsoft 点对点加密）模块是用来支持 Linux 与 Windows 之间连接的。如果不需要 Windows 计算机参与连接，则不需要安装 MPPE 模块。PPTPD、PPTP 和 MPPE Module 一起统称 Poptop，即 PPTP 服务器。

安装 PPTP 服务器需要内核支持 MPPE（在需要与 Windows 客户端连接的情况下需要）和 PPP 2.4.3 及以上版本模块。而 Red Hat Enterprise Linux 7 默认已安装了 2.4.5 版本的 PPP，而 2.6.18 内核也已经集成了 MPPE，因此只需再安装 PPTP 软件包即可。

① 下载所需要的安装包文件。可直接从出版社资源网站下载 pptpd 软件包 pptpd-1.4.0-2.el7.x86_64.rpm，或者向作者索要。并将该文件复制到 /vpn-rpm 下。

② 在 VPN 服务器 RHEL7-1 上安装已下载的安装包文件，执行如下命令：

```
[root@RHEL7-1 ~]# cd /vpn-rpm
[root@RHEL7-1 vpn-rpm]# rpm -ivh pptpd-1.4.0-2.el7.x86_64.rpm
warning: pptpd-1.4.0-2.el7.x86_64.rpm: Header V3 RSA/SHA256 Signature, key
ID 352c64e5: NOKEY
Preparing...                ################################## [100%]
Updating / installing...
   1:pptpd-1.4.0-2.el7          ################################## [100%]
[root@RHEL7-1 vpn-rpm]# rpm -qa |grep pptp
pptpd-1.4.0-2.el7.x86_64
```

③ 安装完成之后可以使用下面的命令查看系统的 ppp 是否支持 MPPE 加密。

```
[root@RHEL7-1 ~]# strings  '/usr/sbin/pppd'|grep  -i  mppe|wc  --lines
43
```

如果以上命令输出为 0 则表示不支持；输出为 30 或更大的数字就表示支持。

## 17.4 配置 VPN 服务器

配置 VPN 服务器，需要修改 /etc/pptpd.conf、/etc/ppp/chap-secrets 和 /etc/ppp/options.pptpd 这 3 个文件。/etc/pptpd.conf 文件是 VPN 服务器的主配置文件，在该文件中需要设置 VPN 服务器的本地地址和分配给客户端的地址段。/etc/ppp/chap-secrets 是 VPN 用户账号文件，该账号文件保存 VPN 客户端拨入时所需要的验证信息。/etc/ppp/options.pptpd 用于设置在建立连接时的加密、身份验证方式和其他一些参数设置。

**提示**：每次修改完配置文件后，必须重新启动 PPTP 服务才能使配置生效。

### 1. 网络环境配置

① 在 vpn 服务器 RHEL7-1 上做配置。

为了能够正常监听 VPN 客户端的连接请求，VPN 服务器需要配置两个网络接口。一个和内网连接，另外一个和外网连接。在此为 VPN 服务器配置 ens33 和 ens38 两个网络接口。其中 ens33 接口用于连接内网，IP 地址为 192.168.10.1；ens38 接口用于连接外网，IP 地址为 200.200.200.1。（可使用其他长效方式配置 IP 地址）

```
[root@RHEL7-1 vpn-rpm]# ifconfig ens33 192.168.10.1
[root@RHEL7-1 vpn-rpm]# ifconfig ens38 200.200.200.1
[root@RHEL7-1 vpn-rpm]# ifconfig
```

② 同理在 Client1 上配置 IP 地址为 192.168.10.20/24，并安装 Web 服务器。

挂载 ISO 安装镜像：

```
//挂载光盘到 /iso 下
[root@Client1 ~]# mkdir  /iso
[root@Client1 ~]# mount  /dev/cdrom  /iso
```

制作用于安装的 yum 源文件：

```
[root@Client1 ~]# vim  /etc/yum.repos.d/dvd.repo
```

dvd.repo 文件的内容如下：

```
# /etc/yum.repos.d/dvd.repo
# or for ONLY the media repo, do this:
# yum --disablerepo=\* --enablerepo=c8-media [command]
[dvd]
name=dvd
baseurl=file:///iso              //特别注意本地源文件的表示，3个“/”
gpgcheck=0
enabled=1
[root@client1 ~]# mount /dev/cdrom /iso
[root@client1 ~]# yum install httpd -y
[root@client1 ~]# firewall-cmd --permanent --add-service=http
success
[root@client1 ~]# firewall-cmd --reload
success
[root@client1 ~]# systemctl restart httpd
[root@client1 ~]# systemctl enable httpd
[root@client1 ~]# firefox 192.168.10.20
```

能够正常访问默认页面。

③ 在 Win7-1 上配置 IP 地址为 200.200.200.2/24。

**特别提示**：如果希望 IP 地址重启后仍生效，可使用配置文件或系统菜单修改 IP 地址。

在 RHEL7-1 上测试 3 台计算机的连通性。

```
[root@RHEL7-1 vpn-rpm]# ping 192.168.10.20 -c 2
PING 192.168.10.20 (192.168.10.20) 56(84) bytes of data.
64 bytes from 192.168.10.20: icmp_seq=1 ttl=64 time=0.335 ms
64 bytes from 192.168.10.20: icmp_seq=2 ttl=64 time=0.364 ms

--- 192.168.10.20 ping statistics ---
```

```
2 packets transmitted, 2 received, 0% packet loss, time 1000ms
rtt min/avg/max/mdev = 0.335/0.349/0.364/0.023 ms
[root@RHEL7-1 vpn-rpm]# ping 200.200.200.2 -c 2
PING 200.200.200.2 (200.200.200.2) 56(84) bytes of data.
64 bytes from 200.200.200.2: icmp_seq=1 ttl=128 time=1.20 ms
64 bytes from 200.200.200.2: icmp_seq=2 ttl=128 time=0.262 ms

--- 200.200.200.2 ping statistics ---
2 packets transmitted, 2 received, 0% packet loss, time 1000ms
rtt min/avg/max/mdev = 0.262/0.731/1.201/0.470 ms
```

**提示**：极有可能与 client（200.200.200.2/24）无法连通，其原因可能是防火墙，将 client 的防火墙停掉即可。

2. 修改主配置文件

PPTP 服务的主配置文件 /etc/pptpd.conf 有如下两项参数的设置工作非常重要，只有正确合理地设置这两项参数，VPN 服务器才能够正常启动。

根据前述的实验网络拓扑环境，需要在配置文件的最后加入如下语句：

```
localip    192.168.1.100         //在建立 VPN 连接后，分配给 VPN 服务器的 IP 地址，
                                 //即 ppp0 的 IP 地址
remoteip   192.168.10.11-19,192.168.10.101-180    //在建立 VPN 连接后，分配给客户
                                                   //端的可用 IP 地址池
```

参数说明如下：

① localip：设置 VPN 服务器本地的地址。localip 参数定义了 VPN 服务器本地的地址，客户机在拨号后 VPN 服务器会自动建立一个 ppp0 网络接口供访问客户机使用，这里定义的就是 ppp0 的 IP 地址。

② remoteip：设置分配给 VPN 客户机的地址段。remoteip 定义了分配给 VPN 客户机的地址段，当 VPN 客户机拨号到 VPN 服务器后，服务器会从这个地址段中分配一个 IP 地址给 VPN 客户机，以便 VPN 客户机能够访问内部网络。可以使用“-”符号指示连续的地址，使用“,”符号表示分隔不连续的地址。

**注意**：为了安全性起见，localip 和 remoteip 尽量不要在同一个网段。

在上面的配置中共指定了 89 个 IP 地址，如果有超过 89 个客户同时进行连接时，超额的客户将无法连接成功。

3. 配置账号文件

账户文件 /etc/ppp/chap-secrets 保存了 VPN 客户机拨入时所使用的账户名、口令和分配的 IP 地址，该文件中每个账户的信息为独立的一行，格式如下。

```
账户名          服务          口令          分配给该账户的 IP 地址
```

本例中文件内容如下所示：

```
[root@RHEL7-1 ~]# vim /etc/ppp/chap-secrets
//下面一行的 IP 地址部分表示以 smile 用户连接成功后，获得的 IP 地址为 192.168.10.159
"smile"        pptpd          "123456"          "192.168.10.159"
```

```
// 下面一行的 IP 地址部分表示以 public 用户连接成功后，获得的 IP 地址可从 IP 地址池中随机抽取
"public"       pptpd        "123456"          "*"
```

**提示**：本例中分配给 public 账户的 IP 地址参数值为 “*”，表示 VPN 客户机的 IP 地址由 PPTP 服务随机在地址段中选择，这种配置适合多人共同使用的公共账户。

4. /etc/ppp/options–pptpd

该文件各项参数及具体含义如下所示：

```
[root@RHEL7-1 ~]# grep  -v  "^#" /etc/ppp/options.pptpd |grep -v "^$"
name pptpd    // 相当于身份验证时的域，一定要和 /etc/ppp/chap-secrets 中的内容对应
refuse-pap                    // 拒绝 pap 身份验证
refuse-chap                   // 拒绝 chap 身份验证
refuse-mschap                 // 拒绝 mschap 身份验证
require-mschap-v2             // 采用 mschap-v2 身份验证方式
require-mppe-128              // 在采用 mschap-v2 身份验证方式时要使用 MPPE 进行加密
ms-dns 192.168.0.9            // 给客户端分配 DNS 服务器地址
ms-wins 192.168.0.202         // 给客户端分配 WINS 服务器地址
proxyarp                      // 启动 ARP 代理
debug                         // 开启调试模式，相关信息同样记录在 /var/logs/message 中
lock                          // 锁定客户端 PTY 设备文件
nobsdcomp                     // 禁用 BSD 压缩模式
novj
novjccomp                     // 禁用 Van Jacobson 压缩模式
nologfd                       // 禁止将错误信息记录到标准错误输出设备 (stderr)
```

可以根据自己网络的具体环境设置该文件。

至此，安装并配置的 VPN 服务器已经可以连接了。

5. 打开 Linux 内核路由功能

为了能让 VPN 客户端与内网互连，还应打开 Linux 系统的路由转发功能，否则 VPN 客户端只能访问 VPN 服务器的内部网卡 eth0。执行下面的命令可以打开 Linux 路由转发功能。

```
[root@RHEL7-1 ~]# vim /etc/sysctl.conf
net.ipv4.ip_forward = 1                        // 数值改为 1
[root@RHEL7-1 ~]# sysctl -p                    // 启用转发功能
net.ipv4.ip_forward = 1
```

6. 让 SELinux 放行

```
[root@RHEL7-1 vpn-rpm]# setenforce 0
```

7. 启动 VPN 服务

① 可以使用下面的命令启动 VPN 服务，并加入开机自动启动。

```
[root@RHEL7-1 vpn-rpm]# systemctl start pptpd
[root@RHEL7-1 vpn-rpm]# systemctl enable pptpd
Created symlink from /etc/systemd/system/multi-user.target.wants/pptpd.
service to /usr/lib/systemd/system/pptpd.service.
```

② 可以使用下面的命令停止 VPN 服务。

```
[root@RHEL7-1 ~]# systemctl stop  pptpd
```

③ 可以使用下面的命令重新启动 VPN 服务。

```
[root@RHEL7-1 ~]# systemctl  restart pptpd
```

8. 设置 VPN 服务可以穿透 Linux 防火墙

VPN 服务使用 TCP 的 1723 端口和编号为 47 的 IP（GRE 常规路由封装）。如果 Linux 服务器开启了防火墙功能,就需关闭防火墙功能或设置允许 TCP 的 1723 端口和编号为 47 的 IP 通过。由于 RHEL7 的默认防火墙是 firewall，所以可以使用下面的命令开放 TCP 的 1723 端口和编号为 47 的 IP。

```
[root@RHEL7-1 ~]# systemctl stop firewalld
[root@RHEL7-1 ~]# iptables  -A  INPUT  -p  tcp  --dport  1723  -j  ACCEPT
[root@RHEL7-1 ~]# iptables  -A  INPUT  -p  gre  -j  ACCEPT
```

## 17.5 配置 VPN 客户端

在 VPN 服务器设置并启动成功后，现在就需要配置远程的客户端以便可以访问 VPN 服务了。现在最常用的 VPN 客户端通常采用 Windows 操作系统或者 Linux 操作系统，本节将以配置采用 Windows 7 操作系统的 VPN 客户端为例，说明在 Windows 7 操作系统环境中 VPN 客户端的配置方法。

Windows 7 操作系统环境中在默认情况下已经安装有 VPN 客户端程序，在此仅需要学习简单的 VPN 连接的配置工作。

1. 建立 VPN 连接

建立 VPN 连接的具体步骤如下：

① 保证 Win7-1 的 IP 地址设置为了 200.200.200.2/24，并且与 VPN 服务器的通信是畅通的，如图 17–3 所示。

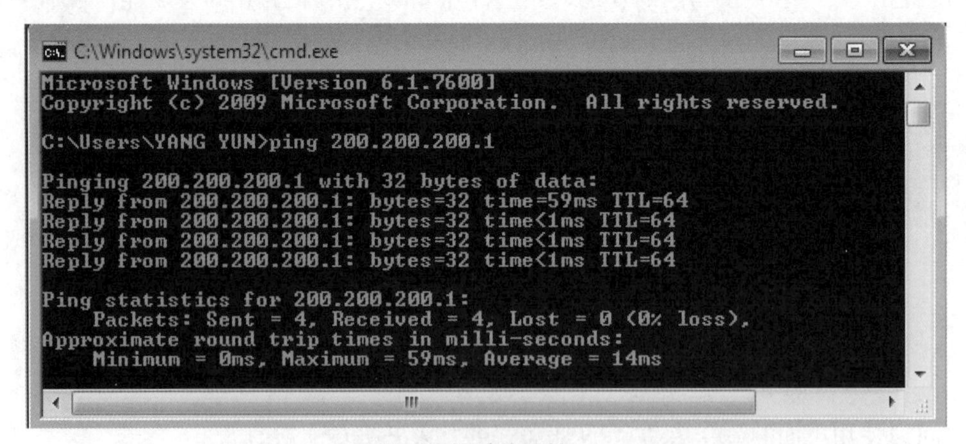


图 17–3 测试连通性

② 右击桌面上的“网络”并在弹出的快捷菜单中选择“属性”命令，或者单击右下角的网络图标并选择“打开网络和共享”命令，打开“网络和共享中心”，窗口如图 17–4 所示。

③ 单击“设置新的连接或网络”，出现图 17–5 所示的“设置连接或网络”对话框。

④ 选择“连接到工作区”，单击“下一步”按钮，出现图 17–6 所示的对话框。

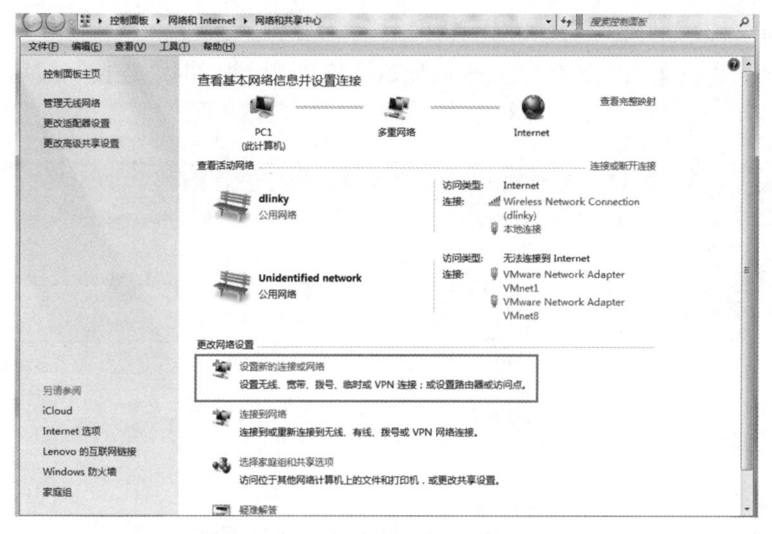

图 17-4　“网络和共享中心”对话框

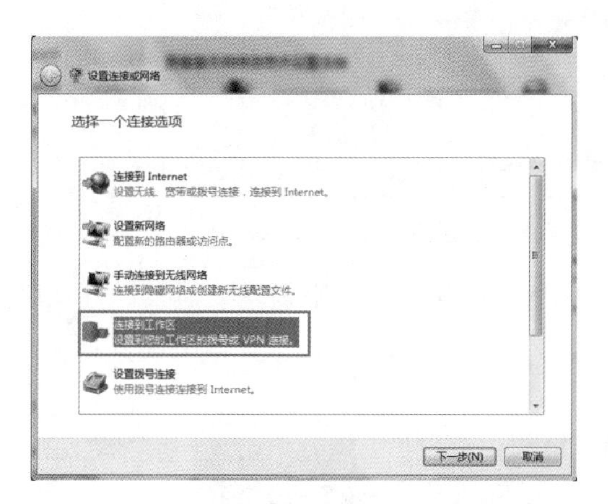

图 17-5　“设置连接和网络”对话框

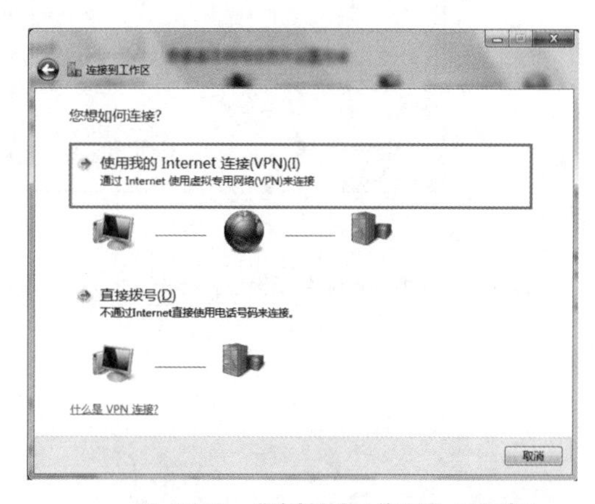

图 17-6　“连接到工作区”对话框

⑤ 单击“使用我的 Internet 连接（VPN）”，出现图 17-7 所示的“键入要连接的 Internet 地址”对话框。

⑥ 在“Internet 地址”文本框中输入 VPN 提供的 IP 地址，本例为：200.200.200.1，在“目标名称”文本框中输入名称，本例为“VPN 连接”。单击“下一步”按钮，出现图 17-8 所示的“键入您的用户名和密码”对话框。在这里输入 VPN 的用户名和密码，本例“用户名”为 smile，“密码”为 123456。然后单击“连接”按钮，最后单击“关闭”按钮，完成 VPN 客户端的设置。

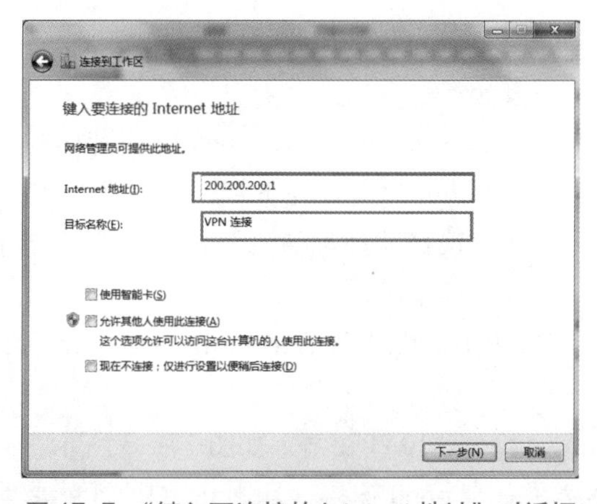

图 17-7　“键入要连接的 Internet 地址”对话框

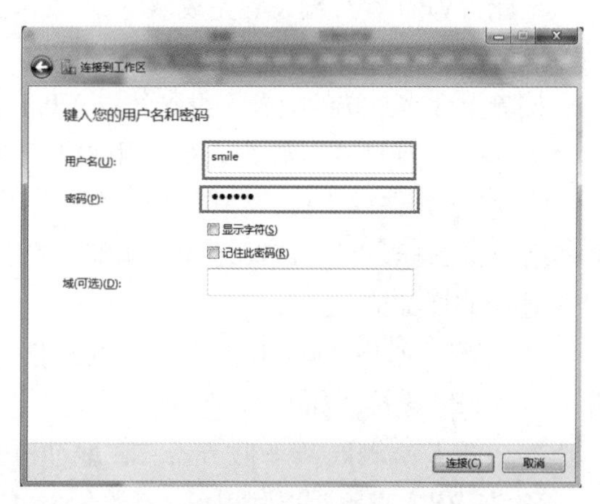

图 17-8　“键入您的用户名和密码”对话框

⑦ 回到桌面，右击“网络”并在弹出的快捷菜单中选择“属性”命令，打开“网络和共享中心”窗口，如图 17-9 所示。单击左边的“更改适配器设置”，出现“网络连接”窗口，如图 17-10 所示。找到刚才建好的“VPN 连接”并双击打开。

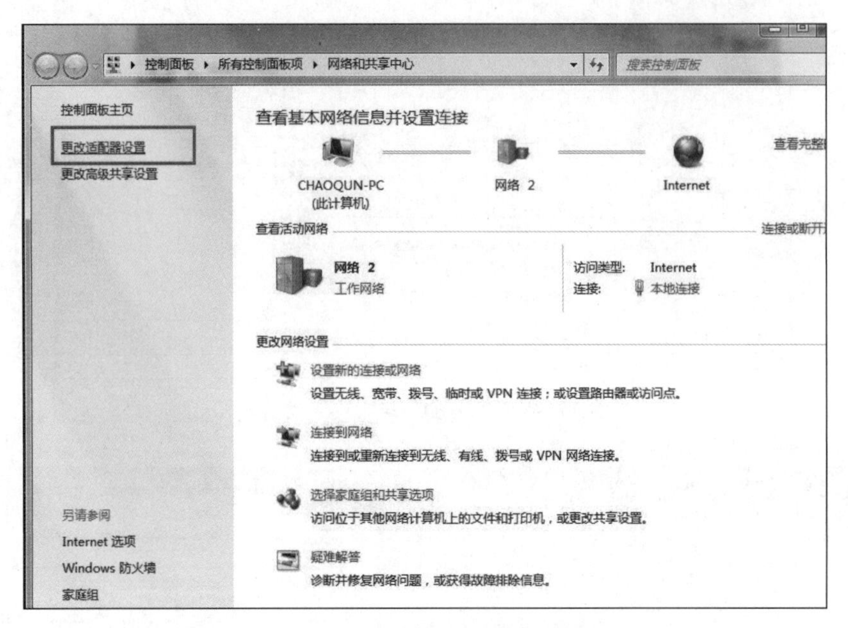


图 17-9 “更改适配器设置”对话框

⑧ 出现图 17-11 所示的对话框，输入 VPN 服务器提供的用户名和密码，“域”可以不用填写。

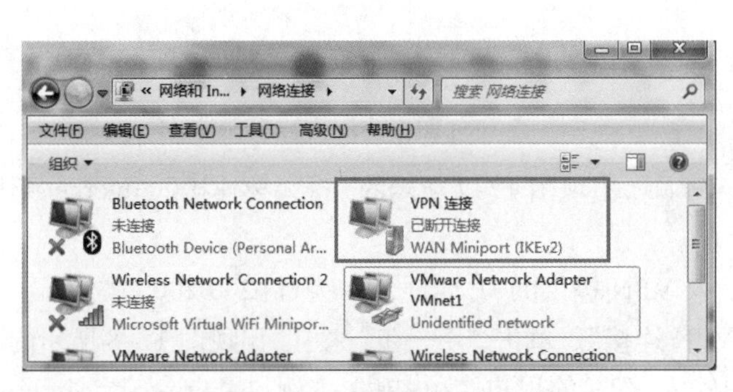


图 17-10 “选择网络连接”对话框

图 17-11 “连接 VPN 连接”对话框

至此，VPN 客户端设置完成。

### 2. 连接 VPN 服务器并测试

接着上面客户端的设置，继续连接 VPN 服务器，步骤如下：

① 在图 17-11 中，输入正确的用户名和密码，然后单击“连接”按钮，此时客户端便开始与 VPN 服务器进行连接，并核对账号和密码。如果连接成功，就会在任务栏的右下角增加一个网络连接图标，双击该网络连接图标，在打开的对话框中选择“详细信息”选项卡即可查看 VPN 连接的详细信息。

② 在客户端以 smile 用户登录，在连接成功之后在 VPN 客户端利用 ipconfig 命令可以看到多了一个 PPP 连接，如图 17-12 所示。

③ 在客户端测试 Web 服务器。在地址栏输入 http://192.168.10.20，结果如图 17-13 所示。

④ 在 VPN 服务器端利用 ifconfig 命令可以看到多了一个 ppp0 连接，且 ppp0 的地址就是前

面设置的 localip 地址：192.168.1.100，如图 17-14 所示。

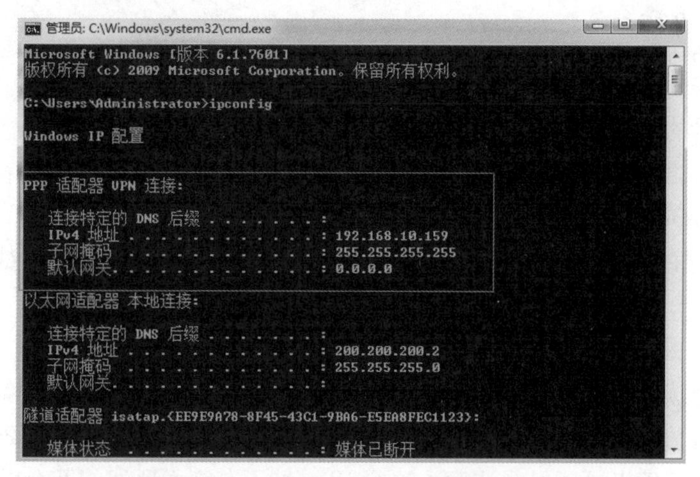


图 17-12　VPN 客户端获得预期的 IP 地址

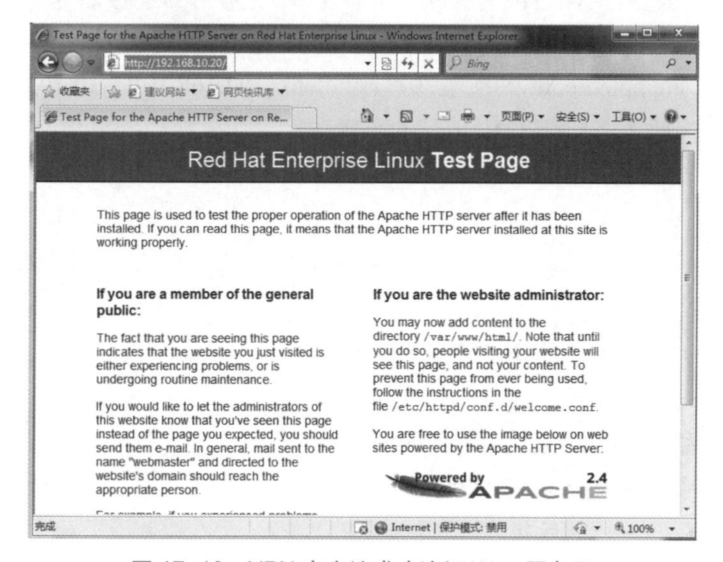


图 17-13　VPN 客户端成功访问 Web 服务器

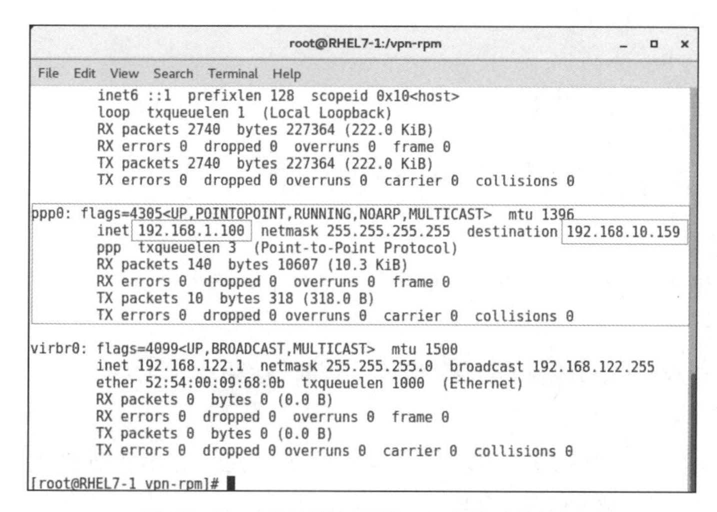


图 17-14　VPN 服务器端 ppp0 的连接情况

**提示**：以用户 smile 和 public 分别登录，在 Windows 客户端将得到不同的 IP 地址。如果用

public 登录 VPN 服务器，客户端获得的 IP 地址应是主配置文件中设置的地址池中的一个，如 192.168.10.11。请读者试一试。

3. 不同网段 IP 地址小结

在 VPN 服务器的配置过程中，我们用到了几个网段，下面逐一分析。

① VPN 服务器有两个网络接口：ens33、ens38。ens33 连接内部网络，IP 是 192.168.10.1/24；ens38 接入 Internet，IP 是 200.200.200.1/24。

② 内部局域网的网段为 192.168.10.0/24，其中内部网的一台用作测试的计算机的 IP 是 192.168.10.20/24。

③ VPN 客户端是 Internet 上的一台主机，IP 是 200.200.200.2/24。实际上客户端和 VPN 服务器通过 Internet 连接，为了实验方便省略了其间的路由，这一点请读者要注意。

④ 主配置文件 /etc/pptpd.conf 的配置项 localip 192.168.1.100 定义了 VPN 服务器连接后的 ppp0 连接的 IP 地址。读者可能已经注意，这个 IP 地址不在上面所述的几个网段中，是单独的一个。其实，这个地址与已有的网段没有关系，它仅是 VPN 服务器连接后分配给 ppp0 的地址，为了安全考虑，建议不要配置成已有的局域网网段中的 IP 地址。

⑤ 主配置文件 /etc/pptpd.conf 的配置项"remoteip 192.168.10.11-19,192.168.10.101-180"是 VPN 客户端连接 VPN 服务器后获得 IP 地址的范围。

## ◎ 练　习　题

一、填空题

1. VPN 的英文全称是__________，中文名称是__________。

2. 按照开放系统互连参考模型的划分，隧道技术可以分为________和_______隧道协议。

3. 几种常见的隧道协议有________、________和________。

4. 打开 Linux 内核路由功能，执行命令____________________________。

5. VPN 服务连接成功之后，在 VPN 客户端会增加一个名为________的连接，在 VPN 服务器端会增加一个名为________的连接。

二、简答题

1. 简述 VPN 的工作原理。

2. 简述常用的 VPN 协议。

3. 简述 VPN 的特点及应用场合。

## ◎ 项目实录　配置与管理 VPN 服务器

一、视频位置

实训前请扫二维码观看：实训项目　配置与管理 VPN 服务器。

视频 17–1
实训项目　配置与管理 VPN 服务器

二、项目目的

能熟练完成企业 VPN 服务器的安装、配置、管理与维护。

三、项目背景

某企业需要搭建一台 VPN 服务器。使公司的分支机构以及 SOHO 员工可以从 Internet 访问内部网络资源（访问时间为 09:00—17:00）。

四、深度思考

在观看视频时思考以下几个问题：

（1）VPN 服务器、内部局域的主机、远程 VPN 客户端的 IP 地址情况是怎样的？

（2）本次录像中主配置文件的配置与课上讲的有区别吗？（从网段上分析）

（3）如果客户端能访问 192.168.0.5，但却不能访问 192.168.0.100，可能的原因是什么？

（4）为何需要启用路由转发功能？如何设置？

（5）如何设置 VPN 服务穿透 Linux 防火墙？

（6）eth0、eth1、ppp0 都是 VPN 服务器的网络连接，在本次实验中，它们的 IP 地址分别是多少？客户端获取的 IP 地址是多少？

（7）在配置账号文件时，如果需要客户端在地址池中随机取得 IP 地址，该如何操作？

五、做一做

根据视频内容，将项目完整地完成。

## ◎ 实训　VPN 服务器的配置

一、实训目的

掌握 VPN 服务器的配置方法。

二、实训环境

请参照图 17–2。

三、实训内容

练习基于 PPTP 的 VPN 服务器的配置。

四、实训练习

① 参照 17.3 节安装 VPN 服务器。

② 参照 17.4 节配置 VPN 服务器。

③ 参照 17.5 节配置 VPN 客户端。

五、实训报告

按要求完成实训报告。

# 电 子 活 页

实训项目　配置远程管理

Shell 程序控制结构语句

实训项目　安装和管理软件包

实训项目　进程管理与系统监视